U0190321

荆楚文庫

湖北安襄鄖道水利集案

〔清〕王概 編　張志雲 點校

楚北水利隄防紀要

〔清〕俞昌烈 撰　毛振培 點校

荆楚修疏指要

〔清〕胡祖翮 撰　毛振培 點校

荆楚文庫編纂出版委員會

長江出版社

湖北安襄鄖道水利集案
HUBEI ANXIANGYUNDAO SHUILI JI'AN

楚北水利隄防紀要　　荆楚修疏指要
CHUBEI SHUILI DIFANG JIYAO　　JINGCHU XIUSHU ZHIYAO

圖書在版編目 (CIP) 數據

湖北安襄鄖道水利集案 / 〔清〕王概 編；張志雲 點校 .
楚北水利隄防紀要 / 〔清〕俞昌烈 撰；毛振培 點校 .
荆楚修疏指要 / 〔清〕胡祖翮 撰；毛振培 點校 .
—武漢：長江出版社，2017.9
ISBN 978-7-5492-5324-1

Ⅰ.①湖… ②楚… ③荆…

Ⅱ.①王… ②俞… ③胡… ④張… ⑤毛…

Ⅲ.①水利史—史料—湖北—古代

Ⅳ.① TV-092

中國版本圖書館 CIP 數據核字（2017）第 239017 號

責任編輯：高　偉　李棟棟　鍾一丹
整體設計：范漢成　曾顯惠　思　蒙
美術編輯：蔡　丹
責任印製：王秀忠
出版發行：長江出版社（中國·武漢）
地址：武漢市解放大道 1863 號　　郵政編碼：430010
電話：027-82926557
録排：武漢偉創偉業廣告有限公司
印刷：湖北新華印務有限公司
開本：720mm×1000mm　　1/16
印張：20
字數：280 千字
版次：2017 年 9 月第 1 版　　2017 年 11 月第 1 次印刷
定價：80.00 元

ISBN 978-7-5492-5324-1

出版説明

　　湖北乃九省通衢，北學南學交會融通之地，文明昌盛，歷代文獻豐厚。守望傳統，編纂荆楚文獻，湖北淵源有自。清同治年間設立官書局，以整理鄉邦文獻爲旨趣。光緒年間張之洞督鄂後，以崇文書局推進典籍集成，湖北鄉賢身體力行之，編纂《湖北文徵》，集元明清三代湖北先哲遺作，收兩千七百餘作者文八千餘篇，洋洋六百萬言。盧氏兄弟輯録湖北先賢之作而成《湖北先正遺書》。至當代，武漢多所大學、圖書館在鄉邦典籍整理方面亦多所用力。爲傳承和弘揚優秀傳統文化，湖北省委、省政府決定編纂大型歷史文獻叢書《荆楚文庫》。

　　《荆楚文庫》以"搶救、保護、整理、出版"湖北文獻爲宗旨，分三編集藏。

　　甲、文獻編。收録歷代鄂籍人士著述，長期寓居湖北人士著述，省外人士探究湖北著述。包括傳世文獻、出土文獻和民間文獻。

　　乙、方志編。收録歷代省志、府縣志等。

　　丙、研究編。收録今人研究評述荆楚人物、史地、風物的學術著作和工具書及圖册。

　　文獻編、方志編録籍以 1949 年爲下限。

　　研究編簡體横排，文獻編繁體横排，方志編影印或點校出版。

《荆楚文庫》編纂出版委員會

2015 年 11 月

總 目 録

湖北安襄鄖道水利集案

〔清〕王概　編　　張志雲　點校

前　言

　　《湖北安襄鄖道水利集案》，清乾隆時人王概編。王概，字成木，山東諸城人，出生於官僚世家，其父王沛憻（一六五六至一七三二年），係清初重臣。《四庫全書總目》謂王概爲雍正癸丑（一七三三年）進士，然當年進士名録并不見之，道光《諸城縣志》謂概"貢生，以貲爲刑部員外郎"步入仕途，似可采信。王概於乾隆六年辛酉（一七四一年）分守安襄鄖兵備道，兼理水利。在任期間，編有《太嶽太和山紀略》八卷（乾隆九年，即一七四四年）和《湖北安襄鄖道水利集案》二卷（乾隆十一年，即一七四六年）。後官至兩廣鹽運使，因貪贓被革職查辦。

　　清代掌管一地的道以所轄地區命名，實即省派往各地的行政或監察機構，其有分守、分巡之名，統稱爲守巡道。守巡道大多數都兼帶其他職銜，或兼兵備、或兼水利等。湖北安襄鄖道（乾隆五十七年，即一七九二年，改爲安襄鄖荆道）屬分守兵備道，兼職水利，其駐地在襄陽，管轄範圍爲安陸府、襄陽府、鄖陽府、荆門直隸州。王概當時的官銜爲"湖北布政使司分守安襄鄖道下荆南道兼理水利按察使"，專門負責轄地的河防水利事務。此地正是長江至漢水流域的"江漢"地區，長江、漢水兩大江河在此交匯，又南臨洞庭大湖，江漢平原上分布着衆多中小湖泊，河流曲折，地勢低窪。這樣的自然條件，賦予了防水治水以特别重要的意義。所謂"湖北襟江帶湖，民田廬舍，多在水鄉，全仗堤塝堅固，方免水到爲災。歷查從前歲之豐歉，皆由堤塝之修廢"，正是對堤防重要性的真實寫照，民間更流傳着"倚堤爲命"之說。王概到任後，有感於"圖案之不集，考覈之不詳，難中機宜"，因此將歷年官府處理水利事務的往來文書等匯成一編，"以備措施"，成《湖北安襄鄖道水利集案》一書。此書前爲"水利堤圖"，分江漢全圖、襄陽堤圖、當陽堤圖、鍾祥堤圖、荆門堤圖、京山堤圖、潛江堤圖、天門堤圖、沔陽堤圖，後爲官府有關治河修堤的往來公文，分上下兩卷編集。

王概所編《太嶽太和山紀略》在《四庫全書總目》中有著録，然《湖北安襄鄖道水利集案》一書卻不見著録，此書當年被刊刻後似流傳不廣，現國内僅有國家圖書館、武漢大學圖書館和遼寧省圖書館等少數幾家圖書館有藏本。其書不僅是有關江漢地區堤防水利事務的第一手檔案資料，也是極其珍貴的湖北地方文献，現《荆楚文庫》將此書收録出版，實在是嘉惠學林、造福桑梓之盛舉。

《湖北安襄鄖道水利集案》一書，此次負責整理點校者爲湖北大學文學院張志雲，所據底本爲國家圖書館藏本，不當之處敬請批評指正。

點校者

目　録

序 ①

　　竊余菭任於此，六易星霜，於一切政治未嘗不心慕乎古人。奈有道德然後有文章，有文章然後有事功，余少于學既鮮根柢，遂絶口不敢言政治矣。然職司水利，不能不舉築是務。當授事之初，檢閲舊案，多所散失，乃於各屬徵圖索案，未及達几而沙洋報潰，臨堤勘視茫無定見，是圖案之不集，考覈之不詳，難中機宜。有戒此失，爰命吏自是有關水利之案次第收集，以備措施。集既成帙，吏忽捧案而前曰："期滿當代，祈更僉以集案之，再入者勿致散失焉。"余聽是言，悚然而思，是不特吏之當代，官亦有代也。噫！余自沙洋一警之後，尋隙補漏，無一時息，亦深念夫築堤怒水也，疏洩殺勢也，如使水無受地，導引何所遂。於是役循墙而走僅曰小補，適臺中有開河之請，承制軍命得與勘議列，準今酌古相地度勢，恐無所於成有所於敗，既不能踵議建非常業，又不能使藩籬全固，深爲愧惡。今爾其括吾倅將所集圖案授之梓，庶將來有心國是者，得悉楚中連年所辦原委而思議之，其或輸補天之伎，其或效疏鑿之能，使三楚居民永免水阨，是則鄙人之深望也。夫是爲記。

　　　　　　　　　　　　乾隆拾壹年丙寅蒲月中浣東武王概誌

---

① 此標題原無，本次校補。

水利堤圖

江漢全圖

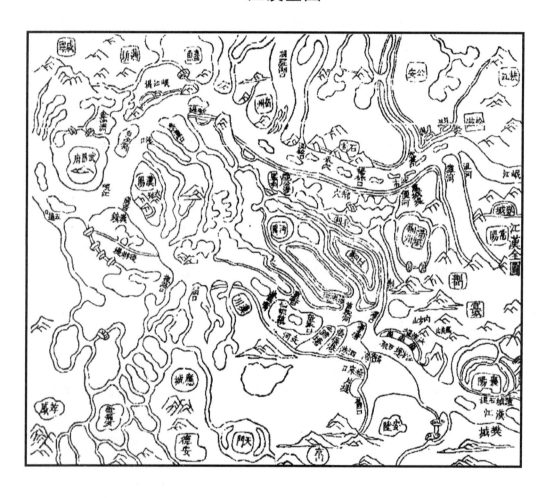

襄陽堤圖

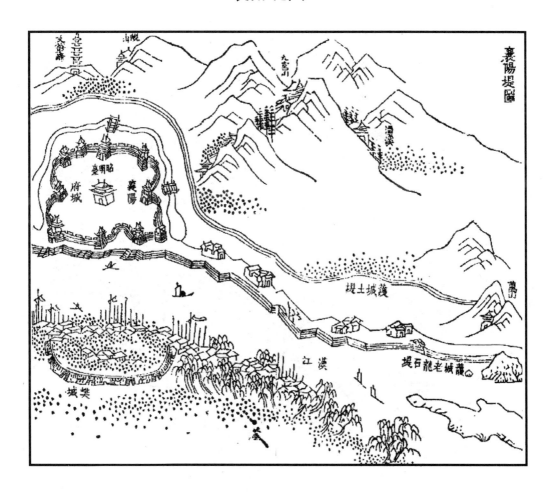

當陽堤圖

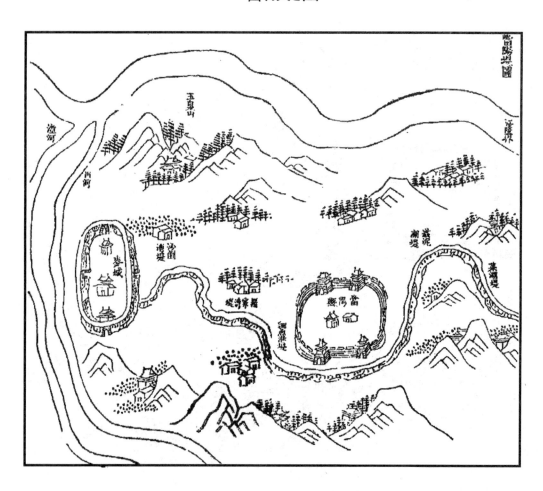

鍾祥堤圖

荆門堤圖

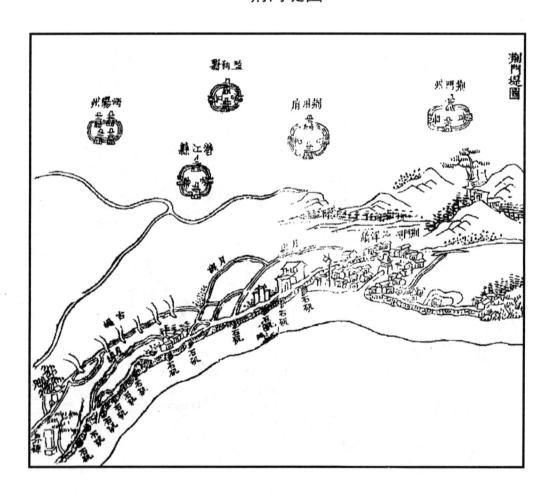

京山堤圖

潛江堤圖

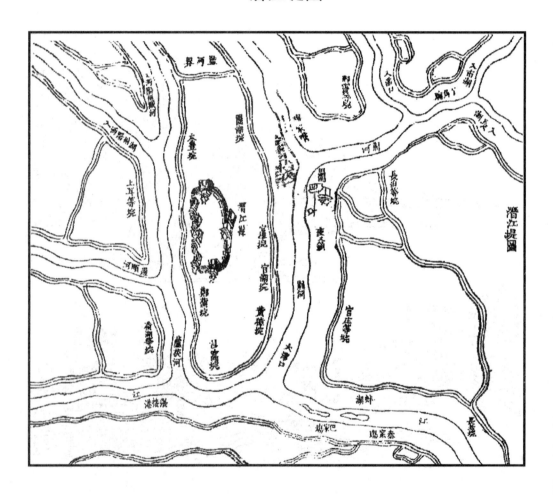

天門堤圖

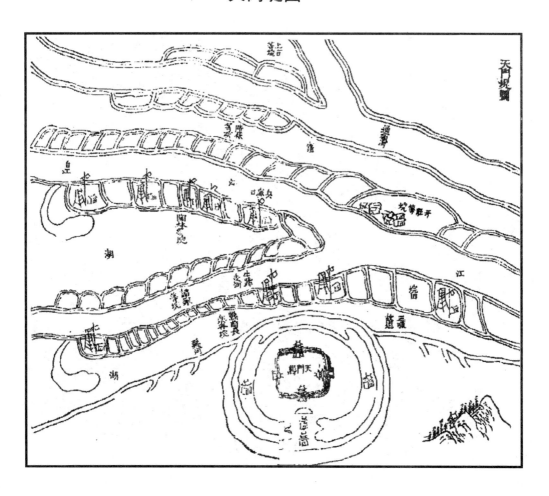

沔陽堤圖

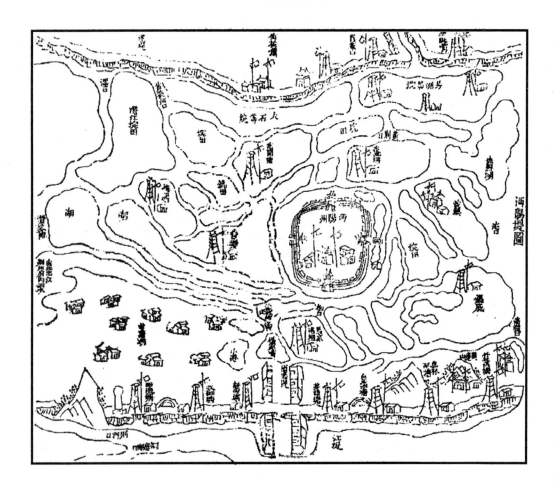

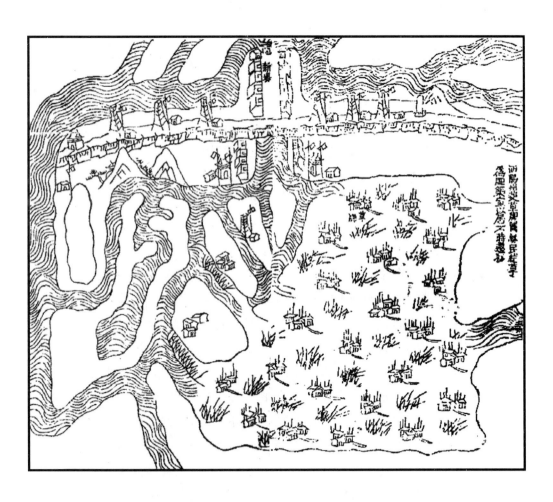

湖北安襄郧道水利集案上

詳制憲那撫憲范請定各屬歲修堤垛條規

爲備陳修築堤工事宜，以衛民業事。

竊照堤垛爲間閭田舍攸關。修防之道，貴於綢繆未雨，況沿江堤岸，在在多有險衝，即修築堅完，尚恐連陰異漲，或致疎虞。印河各官，身任地方重寄，務宜仰體憲衷保赤勤求實心經畫，未便稍有忽視。乃本道於本年四月二十一日到任後，歷稽歲修舊案，雖向應九月興工次年二月完工，而依期查辦者甚少，工不早完事多遲悮，即如鍾祥縣之三官廟、天門縣之沙溝垸，於上年七月十八九等日偶被水冲，並不及早修理完固，以致今年四月初八、十三等日又遭漫潰之患。本道凜遵憲訓行催趲築不遺餘力，印河各官冒暑董率備極辛勞，幸得兼工築起，秋汛不至潰決，然已官民交瘁，大費經營。又查各處堤工，雖向來歷係民修，原非官工可比，而每年歲修工築又間有辦理未善，故沿途堤岸及衝險處所應加培修者現在固宜保護，尤應於歲修之際逐一修補，實力妥辦，用資捍禦。是以本道於七月初間即將修理堤工事件細爲開列，通行所屬，預期經理。茲於八月二十六日因署藩司顧副使議稟修堤派費一事接奉鈞批，仰見憲臺廑念修防務期盡善之至意，除派費一案另與地方官悉心確核妥酌會司具詳外，本道查興築之功雖資民力，然堤垛欲求其鞏固，章程須定於事先。所有歲修、搶修現行應辦各事宜，謹縷晰條分，逐一臚列，爲我憲臺陳之：

一、估報之冊籍宜早也。歲修工程，例應印河各官逐段勘估。老堤原高寬丈尺若干，某處應加高若干，其處應加寬若干，需用工夫若干，務於七月二十外查明造冊，於八月初十外賫送本道察核，庶便九月興工不致稽延。

一、均派之夫數宜公也。各處堤塋或係按糧派夫，或係照垸興築，該州縣衛各有均派成例，須按照垸落應需工夫秉公均派，不許賣富差貧，少有偏枯，貽累攤派公平，民自樂從允服。

一、做工之垸落宜分也。辦理工程須要井井有條，始功易成而事不紊。堤工各有垸落，每一垸須用木牌一面，上寫某垸堤計長若干丈尺字樣，插於堤上，則某垸做工一目瞭然。不特勤惰易分，而工程之堅實與否亦便於考察。

一、修築之日期宜定也。各垸應修之丈尺不一，其所需之夫、土亦多寡不同，應聽民自爲酌量，每日有夫若干，可以做工若干，自本年九月起至來歲二月中，每月約做工程幾分，何日可以做完，令其核妥開單報官存案。按期查考所做土方，毋得徒催夫役，不驗工程。如偶遇陰雨停工，准於所定日期內扣明寬限，俟晴日兼工償築。其有不必照依所分之限，情願早爲赶築完工者，聽從其便。總不可過於迫促，亦不得稍有任延。

一、取用之土方宜遠也。堤腳愈寬愈厚，則堤身愈安愈固。凡附近堤邊之土，不得輕爲乞取，侵損堤腳，致使堤身搖撼不堅。

一、築做之工程宜堅也。工程最宜堅固，辦築應用實工務要層土層硪，多用牛工踐踏，簽釘試水不漏。不許鏟草見新，鬆填浮土，以致工不堅實、徒費民力。

一、勤惰之勸懲宜彰也。勤者不獎無以示勸，惰者不做無以示懲。各處堤工既有定限，如果克期告竣，工程結實，應將頭人酌給花紅以昭風勸；其有逾期日久、工不合式者，亦應量予薄懲，斯民共知奮勉不敢怠玩。

一、包攬之棍徒宜究也。各處堤工每有一種土棍，自恃豪強，勾結無賴衿蠹，攬充提總從中包折，侵蝕土方，更致工不堅固，實爲害民蟊賊，應嚴行查察擎究，毋稍狗縱。

一、胥役之勒索宜禁也。堤工事件雖係印河各官之責，而差遣書役按段稽查督催勢不能免，但書役中勤慎奉公固有其人，而藉事需索假公營私者亦復不少，須嚴加約束時時訪察，不得疎忽。

一、柳荻之栽插宜密也。堤岸修完，每資柳荻根蒂盤結而土性更得堅實，是以柳荻與堤工最爲有益。須勸民間遍爲栽插，務期成活，造册具報，不可視爲泛常。

一、堤上之土牛宜備也。事分緩急，防患貴在機先。各處堤工務須酌分遠近丈尺，各備土牛推積堤上，以便遇有需用之際即得乘時搬取，不致臨期無土，有費周章。

一、堤工之巡視宜週也。以土築堤豈能免於剝落？況遇雨淋水汕尤難一無坍損，全賴勤加巡視，少有殘缺即爲補苴。鼠穴獾洞立刻𡎺填，衝險處所酌用椿木樹枝等物預爲防護，斯爲力易而成功多。圩長人等務要日日看視，河員間日親查，印官不時稽查。至屆汛期更須印河各官督率，晝夜巡視以保無虞。

一、月堤之挽修宜豫也。平易之堤偶有殘缺，增卑培薄，祇須量爲補修。至若勢處險衝老堤日漸汕刷、危如纍卵者，必得新挽月堤始能有備無患。然此等情形，貴在豫爲查勘、先期經理則事半而功倍，潰後搶修則勞民而傷財。各屬每年於伏秋汛後，應將所管堤岸週圍巡勘，倘有極衝極險亟當挽月堤者，立即確核估報照例辦理，不得泛視貽悮。

一、搶修之次第宜分也。堤塽過遭冲漫搶修防護固係急不待時，然勢處危迫之際尚可竭力補救，則應日夜兼工併力趕辦，不容片刻稽延。若係已潰之後乘時搶修，雖非同歲修工程可以從容經理，但亦應將所冲丈尺逐一核明，共需夫、工若干，酌分段落勻派人夫，每日做工若干、用夫若干，刻期償築，則事無遲悮而工歸實用。即如今年沙溝垸搶修潰堤，一時人夫雲集、擁擠堤所，幾無施工之處，未免多費民力，殊爲可惜。嗣後遇有搶築之事，務須確切估計，次第赶修，以節民力、以固堤工。

一、官員之功過宜定也。民間堤岸官爲董修，雖係職分應辦之事，然其間有實心奉職者，亦有怠緩從事者，更有印官中之懈忽者膜視民瘼，所屬堤埝竟不親加察看，爲功爲過應有區分。以後境内應修堤工有能上緊辦理依限完報並無遲悞者，應請將印河各官各記功一次；如修完之後歷經伏秋二汛完固無虞者，應請將印河各官各記大功一次；如果三年之内所修堤工並無潰決而平日居官廉幹別無事故者，聽候憲臺酌加獎勵以示鼓舞。如有應修工程並不加意赶辦、逾限半月不完者，應請將印河各官各記過一次；如有違延日久任催罔應者，應請將印河各官各記大過一次；其有修理之後被水冲決者，或工程本係堅固、實因連陰異漲情尚可原，或修防並不加謹致水泛堤潰、理無可貸，以及印官玩視堤防並不親身察看者，容俟本道臨時察實核詳憲奪，分別懲儆以昭炯戒，則功過彰明，屬員辦事自必更知實力。

以上各條皆係查辦堤工最爲切要事宜，至此外或有應因地制宜者，仍飭各屬隨時斟酌辦理。緣堤工重關民業，理合備陳管見具交詳請，是否有當，伏祈憲鑒查核批示以便遵行。抑本道更有請者，修築堤工雖係印河各官專責，但本道衙門有兼理水利職任，理宜不時稽查，而修築之際尤應親爲督察。應請每年於各屬估計册結報齊之後，本道即親往各堤逐加相視，以驗所估之處是否妥協，指示辦理。俟次年二月完工時本道再往覆勘，如有工程草率違悞者，即行分別查詳察究，如此則章程既定督率加嚴，庶幾堤工永固户慶盈寧，濱江百姓共沐憲恩之汪濊於靡既矣。

謹查襄陽縣老龍石堤一道長十里零三分

一、堤首自萬山起至舊旺嘴止，長一百二十九丈。
一、舊旺嘴起至孔家埠口止，長八十一丈。
一、孔家埠口起至宋家嘴止，長五十四丈。
一、宋家嘴起至臥鉄牛止，長三十一丈。
一、臥鉄牛起至碎石嘴止，長二十六丈。

一、碎石嘴起至老龍廟止，長二十七丈。

一、老龍廟起至硯窪池止，長三十一丈。

一、硯窪池起至普陀庵止，長八十三丈。

一、普陀庵起至站鉄牛止，長一百四十丈。

一、站鉄牛起至頭工嘴止，長二十丈。

一、頭工嘴起至龍窩止，長一百四十九丈。

一、龍窩起至二工嘴止，長七十丈。

一、二工嘴起至大沙窩止，長三十九丈。

一、大沙窩起至禹王廟止，長一百零四丈。

一、禹王廟起至觀音堂止，長一百三十五丈。

一、觀音堂起至黑龍廟止，長一百零三丈。

一、黑龍廟至浮橋口止，長三十三丈。

一、浮橋口起至牌路巷下丁家嘴止，長一百四十三丈。

一、丁家嘴起至長坡埠口止，長八十六丈。

一、長坡埠口起至象鼻嘴止，長五十丈。

一、象鼻嘴起至大馬頭止，長五十四丈。

一、大馬頭起至鉄椿止，長七十二丈。

一、鉄椿起至大北門止，長三十三丈。

一、大北門起至寡婦堤止，長三十八丈。

一、寡婦堤起至二花樓止，長六十五丈。

一、二花樓起至長門外水角門止，長一百四十七丈。

一、水角門起至楊四廟止，長六十一丈。

以上共計石堤二千零四丈。

謹查當陽縣共六堤

一、麥城堤共長三百六十七丈。

一、沙倒灣堤共長八百四十丈。

一、羅家灣堤共長八百五十四丈五尺。

一、細魚港堤共長九百八十二丈。

一、滋泥湖堤共長一千六百七十八丈。

一、菜湖堤共長八百一十五丈。

以上俱係私堤，居民自行修築，六堤共長五千五百三十六丈五尺。

謹查鍾祥縣堤垛

一、頭工堤垛自府城南街口鐵牛關起長一千八百二十五弓[①]，內地名潘家橋，外地名陳家套。

一、二工堤垛長一千九百九十七弓，內地名法華庵劉家橋，外地名丁公廟降魔殿。

一、三工堤垛長二千零二弓，內地名興新庄，外地名新庵。

一、四工堤垛長二千二百零五工[②]，內地名大潭口，外地名浪台觀。

一、五工堤垛長二千一百二十四弓，外地名保堤觀，內地名徐家灣項家潭從家廟。

一、六工堤垛長一千七百四十九弓，內地名營房，外地名華家灣。

一、七工堤垛長一千八百二十弓，內地名翟家潭關帝廟泰山廟，外地名流連口。

一、八工堤塍長一千八百八十六弓，內地名胡家集，外地名草廟孔家集戊巳碑。

一、九工堤垛長一千七百八十九弓，內地名軍民觀潭張公庵杜家廟，外地名馬公洲。

一、十工堤垛長一千六百八十弓，內地名劉馬家潭，外地名真君

① 弓：古代丈量土地的計量單位，一弓爲五尺。

② 工：爲“弓”之誤。

廟。

一、十一工堤塢長二千一百四十四弓，內地名三官廟殷家灣，外地名荆門州鄧家壋。

一、十二工堤塢長一千八百四十一弓，內地名侯家廟烏龍廟，外地名殷家集塘汛。

一、十三工堤塢長一千六百九十六弓，內地名茶園屯賈公碑，外地名倒掛嘴。

一、十四工堤塢長一千三百八十四弓，內地名沙湖寺石牛潭，外地名劉馬渡口。

一、十五工堤塢內除京山縣金港口汛堤外，長一千四百二十四弓，內地名羅家庵施家潭忠祠潭，外地名舊口楠栂廟。

以上堤塢自府城南街口頭工鐵牛關堤起至舊口鎮十五工楠栂廟堤止，共長二萬七千五百六十六弓，計程七十六里四分六厘。外有：一、十六工堤塢長三百九十弓，地名王家營間京山縣汛堤之內；一、十七工堤塢長二百八十五弓，地名姚家營間京山縣汛堤之內；一、十九工堤塢長三百五十六弓，地名張璧口間京山縣汛堤之內。

謹查荆門州沙洋堤塢石磯石岸

一、襄河南岸。沙洋街頭起至何家嘴止，計長一百六十八丈五尺。何家嘴起至茶庵廟止，計長二十八丈。樸樹頭起至茶庵廟止，計長一百七十一丈五尺。老石磯起至樸樹頭止，計長七十五丈。新石磯起至老石磯止，計長七十九丈。歐土地起至新石磯止，計長一百二十二丈。李家灣起至歐土地止，計長一百一十二丈五尺。徐家灣北堤起至李家灣止，計長一十四丈。徐家灣起至北堤頭止，計長一百一十一丈。曾家灣北一段起至徐家灣止，計長三十八丈。曾家灣起至內月堤金公堤止，計長一百一十七丈。水廟灣堤起至曾家灣止，計長二百二十四丈。龍王廟起至水廟灣止，計長二百六十五丈。黎家灣起至龍王廟止，計長二百七十三丈。新城北堤頭起至黎家灣止，計長二百零六丈。汀家灣起至新城止，計長二百零八丈。廖家窪起至江家灣止，計長一百零六丈五尺。廖家窪後添月堤一道計長三百弓。熊家窪起至廖家窪止，計長一百七十八丈。北耳堤起至熊家窪止，計長一百一十六丈。鄭家潭大堤起至北耳堤止，計長二百九十三丈。南耳堤起至鄭家潭止，計長八十六丈。朱李灣月堤起至南耳堤止，計長一百八十八丈。朱李灣老堤起至月堤止，計長一百六十八丈五尺。郭馬趙月堤起至朱李灣止，計長一百二十七丈五尺。郭馬趙老堤起至月堤止，計長一百七十一丈五尺。蕭家口堤接潛江界起至郭馬趙止，計長九十三丈五尺。以上自沙洋起至蕭家口潛江縣界止，大堤月堤共長三千八百九十一丈。內舊有石磯二座，乾隆九年添建石磯十座、石岸二道。關廟前舊建石磯一座。關廟下舊建石磯一座。歐土地建石磯一座，斛高二丈七尺，東底寬二丈五尺，西底寬四丈，東面寬八尺，西面寬四丈，底長二丈，面長三丈五尺，用石五十層。熊家窪建石磯一座，高寬丈尺與歐土地石磯相同。李家灣建石磯一座，斛高二丈二尺五寸，東底寬二丈五尺，西底寬三丈八尺，東面寬六尺，西面寬三丈五尺，底長二丈，面長三丈五尺，用石四十四層。曾家灣建石磯一座。水廟灣建石磯一座。黎家灣建石磯一座。朱李灣建石磯一座。江家灣建石磯一座。鄭家巷耳堤建石磯一座。以上六磯高寬丈尺與李家灣石磯相同。歐家灣建小石磯一座，高一丈八尺，東底寬一丈六尺，西底寬二丈，東面寬四尺，西面寬二丈五尺，底長八尺，面長二丈五尺，用石三十六層。小石磯北江堤一段建石岸一道，長二十五丈，寬三丈，斛高一丈八尺。歐土地石磯北江堤一段建石岸一道，長五十四丈，寬三尺，斛高一丈八尺。小江湖堤壋，自關廟起至馬良山底止，計長五十里。

續估添修預備月堤四道：一、自李公堤中起至龍王廟壋底內挽月堤一道；一、自龍王廟下堤頭起至新城街頭底內挽月堤一道；一、自新城街頭起至新月堤熊宅旁底內挽月底一道；一、自熊宅旁起至白鶴寺交潛江縣至王家潭徑到蕭家口交荊潛堤界底內挽大月堤一道。共銀三萬六千八百二十六兩二錢四分五厘。

謹查京山縣堤埝

一、襄河北岸。鍾祥縣舊口交界起至金港口止，計長六百三十三丈五尺。又鍾祥縣堤一節，計長四百六十二丈，內有荆右衞堤一節計長一百二十五丈五尺。金港口界起至楠栵廟止，計長四百九十六丈，內間有鍾祥縣堤一百四十五丈五尺。荆右衞堤二十丈，該堤崩逼河岸，於臨河建築草壩一道，計長一百四十三丈，加高五尺，又加修內月堤上卡一百八十七丈。楠栵廟起至王家營止，計長四百六十五丈。又鍾祥縣堤一節計長五十二丈五尺，內有荆右衞堤一節計長三十五丈。王家營起至馬林口止計長八百六十二丈五尺。鍾祥縣堤一節計長一百七十八丈，內有荆右衞堤一節計長七十五丈。馬林口起至張壁口止，計長六百四十七丈，內有荆右衞堤一節計長四十九丈。張壁口起至操家口止，計長六百二十四丈，內有荆右衞堤一節計長二百八十六丈五尺。操家口起至陳洪口止，計長三百六十丈。陳洪口起至渡船口止，計長九百八十七丈五尺。渡船口起至樂豐垸止，計長一千零七丈。樂豐垸起至王萬口止，計長九百丈。王萬口起至長豐垸止，計長九百丈。長豐垸起至丁家潭止，計長九百丈。丁家潭起至黃付口止，計長九百丈，內有潛堤一節計長三百七十五丈五尺。黃付口起至唐心口止，計長五百八十一丈，內有潛堤一節計長一百七十一丈。唐心口起至鮑家嘴止，計長七百四十七丈五尺。鮑家嘴起至楊堤灣止，計長九百丈。楊堤灣起至呂家灘止，計長九百丈。呂家灘起至聶家灘堤接潛江界止，計長九百丈。

以上自鍾祥縣舊口交界起至聶家灘接潛江縣界止，計大堤月堤共長一萬三千八百九十八丈，草壩一百四十三丈。內間有潛江縣堤二節，共長五百四十六丈五尺；間有荆右衞堤六節，共長五百九十丈五尺；間有鍾祥縣堤四節，共長八百三十九丈。

謹查潛江縣堤垛

一、襄河南岸。荊門界起至長老一垸止，堤共長三千六百三十六丈。長老一垸界起至長老三垸止，堤共長八百二十六丈五尺。長老三垸界起至坦豐垸止，堤共長三百五十二丈五尺。坦豐垸界起至新豐垸止，堤共長一千七百九十七丈。新豐垸界起至栗林垸止，堤共長四十六丈。栗林垸起至白茯垸止，堤共長一千二百零六丈。白茯垸界起至官洲垸止，堤共長一千零六十五丈。官洲垸界起至黃獐垸止，堤共長一千九百二十七丈，該垸內有雷宅門首堤垛崩塌危險挽修月堤一道，計長一百四十一丈。黃獐垸界起至義豐垸接天門縣界接沙窩垸縣河鄭蒲垸止，堤共長二千五百九十三丈，該垸內有簫家灣崩塌危險挽修月堤一道，計長一百八十一丈。

以上自接荊門州界起至義豐垸接天門縣界止，大堤月堤計長共一萬三千七百七十丈。

一、襄河北岸。京山唐心口界起至顏家垸又自京山界止，堤共長三百七十五丈五尺，此處間有京山堤一節計長五百八十一丈。京山縣界起至趙家垸止，堤共長一百七十一丈，此處間有京山堤一節計長三千四百四十七丈五尺。京山縣聶家灘起至中泗垸止，堤共長三百零九丈。中泗垸界起至楊湖垸止，堤共長一千三百七十一丈。楊湖垸界起至趙林垸止，堤共長五百五十八丈。趙林垸界起至計家小伏垸止，堤共長六百七十二丈五尺。計家小伏垸起至太平垸止，堤共長二千八百三十六丈五尺。太平垸界起至沿江垸止，堤共長四百四十七丈。沿江垸界起至沙泂垸止，堤共長一百五十八丈。沙泂垸界起至車墩垸接天門縣界止，堤共長八百一十七丈五尺。

以上自接京山唐心口界起至車墩垸接天門界止，計堤共長一萬一千七百四十四丈，內間有京山縣堤二節，共長四千零二十八丈五尺。

謹查天門縣堤埦

一、襄河南岸。潛江界起至獏獐垸止，堤共長一千零八十丈。獏獐垸界起至牙旺垸止，堤共長一千零五十丈。牙旺垸界起至馬家垸止，堤共長九百五十丈。馬家垸界起至上中洲陸區止，堤共長二千九百一十三丈。上中洲陸區界起至下中洲陸區止，堤共長二千六百一十八丈。下中洲陸區界起至老觀塌止，堤共長六百零五丈。老觀塌界起至石泉垸止，堤共長九十丈。石泉垸界起至長湖垸止，堤共長三百九十丈。長湖垸界起至豬豕垸止，堤共長五百二十五丈。豬豕垸界起至濫泥垸止，堤共長三百四十五丈。濫泥垸界起至犴獐垸止，堤共長二百一十丈。犴獐垸界起至漚麻垸止，堤共長三百六十五丈。漚麻垸界起至官湖垸止，堤共長二百六十八丈。官湖垸界起至北河垸止，堤共長三百二十二丈三尺。北河垸界起至七江垸止，堤共長二百四十丈。七江垸界起至青泛垸止，堤共長二百丈。青泛垸界起至桑林垸止，堤共長三百二十丈。桑林垸界起至夾洲垸止，堤共長一百五十丈。夾洲垸界起至戴家垸接沔陽界止，堤共長三百丈。

以上自接潛江縣界起至戴家垸接沔陽界止，計堤共長一萬二千九百四十一丈三尺。

一、襄河北岸。潛江界起至長溝垸止，堤共長二百二十五丈。長溝垸界起至月兒垸止，堤共長四百八十丈。月兒垸界起至老觀垸止，堤共長六百丈。老觀垸界起至范獐垸止，堤共長六百丈。范獐垸界起至洋潭沙溝垸止，堤共長五百六十一丈。洋潭沙溝垸起至上中下牛蹄垸止，堤共長九百丈。上中下牛蹄垸界起至上陶林陸區止，堤共長六千六十六丈。上陶林陸區界起至下陶林陸區止，堤共長一千八百丈。下陶林陸區起至黃沙垸止，堤共長八百五十二丈。黃沙垸界起至團湖垸止，堤共長四百一十丈。團湖垸界起至查家垸止，堤共長六百二十一丈。查家垸起至下殷河止，堤共長一百一十六丈三尺。下殷河界起至泊魯垸接沔陽界止，堤共長二千一百七十丈。

以上自接潛江縣界起至泊魯垸接沔陽界止，計堤共長一萬五千四百零一丈三尺。一、牛蹄支河南北兩岸堤共長一萬九千七百丈，一、通順支河南北兩岸堤共長一萬三千二百丈。

謹查沔陽州堤垸

一、襄河南岸。天門交界起至新泊浣止，堤共長七百二十三丈。新泊垸起至童潭垸止，堤共長九百七十丈。童潭垸起至大石垸止，堤共長一千七百六十二丈。大石垸起至小石垸止，堤共長三百八十八丈五尺。小石垸起至新淤垸止，堤共長一千二百七十五丈五尺。新淤垸起至上楊家垸止，堤共長四百三十二丈。上楊家垸起至下楊家垸止，堤共長八百五十九丈五尺。下楊家垸起至蓮花洲垸止，堤共長六百三十四丈。蓮花洲垸起至碓臼垸止，堤共長一千三百九十六丈五尺。碓臼垸起至高嚴泗垸止，堤共長一千一百五十五丈。高嚴泗垸起至芳洲垸接漢川北枝溝，堤共長四百三十八丈七尺七寸。

以上自接天門縣界起至芳洲垸接漢川界止，計堤共長一萬零三十四丈七尺七寸。

一、襄河北岸。天門縣界起至潭灣垸止，堤共長六百五十二丈五尺。潭灣垸起至西毛台垸止，堤共長一百五十四丈五尺。西毛台垸起至楊林垸止，堤共長一千三百六十九丈五尺。楊林垸起至馬骨垸止，堤共長三千七百零七丈。馬骨垸起至長團垸接麥旺嘴橫堤頭止，堤共長一千六百六十九丈。

以上自接天門縣界起至麥旺嘴橫堤頭止，計堤共長七千五百五十二丈五尺。一、支河西方光楚古張垸行堤，上自天門下自沔汛勉字號底，計長三千三百二十丈。一、支河東方通城行堤自一墩起至十墩底，計長九千三百丈。一、南江新堤自西流垸起下至十二總玉沙界底，計長一萬五千四百四十七丈八尺，內預備堤一道計長二十四丈。

稟制憲孫督修各屬潰口並請動帑酌修沙洋險工

　　謹稟：本年六月二十一日戌刻奉到憲批，内開天潛各潰口，若必待水退方築恐誤晚秋，自當速募熟諳堤工之人，照依河工做法，多用木樁草牛設法星夜搶塞。況據另單稟稱水已消退五六尺，望即嚴督辦理，并移飭江邑，一體搶修爲囑。沔陽官湖、青泛等垸已據該州報淹但稱係漲久平漫尚易爲力，並即速飭星夜加高培護，毋致復有冲洗。日内雨潦尚多，恐太豐等垸并各屬被淹田畝不免成災，至襄邑村庄被雹之後又復被水，深可憫惻，務須諄飭委員確勘報奪。至被淹人户，毋論成災與否，受困則一州縣捐貲難遍，有應動公項接濟之處，該道即妥議通稟。如果係水難消涸致誤秋禾之處，即當據實查報，照例請賑，毋得顧望致令災黎失所。切切！并密諭襄守知之此仍繳等因。奉此，仰見大人慎重隄防軫恤災黎之至意，本道敢不敬體憲心實力查辦。伏查各處潰口惟潛江夫工易集，今坨埠垸已於二十一日搶築工程三分，竹根灘亦搶築工程二分，此兩處惟望天晴水勢不漲，則十餘日内即可告竣。其太豐垸現在口内出水尚有五六尺，甚深者七八尺不等，雖於十九日已下橛興工，而一時尚難取土堵築，須再俟兩三日内外水消即便兼工趕辦。天門胡小垸亦因水深不能取土，是以現今一面下樁一面俟水勢再落乘時儹築，蓋緣潰口内外皆水，堤身之外無土可取難以施工，故須俟水消土現方堪興築。其沔陽漫潰各口，現據該州稟稱必俟河水消退始能放水補種晚禾，總在立秋前後定局，此時尚難預料。至蕭家口原係天、沔公共出水之所，現在垸内之水外流，應暫緩搶築以便出水，俟水勢一退立即堵築補種，將來冬日仍照舊例由此開口放出湖水以種菜麥。惟荊門鄭家潭堤係屬險要工程，向日荊州、安陸兩郡協修，因其例久停格而難行，而欲請公項又以無項可撥，未免稽延。目下潰決堤口或仍議堵築，或另挽月堤，若非動公辦理恐難集事。本道已面諭該府親徃查勘，督同該州察看民情妥議速覆。另請憲示，此各處現在堤工之情形也，至各州縣所淊田畝，全視潰口之能否築起，再視水勢之果否消落，更視晚禾之可否補種，方可以定分數而別輕重。即如天邑縣河近城地畆，本道來縣之時俱水淹數尺，今連日水落高處稷黍露出，尚無大礙，其餘涸出之地，農民趕栽晚禾蕎麥等物，以望有秋。據天門張令同委員逐一查明，委非成災可比，但水勢之消長靡常，早晚之情形不一，而各處之地畆亦高下不同，是以本道飭令該府州縣及委員務須逐處細勘，體察民間光景，斟酌查辦。成災者斷不容少有諱飾，不成災者亦不得少有率忽，要期勘明實情，分別輕重緩急，妥協經理，或出借或請賑，照例確議，另為稟陳。惟閭閻浸塌房屋，係其棲止攸關，資恤刻不容緩，昨看地方官情狀，似不無艱於捐給。夫以小民刻不容緩之需而一有艱難之色，則不失之於遲，必失之於漏，所以本道已飛飭該州縣不拘何項，隨查隨給。原擬俟事竣稟詳，今蒙恩鑒，現在酌議另稟此各處查勘田畆辦理撫恤之情形也。本道才識迂疏，諸多未諳，惟民瘼所關不敢絲毫泄視，總期事事凜遵憲訓，因時因地加謹督辦，以仰慰憲懷於萬一。除一面密飭安屬府廳州縣遵照妥辦并飭移江陵縣作速搶修外，再襄邑續又被水，已據議請賑恤，經本道轉稟在案，今并密諭該守知照去訖，緣奉鈞諭，理合逐一稟覆。

稟制憲孫嚴飭各屬實力賑恤

謹稟：安屬地方原係水鄉，每伏秋汛長之時，各處堤塪間有潰決淹及田廬，無歲不然。在百姓固習以為常，而地方官亦狃於積弊不肯認真查辦。然往年被水者或僅一二州縣，或一州一縣之中僅數垸及十餘垸，地方有限淹浸無多，該地方民人或操舟謀食或傍戚依親，尚不至於十分艱窘。今夏水漲異常，報潰過甚，潛、沔所屬垸落被淹者不下十分之六七，天邑漫淹者八九十垸，荊門湖田亦淹及半，是所淹之地既廣，乏食之民必多，將來非數十萬石倉糧不足以供賑恤也。而且此時水尚未消，即欲補種晚禾以冀薄收亦不可得。自秋徂冬，歷冬而春，以待麥熟為日正長，若非詳細確查據實妥辦，嗟此窮黎斷不能不流離失所。本道奉到批諭，仰見憲臺保赤誠求極為肫摯，俱即密飭印委各官認真辦理。而細看屬員中亦有尚欲仍循積弊者，本道素性愚蠢，遇此等有關民食之事，惟知竭盡心力加謹督察，以副委任於萬一，不敢存心冒濫違道干譽，亦不敢扶同率混膜視民瘼，理合據實密稟。

孫制憲奏修沙洋下十里內堤

湖廣總督兵部尚書臣孫謹奏：查楚省漢江襄河所有堤工多係民堤民修，惟荆門州之關廟、鄭家潭等處長二十餘里名曰沙洋，據荆、安二郡之上游，偶有疎虞則江、監、潛、沔皆受其害，興修保固最宜詳慎。是以歷經動帑加修，乾隆二年又動司庫公捐銀一千兩交荆門州知州大加修築，詎該州修理草率，本年六月間鄭家潭潰決，下游州縣多致成災。除將該州另疏參革責令賠修外，查漢水自關廟以下多大溜頂衝之所，堤根最爲危險，即將新潰之口加意堵塞而以一線之堤與大溜抗衡，終非萬全無患之道。查沙洋大堤迤南一二里外，尚有古堤一道，綿長二十里，適當大堤險要之後。今年鄭家潭潰，因古堤殘缺，連衝九口，水逾古堤，建瓴而下觸處衝淹。臣親行相度古堤，上十里當關廟之後，堤身尚皆高厚，可以緩修；其下十里適當鄭家潭潰口之後，本來堤身多有殘薄，又大堤新潰更宜保護。必當大加修築，一律高厚，使大堤專立於外以禦衝刷，古堤屹峙於內以防潰溢，如此重層保障以資捍禦，庶可無意外之虞。臣現委員估計，興工務於明春完竣。再查古堤原不在民修之內，必宜動項興築。現今各處民堤既經奏明，動支商捐銀二萬二千兩借給幫修，計此項借給之外尚有餘剩，即以所剩之銀修理此堤。如再不足，查武昌關口岸銀兩每年亦有餘剩可以動支，合此兩項庶可敷用。除土方丈尺銀兩數目俟估明題報外，所有古堤應修緣由以及動支欵項，理合先行奏聞等因前來。查湖北荆門州之關廟、鄭家潭等處沙洋大堤長二十餘里，爲荆州、安陸二郡各州縣之保障，關係綦重。該督既稱"乾隆二年動支司庫公捐銀一千兩交荆門州知州大加修築，詎該州修理草率，本年六月間鄭家潭潰決，已將該州另疏糸革責令賠修"等語，應令該督將前項潰決堤工即速勒令賠修堅固，於題參案內歸結。其乾隆二年動支公捐銀一千兩給發修築之處，從前未經報部，無憑查核。應令據實查明，並將鄭家潭潰口丈尺、應賠工段一并查明，報部查核。至該督奏稱"沙洋堤工多有大溜頂衝之所，即將新潰之口加意堵塞，以一線之堤與大溜抗衡，終非萬全之道。迤南一二里外尚有古堤一道，綿長二十里，適當大堤險工之後。臣親行相度古堤，上十里當關廟之後，堤身尚皆高厚可以緩修，其下十里適當鄭家潭潰口之後，本身殘薄，又大堤新潰，更宜保護，必得大加修築，一律高厚以資重層保障"等語，應如所奏，准其將古堤以下十里堤身殘薄之處修築，一律高厚以作重層保障。作速委員催估興修，務於明春汛前完竣。仍將應修工段丈尺、應需銀兩數目先行造具估冊，送部查核。其所需銀兩，該督奏稱"現今各處民堤既經奏明，動支商捐銀二萬二千兩借給幫修，計此項借給之外尚有餘剩，即行修理此堤。如再不足，查武昌關口岸銀兩每年亦有餘剩可以動支。合此兩項，庶可敷用"等語，查商捐銀二萬二千兩，據該督奏請借給幫修民堤，現經戶部議准借給，明秋照數催還。如此項借給之外尚有餘剩，應准其修理此堤。倘再不敷，查武昌關口岸餘剩銀兩，原經奏明留充地方利濟軍民之用。今前項不敷，修堤銀兩亦應准其即於口岸餘剩銀內動支，仍將動支銀數先行造冊，報明戶部查核可也。乾隆七年十月二十七日題，本年正月二十九日奉旨：依議。欽此。

稟制憲孫請委員修老龍堤塌裂各工

謹稟：楚北素稱澤國，保衛民業端賴堤塌。伏覩大人念切民依，於堤工一事碩畫精詳，懇懇懇懇。本道身任地方，敢不仰體憲衷實心經理襄屬老龍堤。荷蒙憲恩，動本署口岸銀兩飭令修築，現在詳委通判王瑄實工實料堅固修砌，該倅頗能勤謹將事，不致有悮。安屬各堤，本道於今年夏秋時周遭巡視，遍爲諮訪，或險或易，已悉其詳。昨自省旋襄，順途察看，面諭印河務官備細籌酌，指示料理。鄭家潭有同知杜薰督辦，可無違悞。他如京山縣之王家營，潛江縣之淌湖，天門縣之邱家潭等處，均關最險工程，亦經一一指出。本道猶恐所屬官民或有悠忽，於印河各員則剴切檄行，於圩業人等則明白示曉，俾其觸目警心，共加奮勉。擬俟來歲正月內再於襄屬坐褙中遴選辦事小心者，詳委數員，本道飭其前往安屬有堤各州縣，逐一查察。如有印河各官怠玩從事並不上緊催辦者，即據實詳請憲奪，用示炯戒。一屆完工，本道即率同府廳分頭逐段細勘。總之地方官盡力一分則堤工即受一分之益，而堤工鞏固一處則百姓即沾一處之恩。本道仰承憲命，惟有殫心區畫加意董率，以副憲臺惠愛元元之意於萬一耳。緣堤塝重關民業，上廑憲懷，所有現在查辦緣由，理合稟明。

稟制憲阿湊項添修老龍堤各工

謹稟：安屬天、荊、潛、沔、京等處堤塝情形，業經逐細親加查勘次等，稟達憲案，諒蒙犀照。鍾祥縣工程因所用夫、工不清，以致工程遲緩，現今嚴飭印官催辦，俟確查明白另報。本道於本月初七日抵署，勘驗城外老龍石堤，堤腳修築堅固，堤身高出水面丈餘，足資捍御。伏查此處堤岸壁立江干，城垣即坐於堤址之上，爲郡城保障，所關甚鉅。上歲水勢異常，矬裂數處，若因循不修勢必貽害民社。本道親爲查驗，實係刻不容緩之工程，計需工料銀二千六百餘兩，而府庫僅存歷年所餘歲修銀七百餘兩，不敷應用。經本道稟院，移司詳請發項，並以此項工程歷係襄同知承修，去冬姚丞甫經到任，通判王瑄熟諳工程，應委承辦。經司咨覆，將八年歲修銀三百八十兩一併借用。外蒙前督憲孫另發口岸銀一千一百兩，共銀二千三百餘兩，飭令襄通判撙節辦理。後因拆卸舊料不敷原估，而堤形做法又有添工之處，續經該府廳詳稱原未，發銀二百兩，今又添估銀三百餘兩，均需發給，方可足用。經本道移司，請不拘何項先行借發以濟急工，俟本道將詳明本衙門所收隆中、武當租稞銀兩徵齊解司還項，經司覆無項可借，作速催徵租稞接濟完工。現今本道將徵到租稞銀兩發交府廳趕辦，所有未徵到銀兩本道即將養廉墊用，務使要工速竣，以期鞏固，統俟完工後明晰開報以憑查核。至襄陽各屬，二麥茂盛，半月大麥即可就食，閏四月初旬後小麥亦可漸次登場，菜子現在收割，小民之饔飧有賴，地方自必日加寧謐矣。恐廑憲懷，理合稟聞。

禹王廟重修碑記

當攷大禹治水至於荊州，而《夏書》所載"嶓冢導漾，東流為漢"，今襄陽城北以漢江為濠，歷數千百年環繞城郭，襟帶長堤安焉。各循其故道者，皆古聖人靈爽有以默相之也。載稽漢蔡邕《漢津賦》云："通萬山以左廻兮，旋襄陽而南縈。"至唐盧肇作《漢水堤銘》有曰："斯堤既成，婉婉而平。確爾山固，屹如雲橫。"是襄陽堤之起自萬山也，自古為昭矣。堤名"老龍"，正防其悍。築石岸以衛城，不類安陸、荊州郡之築土堤者，蓋地居江漢上游，其水性激也。依古以來數為漲患，防禦永固之術不可苟且。乾隆六年夏，予奉天子簡命監司三郡，素知襄陽為荊南巨鎮，石堤為襄城藩屏，分路揚鑣之日即令有司加意修整。壬戌夏秋雨多水漲，損壞石堤三處六十丈，曰大沙窩，曰禹王廟，曰長門西。余蒿目焦思愀然，謂僚屬曰："拯民於溺，其可緩乎？"即令襄陽令郭芝估修，需費數千金。先是歲修僅三百七十餘兩，不支經費亟籲上憲者，再報曰"可"，乃蒙前督憲孫公出本署公費銀一千兩，令方伯安公飭工員合歲修項經理，其不足者余以荊南書院公項補之。刻日修築而以襄陽倅王瑄董其役，襄陽守王繹會襄陽丞姚世倌時督視之。自冬徂夏，舉築殷雷，飛石輓木，駭汗霏雨。余親詣相度區畫，朝昏老堤子堤，高下廣狹具如法。是役也，易頹而堅，因墜而聳，險而能夷，損而能整，以綿亙十餘里之老龍堤倚江、樊而奠如磐石，皆古聖人靈爽有以默相之也。先是禹王廟傾圮，余規撫舊址燦然修葺，俾春秋祀事肅將，則萬世永賴之功，猶得於一隅揚其烈，而古聖人之平水土，庇民人，冠百王而稱神禹者，信不誣也！爰誌其略，使後之蒞茲土者有所攷焉。

稟制憲阿撫憲晏請並修沙洋上十里堤並建石磯

謹稟：爲預籌要工以重堤防事。

竊惟安屬一帶地勢低窪，全賴堤垤以資保障。然各屬俱係民修民堤，即有險要，工程需費浩繁。當秋成之後，每衈派夫，業民協力修築地方水利。印河各員苟能實心經理督率，均不甚費周章。惟荆門州所屬自沙洋起至潛江縣石界止，有大堤一道，俗名爲“御堤”，又名爲“關廟堤”，俗名爲“御堤”者，相傳謂前代發內帑修築，故以名之也。又名“關廟堤”者，相傳謂前代之時該堤屢修屢決，荆、安兩郡之民歷受其害，後以關聖顯靈堤遂穩固，因立關帝廟於堤上，故又名“關廟堤”也。此堤共長二十里，堤內荆門州本屬計田不過十萬衈，糧三十石，外面逼臨襄江，內連江陵、監利、潛江、沔陽田廬，實爲五州縣之保障。一有疎虞，水勢直趨下流，江、監、潛、沔地勢尤低，田廬俱受其患。自前明迄本朝初年，歷動帑金役五邑之夫協力修築，雖歷年久遠，無案可稽，然《關廟碑記》彰彰可考。至康熙十三年，潛江王令內陞工科，題准各修各堤，遂卸肩於荆門闔州山湖之民公修。但州屬民間田地，廬舍山莊十居其八，湖鄉十僅有二，而山鄉之民以地當高阜利害無關，向有山不協湖之例，不肯代修。其二分湖鄉，地衈半在馬良，半在沙洋之青村。其馬良業民現有該處小江湖堤垤一道，歲歲增修自顧不暇，勢不能再修。關堤以袤延二十里之臨江大堤，獨諉之三千餘石湖田糧户專任其事，力弱難支，互相控告，聚衆抗官，以致歷來凡有興修大工必須詳請帑項。迨至雍正七年議定每湖糧一石輸銀一錢，通計湖糧三千石，共輸銀三百兩，在於水利州同衙門繳納，以爲歲修募夫之用。如有大工，另行請帑等因在案。再查康熙五十三年關廟前建修草壩，領司庫銀七千兩。康熙六十一年修關堤內一包三險月堤，並熊家凹月堤，領司庫銀三千兩。雍正六年修關堤內朱李灣堤，領司庫銀三千七百八十四兩。雍正九年修關堤內熊家凹小月堤，領司庫銀二百七十兩零。雍正十二年建修關廟前石磯，領司庫銀五百零五兩。乾隆元年修關堤內鄭家潭及歐土地等處堤，領司庫銀一千兩。乾隆六年修鄭家潭月堤，領司庫銀三百兩。此歷年未遠，有案可憑者也。俗諺云：“坍了關廟堤，沒了荊州塔。”從前尚謂此係該地鄉民無據之語，去夏伏汛大漲，關堤下十里內鄭家潭沖潰，水勢直抵荊州城外，數百里平疇頓成巨浸，五州縣田廬半沉鍋底。本道駕舟巡視，身在河干者四閱月，目睹老弱者淹斃波臣，少壯者露棲林木，號泣之聲徹於遐邇，悽慘之狀不忍見聞。蠲免賑恤糜費庫帑二三十萬，始知俗諺非虛。然鄭家潭係在關堤下十里內，與荊州府尚屬斜對，倘上十里，一經潰決，更在江、監等屬上游被淹，勢必益甚。上年秋間，蒙前督憲孫親詣查勘鄭家潭潰口，見水勢沖射自新城以下十里，外堤在在危險。勘其內有老堤基址尚存，奏明動帑重修古堤一道，飭令府廳料估興工。此堤計長八里餘，將來告成之後，實爲外堤之保障，數邑之金湯，誠一勞永逸之良圖也。其自新城以上十里未經議修，原以老堤高聳，兼恐一時并舉錢糧不繼，是以緩爲後圖。本道往返河干細加查看，內有歐土地廟等處被水沖射，堤身堤腳崩坍，壁立河干，在在需修，勢難久緩。雖內有月堤數處，較之臨江大堤或矮三四尺或矮五六尺不等，多係浮沙擁築，倘外堤不固，月堤萬難足恃。總之修築月堤必須堤身高於外堤，即或不能，亦必與外堤相等，始足以資捍禦。乃當年承辦草率，處處低矮且用沙土鬆填，是舊築之月堤竟爲虛設，所幸者外堤舊工堅實，目今危險之處尚有根腳儘可施工，非若自新城以下之外堤，日見乾崩難於用力。上年本道同前府等公同查勘，諭令署州相度情形詳請動帑興修該工。誠恐需費浩繁，未敢遽議大工，徑行詳請捐資。擇其緊急之處諒爲修葺，細爲驗勘所做工程，不過用土敷貼堤身，一歲之內尚不能必其不剝落，豈能爲久遠之計。然捐資有限，實亦無可如何。今若議派合州公修，在山田之民利害無關，勢難強之使從。若仍請他州邑協幫，不特案經久定，且江、監、潛、沔等處亦各有沿江內湖應修堤塍，協修之例又難議復。若不預爲籌畫，年復一年苟且遷延，水勢冲刷老堤單薄，難保無虞。即或上告興修，工力難施，需費更繁，亦大非今日之比。本道目擊工程險要，前鑒不遠，爲地方籌久遠之道，爲千百萬群黎求奠安之策，不得不早爲籲懇動帑興修。或將上十里大堤低者加高，薄者培厚。至頂冲迎溜處，所查關廟前有舊石磯一座，雍正十三年請帑建新石磯一座，挑分水勢，使激湍不至刷洗堤土，甚爲穩妥。然一磯僅能防護里許，似應細加相度，照式於頂冲之地添築石磯七八座，以禦奔濤。或將舊日月堤吃驗，土築者存留培高培厚，沙築者毀廢另築，結實土堤以防水患，庶幾工程久固，五州縣國賦民命均有攸賴。本道由刑曹出守此地，事無大小無不倮竭愚誠，但於工程水利事務未曾經歷，雖可尋隙窺漏，至措置機宜，素未諳練。其或修大堤或築月堤需費若干，建築石磯每座需費若干，及作何分別緩急添設修築之處，懇祈憲臺遴委熟練河務工程之員前往該處，協同水利印河各官及該管府廳公同詳加確勘，畫一定議，申詳聽候憲臺察核批示，次第舉行。再查各屬歲修夫工，或派數萬及十餘萬不等，該州以二十里臨江險要大堤每歲不過徵費三百金，即按額催徵足數，亦不過添土三千方，歲修之費實有不敷，以致堤身日漸單薄。應飭安屬各州縣細加確查有無未盡革除陋規及相沿舊弊，可以裁減其甚，酌留些須以帮堤費。倘得革一陋規或除一舊弊，每歲添費千百金，使一年歲修共有千餘金存貯府庫，遞年修去自有撙節，遇有大工即行告修，庶永免復行請帑興修之慮矣。管窺之見是否有當，理合稟候憲臺察核。

稟制臺阿約估沙洋上十里石土各工復請
並修下十里外堤

謹稟：襄屬一帶自七月以來天時稍旱，十八九等日連得微雨，當經具稟憲案。自二十日起又復長晴，農民頗有望雨之思，今於二十八日黎明復沛甘霖，晚禾蕎麥甚爲有益，一歲之收成將畢，春秋之雨暘應時。謹修稟奉聞以慰憲心，並請福安沙洋大修上十里堤塍一事，前奉鈞批，當即諭荊門州詳細勘估。昨據舒牧約略估計，上十里上方需銀八千七百七十餘兩，石磯八座需銀九千五百餘兩，下十里外堤單薄亦擬加幫土方，約需費九千三十餘金。蓋此堤自定議官修，湖民僅出歲修三百兩之後，筐土之費必需有着。二十年來日見剝削，總不能如別縣堤工之得以大加歲修，故積久費繁。因勘議中間尚有未協之處，復扎發安陸府塞守率同該州再加相度，俟該府勘覆到日再爲斟酌。此項估摺堤圖，將來該府覆到，本道或差役齎投憲轅，抑或存候憲駕臨工始行投遞，統祈訓示。

稟制憲阿撫憲晏請帑生息爲沙洋歲修費

謹稟：荊門州所屬關廟官堤一道袤延二十里，爲江、監、潛、沔五州縣之保障。前經備敘原委情形詳細具稟，籲懇勘議，或加修大堤，或改築月堤。業蒙憲臺諭，俟秋後親臨勘驗，將來憲駕到工驗明之日，自必籌其緩急，斟酌盡善，次第舉行。惟是堤塂大修乃間時一舉，而歲修之行一屆難緩，所當預爲籌酌，免致無米停炊。蓋各屬歲修，夫土少則數萬多則十數萬，該州以二十里臨江大堤每歲徵費三百金，添土僅止三千方，實有不敷。合州公修及五州邑協修之例，久經停止，勢不能拂民情而強之使復。前稟內臚列情由，議"飭安屬各州縣細加確查，如有未盡革除陋規及相沿舊弊，酌量裁革幫補歲修堤費"等語，細繹各屬陋規，業經節次革除，而荊門州官役私徵錢糧之弊似可裁其已甚，量留十分之一二爲歲修官堤之用。無如其地有無着空糧千金需派，一派之後恐難再派。地方印河各官非不知工程險要，但一經詳請動帑興修即有保固之責，歲歲賠修之累。倘遇大漲疏虞，更有非常賠補，是以延挨觀望不肯輕詳。此實下吏不得已之苦，情亦非好爲玩視。伏念皇上恩澤浩蕩，刻刻以愛養斯民爲念，而憲臺公忠體國，宣化承流，亦無時不切己饑己溺之思，本道何敢緘默不言。查武昌、漢陽、育嬰、普濟等堂均蒙撥存公銀兩，發給地方官轉交鹽當等商，每月一分生息取利支銷，連年以來，老幼共沐恩膏。今此堤實五州縣民命所關，其沉没淹斃之情形前摺内備細聲明。仰懇憲臺可否查照武昌、漢陽之例，酌撥司庫銀一萬二千兩餘發荆、安二府，分發被害之五州縣，交殷實典商營運，生息照育嬰、普濟等堂之例，每月一分起利，商人按季呈繳，地方官轉解安府。合歲修之費報明貯庫，一遇秋後即料估興修，如此遞年修去自有撙節。如有餘剩即報明存貯，遇有大工即動支興修，庶二十里險要大堤可永保無虞，而千百萬群黎共沐皇仁憲德於無既矣。

湖北安襄郧道水利集案下

稟撫憲晏各屬水利歲修事例

謹稟：本月初四日接奉憲臺批稟，令將各屬堤工歲修事宜如何，是照糧徵收如何，是按畆出夫又如何，是另有額徵銀兩如潛、沔等屬，究竟何者便民、何者法善，將原委民情縷晰具覆。再德安府屬之石羊會堤，不法里民及紳衿人等稱係有礙地方，阻撓滋事，至於肆橫聚衆毀堤辱官。其堤是否便民，抑係果與地方有碍，密邇壤地自必稔知，並即密實馳聞等因。奉此，伏查本道所轄三郡，郧陽並無堤塝，襄陽郡城外有老龍石堤一道，每年歲修額徵費銀三百餘兩，坐落所屬州縣徵解，襄陽府收貯，每遇工程襄同知領帑興修。如該年堤身穩固，即將銀兩報明存積。如遇大工歲修之費不敷，詳請動帑，此外並無堤塝。安陸鍾、荆、潛、沔、天、京六州縣，俱濱臨漢水，建有堤岸。其中形勢各殊，修防亦異。如鍾祥、荆門、京山三屬，壤地相接，表裏山河，田之平衍傍水者謂之湖田，田之高阜遠水者謂之山田。計其數則山田倍多於湖；考其賦，湖田較輕於山。自康熙三十年來，山田民衆易於作弊通賄，更適值不肖官吏多有臟私，遂被奸民挾制，倡有山不協湖之議，變更公共良法，以致鍾祥、荆門山田之民一夫不助，人情岐視已久，勢難動衆驚愚，強之使合。現在鍾祥歲修堤塝，係按所用土方多寡，在近堤湖田照畆派夫。荆門州除小江湖堤一道業民自行修築外，其自沙洋起至石界止大堤二十里名曰官堤，地當衝險，堤內之田與潛、沔、江、監數邑湖地繡壤相錯，一有潰決，爲害甚大。久經議定每湖糧一石徵銀一錢，每年在傍河三千餘石湖田糧户內額徵銀三百兩，實不敷歲修之費。以致該堤潰決雖歷經動帑興修，而歲修經費不足，終不能保其無虞。此印河各員視爲畏途而該管上司亦難過爲督責者也。京山縣歲修亦係按土計夫，但歷來每湖田出夫三名山田亦出夫一名，謂之山一湖三。該縣印河各官冊報俱係徵夫，但縣治偏在東北，河流偏在西南，中間相隔二百餘里，水利縣丞駐扎多寶灣，貼近河干，故縣民之離河近者親身赴役，距河遠者折價交官，每夫一名徵錢三十文，官爲募夫修築，山湖協修夫價互徵，是以每遇歲修督率修築不致周章。自京山以下，次潛江，次天門，次沔陽，地形愈窪衆水滙歸，南北兩岸夾河築堤，其州縣民人糾約鄰伴，自行築堤捍水，保護田廬，謂之曰垸。各垸之田少者數百畒、千餘畒，亦有多至萬餘畒者，此潛、天、沔三邑之所同也。惟潛江垸民立法最善，其各垸之田無論相離遠近，凡阡陌鱗次接壤而中無河水間隔者，即謂同區，遇有工程，本垸力不能勝則將同區各垸開明稟縣印河各官，傳同垸民酌量工之大小、田之多寡均勻派撥，令他垸協助，謂之調垸。以此鳩工集事衆擎易舉，無抗夫阻土之弊，意美法良，實爲諸州縣最。至於天門、沔陽，其築垸障水形景略與潛同，而計工合作情事大與潛異。有一垸之中各按田畒分派夫土併力操築，鄰垸之民絕不過而問者；更有一垸之中各按田畒分開丈尺自行經管，鄰家之工任其傾圮而不顧者；甚至買賣田產之時契內即註明應修堤埧丈尺者，此疆彼界分割極明，撮土寸草絲毫必較，每遇垸內田少堤多或歲修丈尺過多，或潰口工程浩大民力不勝，殊爲周章。本道到任以來，於天門縣兩遇其事。六年沙溝垸潰決，本垸力微，本道率同府縣各垸勸助，得協夫八萬，於伏汛之時搶築完工。七年胡小垸潰口，正值伏秋大漲，經縣府創議出示，凡受害之民各出夫相幫，民情不無譁然。後本道到工露立河干經宿不臥，嚴拏首阻刁民，但念其現被災祲，每夫各借穀二升以爲口糧，民情亦即踴躍助夫，數萬工得完竣。有此二舉，嗣後倘再遇大工，本垸力微亦可酌量勸諭，施行久之，民知其益或可漸化。若驟爲更改，民情必不樂從，反致滋生事端。沔陽無處非堤，其通力合作，民勞無休，調撥難均，祇可臨時酌量。或本垸內有富厚田多之家，善勸相幫，是在賢有司熟悉風土民情，妥爲料理，不可法令相加。再查鍾祥、京山、荆門、潛江土質較鬆，甚至有沙夾雜其間，歷來修堤必用硪夫夯築結實。天門、沔陽一帶多係黄泥，土性頗純，歷來修堤並不用硪。本道到任後飭令印河各官督率民夫一體夯硪，以期鞏固。然相習已久，猶未能驟改。至於當陽一縣，雖麥城等處亦有堤塲，然俱係私堤小垸，非濱臨大江大湖者比。每歲農隙之時，堤身少有單薄低矮處所，歷來有田業之民自行修築，亦不估計夫土。即陰雨連綿，尚少潰決之處。此安陸各屬歲修堤塲之情形也。各州縣修防之法，種種不同，然歷年久遠相習成風，勢難強之畫一。乾隆四年署廣撫安請一體按衈徵費，官爲募夫修築，經前督憲德行據司道等公同會議，因事屬難行，請照舊定章程無庸更張，在案。前督憲孫葹任，據各員紛紛條陳，又經司議，各照舊章，總之法無一定，惟在實心經理耳。再安屬俱係民修民堤，每當伏秋汛發堤岸潰決，在印河各員捐資搶築則力有不能，動帑則無項可支，各垸業民堤工潰後，田地被淹，民力維艱，實難一時興工。歷來一潰之後即任其淹没，直至秋冬水涸然後興修，不知當冲潰之始苟能即時搶築，尚可補種晚禾秋蕎等項，以望西成。是以上年伏秋異漲，各處工程紛紛報潰，除鄭家潭一處水深費繁不能搶築外，其餘潰口俱經即時堵築。其工程浩大民力不勝之處，或酌量出借穀石，或諄切勸諭利害相關之隣垸協力幫修，始得告竣，補種晚蕎，與運河等處官堤一有疎虞可隨時動帑興修者，其難易迥不相同。至德安府屬之石羊會堤塲，事隸隔屬，本道亦從未親歷其地，其原委情形未能洞悉。但聞此堤内受益者近堤之民，以彼通縣田衈而論，三分受其益，七分被其害，是以工程完固七分之民聚衆以毁堤，工程潰決三分之民率衆以搶修，利害切身，以致阻撓滋事，死力相爭，結訟不休。若將此堤聽其毁廢，固難經議，若押令築修而置被害之民於不問，亦恐難以折服衆心。必需勘驗明確：有此堤果否有害於此？去此堤果否無害於彼？或利大害小，使受益之民何以補救受害之民？籌酌萬全之道，使兩造相安，庶爲允協。然情節既未洞悉，形勢又未周知，此一帶民情異常刁悍，難以妄參末議。德安毛守辦理事務頗稱細密，居心尚屬誠實，憲臺飭令勿執成見勿存回護，檢查從前請廢請修成案，密行相度情形，詳悉籌酌稟覆，或可有以仰副大人興利除獎之至意耳。緣奉憲批，事理相應縷晰稟覆。

稟制憲阿撫憲晏暫緩修內堤先修沙洋上下二十里大堤並建石磯及請帑生息

謹稟：爲勘議已定籲請奏明動帑興修以重堤防事。

竊惟安屬一帶全賴堤垾以資保障，然各屬俱係民修民堤，一有險工即按畆派夫以完厥工。惟荊門州所屬沙洋大堤一道地處上游，計長二十餘里，係屬官堤。歷年以來因歲徵之費不敷修築日事草率，以致在在危險。去夏伏汛大漲，關堤下十里內鄭家潭冲潰，蒙前督憲孫親詣查勘，將前州題參着令賠修潰口。新城以下十里外堤在在危險，奏明動支商捐借存銀兩及口岸餘剩銀兩重修。內裏古堤一道爲重層保障，飭令府廳料估興工。彼時水勢未退，一望汪洋，其險夷情形及需費多寡原難測量。嗣據調任安陸府以古堤形多灣曲且有大潭九處，非水即沙，難以對口墩築。詳請於平地鋪築形似弓弦，咨部覆准，經荊門舒牧逐日勘估，自新城下黎家灣起至荊、潛交界之白鶴寺底，共需費銀三萬九千五百六拾餘兩。其白鶴寺起至朱家灣底，計長九百餘丈，係潛邑地界，亦在原奉應修之內，雖未據估入，約略估計需費亦在萬餘金外，合計共需費銀將及六萬金。不特工大費繁，且議請改形之處一片俱係浮沙，距外堤甚近，外堤一有疎虞，水勢直冲如矢赴的，恐內堤難得穩固。再查古堤原起自荊門之黃家山，終至潛邑之朱家灣，綿長二十餘里。前督憲原奏內稱古堤上十里當關廟之後，堤身尚皆高厚可以緩修。細勘上十里古堤亦僅存基址，地形更低窪於下十里，縱能將下十里內堤修築堅完，然上十里外堤一有疎虞，五州縣田廬仍不免淹沒之患。如將上十里古堤亦請重修，其內又有山河一道必需建石閘出水，且其外堤甚高古堤基處甚低，必多加尺丈方與外堤相等，需費更多於下十里，二者合計需費幾至十四五萬金。況外堤完固内堤不過預備，若外堤有失内堤仍復受冲，是外堤興修在所當急。況查外堤雖在在危險單薄，然尚有根脚儘可施工培補保護，與其多費帑金修築古堤僅能保護一半，不若將現在二十里外堤一律加高培厚，於頂冲之處添建石磯以禦奔濤。其堤脚偶有虛懸之處，或用椿木草束衞護，或退挽月堤使二十里大堤屹然穩固，更爲妥協。前經屢稟，蒙批約估。行據荆門州舒成龍公同安陸府同知杜薰往復履勘相度險夷，今議定除關廟上下現有石磯二座外，應於上下二十里内添建石磯十座以禦頂冲，并二十里外堤加高培厚，約略估計共需銀二萬八千兩。但土堤與石堤不同，伏秋大汛之後必有洗刷剥落之處，必需隨時勘驗歲歲加修，始足以垂永久。該處歲徵堤費僅三百金，實不敷用，應請動帑一萬兩分發安荆州縣，轉交殷實典商營運，一分取息，按季呈繳，報明存庫。每年得利銀一千二百金合應徵銀三百兩，歲歲加修，如有餘剩，報明存貯，如有不敷，將餘剩銀兩添修。如此則二十里險要大堤自可鞏固無虞，五州縣千百萬群黎可共享安瀾之福矣。目下時屆深秋，若俟奏明待部議准覆後始行興修，恐赶辦不及，有悞春汛防護。懇祈先發帑四千金，將最爲緊要之歐土地、熊家窪二處先建石磯兩座，并將萬難緩待急需修築土堤先行加高培厚，其餘稍緩工程俟覆准後再行赶辦。伏祈憲臺照議具題。

制憲阿奏修沙洋外堤建築石磯並發銀一萬兩分安荆二府生息

湖廣總督臣阿謹奏：爲敬陳堤工形情仰祈聖鑒事。

竊照楚省襟江帶湖素稱澤國，民間廬舍田畝全賴一線堤壋以爲保障。臣由漢陽、安陸一帶逐加查勘，各堤尚多合式，間有單薄殘缺之處俱即分晰飭行修補。襄陽之老龍石堤上年動撥武昌口岸銀兩就其險要處所酌加修理，亦尚堅固。臣面詢沿江百姓，據稱今年水勢較上年僅小尺許，幸賴聖天子福庇，夏秋江水旋長旋消，所以兩岸堤工平穩，小民得慶安瀾。但臣查襄河一帶，堤工多係民堤民修，每年於秋成之後按畝派夫，業民協力修築易於集事，惟荊門州屬有沙洋關廟官堤一道，上自荊門州之沙洋起，下至潛江縣之石界止，計長二十餘里，地處上游，最爲緊要，堤外逼臨襄江，水勢極爲洶湧，稍有疎虞則下游之江陵、監利、潛江、沔陽四州縣國賦民命均受其患，該處官堤實爲五州縣之保障。我朝初年歷動帑金，役使五州縣民夫協力興修，迨康熙十三年定有各修各堤之例，遂將該堤專責荊門州屬山湖之民公修。而該州田地山居其八湖居其二，山鄉之民地處高阜利害無關，又創有山不協湖之例，不肯代修。以延袤二十里之大堤而獨諉之三千餘石湖田之糧户專任其事，小民力弱難支。如欲令江、監、潛、沔之民共爲協帮，而伊等各有應修江堤，勢難復行派築，是以凡有興築大工往往酌撥帑項。雍正七年議定，每湖糧一石歲輸銀一錢，通計湖糧三千石，共徵銀三百兩，在水利州同衙門繳納以資歲修之用，實屬不敷，因之工程亦多草率，堤身堤脚日漸單薄。上年六月間伏汛大漲，大堤下十里內有鄭家潭一處冲潰，堤口水勢建瓴而下，直抵荊州府城外，五州縣田廬頓成巨浸。然猶幸鄭家潭係在此堤下十里之內，與荊州府遙對多屬偏斜，倘上十里之堤一有潰缺，則水勢直冲，其害更有不可勝言者。上年秋間前督臣孫親往查勘，將前任荊門州知州具疏題參，着令賠修鄭家潭潰口，並以漢水自關廟以下多大溜頂衝之所，僅將潰口堵塞尚非萬全之道。查沙洋大堤迤南有古堤一道，綿長二十里，古堤上十里當關廟之後，堤身尚屬高厚，可以緩修。其下十里適在鄭家潭潰口之後，本身殘薄須大加修築，一律高厚以資重層保障。奏請動商捐銀二萬二千兩修理，如再不足即將武昌口岸餘銀動支等因，經部覆准，轉飭安陸府廳估計興工。茲緣前督臣履勘之時，正直襄河泛溢，一望汪洋，其地形之高下曲直未得確實，隨據調任安陸府以古堤形多灣曲且有大潭七處非水即沙難以對口做工，請自黎家灣以下之新城起至荊、潛交界之白鶴寺止，平地鋪築形似弓弦，並據荊門州知州舒成龍估需費銀三萬九千五百餘兩。至潛江縣屬之白鶴寺起，抵朱家灣橫堤內有大潭二處，水深二三丈及四五丈不等，均須另挽月堤，約略估計亦需銀一萬餘兩，合計共需銀五萬兩上下。是前督臣奏動商捐銀二萬二千兩，已屬大相懸殊，且臣今親加查勘改定堤形處所俱係一片浮沙，即或做堤不能經久，況距外堤甚近，倘外堤一有疎虞，水勢直冲如矢赴的，內堤亦難恃以爲固。更查前督臣原奏內稱古堤上十里堤身尚皆高厚可以緩修，今臣細勘上十里古堤，僅存一二處根腳形跡，餘皆稻田草澤，並無堤身。較下十里更爲窪下，若僅將下十里古堤修築堅完，而上十里外堤一有疎虞則內無捍禦，五州縣田畝廬舍仍不免於淹沒。如將上十里古堤亦請興修，而其內又有小河一道更須添建石閘出水，且外堤甚高，古堤地勢窪下，縱加丈尺亦不能無慮。況所需之費更多，合計需費幾及十五六萬金。伏覩我皇上惠愛元元無所不至，若果動帑十五六萬金可使該處堤埦永固，保全國賦民命，臣亦何敢不爲民據實奏請。但臣再三熟思，若外堤完固則古堤不過預備之計，而外堤有失則古堤仍有受冲之患，是外堤之應修在所當急，而古堤之議修尚須商酌，此理勢之顯而易見者。況查外堤危險之處雖多，然亦根腳高厚可以施工保護。與其多費帑金修築古堤僅爲一半捍禦之計，誠不若將外堤二十餘里一律加高培厚，更於頂冲之處添建石磯以禦奔濤，其堤腳稍有虛懸之處，或用椿料或挽月堤，悉爲保衞，使二十里大堤屹然穩固，始與國計民生大有裨益。臣率同安襄鄖道王槩及該府廳州印河各官往復確勘，目下正直水漲之際，其情形甚爲親切。且據該地士民亦紛紛環籲仍請修築外堤，衆口同聲，並據荊門州知州舒成龍逐一勘估，除關廟上下現有石磯二座外，應於上下二十里內頂冲處所添石磯十座，並將一帶大堤一一加高培厚，約略估計共需銀二萬八千餘兩。但查土堤與石堤不同，每當伏秋大汛之後，汕刷剝落勢不能免，若非隨時勘驗歲歲加修，不足以垂永久。該處歲徵堤費銀三百兩實不敷用，查武昌省城沿江石堤經臣奏請，發銀五千兩交商生息以爲歲修之費，荷蒙聖恩，俯允在案。今沙洋土堤歲修需費繁多，應請發銀一萬兩分給荊、安二府屬州縣交商營運，以一分五厘取息，按季呈繳，每年所得息銀同該州徵費三百兩，一并報明彙存安陸府庫，每屆歲修勘明估報動支辦理。如有餘剩，遞年存積以備興舉大工之用。臣蒙皇上天恩至深至厚，斷不敢逞一己之見而遽改成規，亦不敢存欺隱之私而扶同貽悮，況查上年楚省堤被水冲潰淹浸田畝，廬行接辦，彙核報銷，俾免遲悮。合併陳明，臣謹會同湖北撫臣晏合詞恭摺奏請，伏乞皇上訓示。謹奏。奉硃批："該部速議具奏。欽此。"經工部照議覆奏，奉旨依議速行，欽遵在案。

詳督憲阿撫憲晏遵批妥議確勘立案興修各工

爲據稟詳明請示飭遵事。

乾隆九年二月十一日，據荆門州稟稱：本年二月初九日接奉督憲諭，開諭荆門州知悉，沙洋大堤關係五州縣賦，命該州辦理此案，工程務須殫心竭力，敬謹籌畫，妥協辦理，萬勿絲毫踈忽。今接宜昌府李守來稟，據稱必得打造梅花牌椿以資保護，已與該州及杜丞商酌等語，特將原稟抄發該州，可即詳細熟籌稟覆，以憑察奪。如安襄郧道及安陸府并安同知現在工所，該州并即稟商妥議，一面徑稟，一面即由道府廳核轉可也。再本部堂聞得所建石磯內有四處基脚欠妥，未知確否，并即查明稟來。此工所關甚鉅，一切加意爲之，以慰本部堂廑念囑切等因。奉此，仰見大憲憂勤保赤至意，敢不竭蹷駑駘實力辦理以副憲懷？查大堤自何家嘴起至潛江交界之蕭家口止，通身加高培厚，今已修有七分工程，三月中旬可以告竣。至此一帶堤岸均屬大溜頂冲，在在危險，久在憲臺洞鑒之中，兹蒙憲臺與本府廳住宿堤所往復相度再四熟籌，已極周詳，如關廟石磯一帶堤雖一直而無迴抱，然外江內潭堤身陡竣〔峻〕①，上游數十里全河，直下之水正由此處入首掃灣而去，僅恃一堤以資捍禦，大略觀之似覺無礙，審視則甚屬危險。現在將原估填潭加幫土方工價改爲石工，并將各處通融節減，於新建歐土地廟石磯上下修建石岸以禦汕刷，共長七十九丈，并於石岸之末接建小石磯一座以

---

① 據上下文，"陡竣"當爲"陡峻"。

敵迴流，較之加幫土方百倍穩固。自此以下即宜昌李守所謂南岸，堤根多係沙土，宜打梅花牌椿，用石條橫直墊砌之所。現已於頂衝之李家灣、曾家灣、水府廟灣、黎家灣、廖家窪、熊家凹、鄭家潭舊小月堤堤頭及朱李灣各險要之處，各建石磯一座，加以大堤培築高厚，自可永慶安瀾。若再於堤根之外打椿砌石，不惟二十餘里之岸脚需用椿石，工價所費不貲，且深潭淤泥之處甚多，亦難下椿。卑職及戎廳前與李守曾言，凡係頂冲地方所建石磯，用梅花牌椿以護磯脚，初無二十里長堤之土灘泥脚俱用牌椿之説也。昨經稟請憲示，蒙諭通長打椿勢有難行應請悉遵大憲原奏敬謹辦理，實爲妥便。再各處磯脚內有黎家灣、廖家窪、熊家凹、朱李灣四處頂溜極冲，較上一帶爲尤險，而廖家窪外灘窄而且陡，今緊靠堤身建磯，并於堤內挽築月堤一道，其黎家灣等三處俱用長椿深釘，可以無虞。伏惟恩鑒，俯賜核轉等情，據此隨批：安陸府會同安同知核議。去後嗣據安陸府知府塞水利同知杜稟稱，本月十一日蒙憲臺飭發荊門州知州舒成龍稟議沙洋大堤一案，蒙批仰安陸府會同安同知核議，即覆以憑轉稟等因，到職職府等伏查該屬沙洋堤工，荷蒙督憲委職府等監修，職府等亦惟是竭盡心力，俾堤磯堅固永慶安瀾，以爲五邑之保障。在該州奉文承辦，又蒙督憲諄諭，非詳細熟籌亦何敢遽措之，行事似應如該州所請辦理。至若宜昌李守議將二十餘里之岸脚俱用梅花碑〔牌〕[①]椿石條橫直墊砌之説，竊恐工力徒費，未必遽有成效，勢有難行。緣奉飭議事理，理合聯銜稟覆，統惟憲裁等情到道，據此，該本道查看，得沙洋大堤關係五州縣國賦民命，仰蒙憲臺題請動帑興修，建築石磯幫培堤埝，以期永慶安瀾。本道奉委督修，自當悉心籌畫，務求萬全。況重以憲諭諄切，益宜相度機宜，不致絲毫有悮。今查襄江之水自沙洋而下至關廟堤，水勢直冲，委屬危險。是以康熙五十三年間於關廟之旁建有石磯名曰"關廟磯"，以殺其勢，且大築堤埝。又於磯之上下堤脚處，所計長三百餘弓，並築草壩以防汕刷。迨雍正十一年，又

---

① 據上下文，"梅花碑"當爲"梅花牌"。下徑同。

於舊磯一百三十弓之下增建一磯名曰"關廟新磯"，迄今年久，草壩無存，僅存枯樁，而堤腳堤身日就單薄，除老石磯至新石磯堤身高厚不議外，其自新石磯以下堤身單薄，今若議以幫培，奈堤身陡險安貼不堅，而且內潭外江土無可取，公同酌勘定於新磯之下七十九丈通建石岸以護堤身，又於石岸中間歐土地廟之後建築一磯以禦頂冲，即題奏內所云最要之歐土地磯也。自歐土地而下至石岸盡處，水勢仍屬險要且係轉溜，因就石岸盡頭轉灣之勢建築一磯，形勢稍小，名曰"小磯"，關廟之堤至此庶可保無虞矣。自小磯而下至李家灣、曾家灣、水府廟灣、黎家灣，江流迅波，均係激射最緊之區，細加勘度，今定於各灣頂冲處各建一磯，即各以其地名之，以上通計石磯六座，此沙洋上十里建磯之略也。下十里之堤起於新城，自新城以下舊堤皆建在河灘之上，惟視河灘之遠近以定水勢之險易。今查廖家窪外灘僅止十餘弓，實為險要，今定於該堤南頭稍上處建石磯一座以保上下堤身，名曰"廖家窪石磯"，但此磯堤頭轉灣之處逼立河干，外灘窄陡，恐有坐塌，復於緊靠石磯之後退挽月堤一道，計長三百弓，以為重層保障。自廖家窪而下則為原奏內之熊家凹，迎溜頂冲與歐土地廟無異，今按照原奏建築一磯名曰"熊家凹石磯"。自熊家凹而下則為鄭家潭，此即七年伏汛潰決之所，水勢頂冲，今定於張參牧賠修大堤之上北耳堤之下於兩堤交接處建磯一座，以保新舊堤塍，名曰"鄭家潭北耳堤石磯"，但查此交接之處有舊堤一百六十弓逼出河干，舊堤之下又有廢堤一段計十弓，足以暫挽水勢，修之無可施力，棄之實為可惜，而且下臨深潭樁腳難下，今議將此磯於舊堤之下廢堤之內退進十數弓，緊靠兩堤頭建築，廢堤若存固屬甚善，設或冲盡則石磯屹然頂冲。然較之各磯，可以稍緩，應俟各磯建畢秋汛後再行興工。此實深遠之計，若待廢堤冲盡而後施工則磯腳又恐難建立矣。自鄭家潭堤而下為朱李灣石磯，自此以下外灘寬濶，水勢東趨，無庸慮矣。以上通計石磯四座，此沙洋下十里建磯之略也。內除各處磯腳委屬穩固外，惟黎家灣、廖家窪、熊家凹、朱李灣四磯較他處為險，今廖家窪已退挽月堤，其黎家灣等三處俱用長樁深釘，儘可無虞，似無不妥之處。至宜昌李守所稟"必得打造梅花牌椿石條墊砌以資保護"等語，查二十里之長堤通用梅花碑〔牌〕椿石條墊砌，不惟所費不貲，亦且灘有淤泥深潭之不同，難以辦理，況今次大加修築，各險要處所或建石磯，或挽月堤，均已穩固，自此江水迂緩，外灘不動便可永保無虞。即或水勢難定灘有更移，則三年之後自有歲修生息銀兩源源不竭，儘可隨時勘詳逐處修補，或添石磯，或挽月堤，或用椿壩，已均在原奏機宜調度之中。且二十里大堤經此大修之後，並無絲毫滲漏，待至三年之後即偶有一險，細考襄江堤塝，亦不過數十弓以至百餘弓而止，一歲之生息修之而有餘，況自此以往，計二十年即可得生息銀四萬兩隨處加修，照依關廟式樣添建大月堤重層保障，何患不成金湯？是不特大修於今日，並且預謀其將來。修理之法既備，修堤之資更充，何莫非憲臺深謀遠慮之所致也。該守所稟應無庸議，茲奉諭查本道與府廳牧等再四確勘，均屬意見相同，復據稟請，核轉前來，擬合逐一核明並繪圖貼說，具詳憲案，是否妥協，伏祈查核批示，以便飭遵，立案辦理。伏乞照詳施行。

沙洋堤重修碑記

洪惟聖天子纘承丕緒，撫育萬方，九載以來，凡有可以利益民生者罔不纖悉備舉，而一時封疆大吏敬承上意勤求民隱廣諮博詢，凡有可以利益民生者亦罔不剴切入告，即此水利工程蓋亦一端也。庚申歲概自西曹郎分守楚北，楚地素號水鄉，而荆門所屬沙洋鎮尤當襄水之衝，決隄防而壞廬舍者已不計其次，州民苦之。傍及江、監、潛、沔之民，亦苦之。攷之《舊記》云：堤始於五代時，橫覽荆州，勢若建瓴，向爲五州縣合修。迨各修各堤之議起，而江、監、潛、沔之民不與焉。又自山不協湖之議起，而州屬山居之民不與焉。二十里長堤專責之湖糧三千石之民，歲輸什一之費以供時事，力弱工繁，日就單薄，巡視所及，每深慮之，亟欲陳請而不果。壬戌六月伏汛異漲，鄭家潭堤潰，荆州城西境頓成巨浸，五州縣漂流之數，戶口以萬計，田畝宅產以數萬計，動帑撫恤以數十萬計。概奉檄安撫督塞，身在河干四閱月，因廉其梗概具狀以請於前制憲孫公。爲善後計，公疏請議修下十里古堤以懲今失。甫舉事而公去，概復沿堤相度形勢。其自新城以上十里未經議修者，水冲崩塌所在多有，雖内有月堤，俱卑於臨江大堤，且多浮沙擁築，均不足恃，惟外堤完固，則古堤可以相倚，具陳於督憲。今晋大司農阿公撫憲晏公均蒙動念。癸亥秋，阿公按臨勘視，周覽已畢，進概等而議曰：上十里之險甚於下十里，今不通身計算雖修勿修也。其外堤加高幇厚應歸一律。又曰：堤之易潰激射所致也。今不殺其勢而惟堤是恃，亦雖修勿修也。其迎溜頂冲，各礨石爲之磯。又曰：工大費夥，民力勿能任也。雨淋水汕，歲修勿能贍也。其大動帑金兼爲生息，而後可若等審計之。於是概與安陸守塞克圖丞杜薰、荆門牧舒成龍議將外堤二十里一律加修，並於歐土地廟上下李家灣、曽家灣、水府廟、黎家灣、江家灣、熊家窪、鄭家潭、北耳堤、朱李灣建石磯十座，關廟新堤之下建石岸七十九丈，廖家凹磯後退挽月堤一道，共需工料二萬有八，生息成本一萬兩以復。公曰：可矣！然事無崇司勿舉也，承修之責汝州牧任之。事無董率監修勿速也，調度查核之責汝守丞任之。事無稽察督催勿實也，綜核趲辦之責汝安襄鄖道任之。概等唯唯承命，公遂會撫憲合詞具題，蒙聖旨依議速行。方伯安公乃布其令於下，而加勸勉焉。概率所委人員駐堤所，鳩工庀材，課日程事，經始於是年仲冬之吉，迄甲子初夏，外堤加幇已畢，石磯告竣者七。而阿公陞信至，瀕行，拳拳囑曰：慎毋玩愒，貽民害也。時因農事正忙暫停厥工，而概亦旋因川省奏請松茂需人奉上諭簡調。署制府鄂公與撫憲晏公計曰：沙洋一堤實爲楚北最險之區，五州縣民命攸係，幸聖天子不惜帑金俯准前請，今功虧一簣而王觀察又將去此，誰爲植巡功者？會概以母老不能遠離陳情改補，撫憲晏公曰：此正公私兩得也！遂據情會摺入告，蒙俞允仍留原任。概自維微末小臣，世受國恩無以報効，今乃以烏私仰邀恩命，其恪盡臣職所以報也。爰於秋後至工竭力趕辦，適制府奉旨查勘岷、漢二江臨菑工所，又復相度機宜籌善後計，正未有艾，諄諭速完尾工，而各員有靖共之誼，庶民有子來之誠，甫期年而大工告成。先是州境七寶山去工所僅半舍，居民雷聖至家產有瑞麟，又襄陽穀多岐穗咸謂致上瑞者，職此之故，於是州之人士扶老攜幼蟻頂而來告曰：皇恩浩蕩，民不能忘，今天地效靈以顯徵，應願泐石垂永久，以欽於世世。概謂是役也，伏憲力以邀皇仁，俾一線殘堤屹若金湯，爲爾等奠厥攸居，與江、監、潛、沔之民同登衽席，此固萬年永賴之福，而聖天子爲爾等謀利益者實深且遠。即此水利一端，惟恐須臾後時，亦實有使民蕩蕩難名與天罔極，矧夫祥麟現嘉禾應以徵休嘉，其勒諸貞珉以誌聖朝恩德入人之深，固其宜也。顧概德薄能鮮瞻徇却顧，不能先事力請爲吾民作未雨綢繆之計，實用疚心謹敘其巔末以告後之官斯土者，是爲記。

監察御史張奏開操家口等處支河

奏爲疏通水利以濟民生事。

竊惟王者貴穀重農，必先水利，水利興則蓄洩有法，旱澇無憂。我皇上念切民依，凡水旱時經宸慮。直隸營田水利，正行勅查妥議，以濟民生，凡以期於可久也。湖廣水利亦有必待疏通者。臣嘗道過湖廣略聞梗概，請爲上陳之。臣聞楚省交於江漢，荆郢實當首衝，宅壤最爲窪下。計沿河大堤，南岸自松滋六百餘里，北岸自當陽七百餘里，漢堤江堤，共計幾三千里，俱係民築民修。其間最險之處，若沙洋，若萬城，難以枚舉。而修築弊端，亦難以言盡。又修築不堅，水發即潰，屢潰屢修，民力幾何，此則人民受累之源也。計楚水大者，曰江曰漢曰洞庭，三者緩急相濟，迭爲利用者也。查大江發源岷山，出三峽，下彝陵州，約寬十有餘里。洞庭居大江之南，方八百里，容水無限，湖水倘增一寸不覺其漲，江水即可減四五尺。昔人於江上流采穴口，下流虎渡口，楊林、宋穴、調絃等口，各殺江流，導入洞庭，而復達於江，故水勢寬緩而無患。今也僅存虎渡一口，江水一發，陡高數丈，無路分瀉，田廬即爲巨津，此江水爲害之源也。漢水自嶓冢導漾東流而下，襄陽自安陸府以上，河寬十有餘里，安陸府以下，至寬不足一里，再下漢口，其窄益甚，船每截流而渡。江高漢弱，阻遏逆行，潛沔諸邑，於是數受其災矣。查漢水上流，有操家口，相傳羊祜運糧舊岸，堤形尚存。其水東流，過天門縣，入三台大松等湖。其湖居天門之東，雲夢之西，漢川之北，應城之南，支分湣口，派出五通，傳爲漢水故道。衆水通流，今曰口操家口盡淤，水無歸注，此漢水爲害之源也。雍正二年，鍾祥縣堤潰如雷迅發，西城不浸者三版，民無可避，田廬蕩然，居人云：此堤無十年不潰。計鍾祥一邑，今已九潰矣。他如京山、潛江、天門諸邑，地處下流，堤若陡潰，則如頂灌足耳。接年潛沔士民，具呈申訴，請以築堤之夫供疏河之役，官不允行，民無如何。爲今之計，欲平江漢之水，必以疏通諸河之口爲急務矣。查江水支流，其下流當先疏者，五通口、調絃口，溯而上之，當疏宋穴、楊林市，與調絃合流，又溯而上，當疏虎渡口、彌陀寺，又溯而上，當疏采穴與虎渡合流，再疏北岸之便河郝穴。令江水從長湖丫角廟東注，則黃潭堤不築而自固，又復龐公渡，則監城可以無虞，疏新堤之口與新潭之淤，則江漢之水，於是互爲取濟矣。漢水支流，則疏舊口、操家口，而沙洋之一包三險，可以無憂。疏泗港而潛沔可以無憂，疏通順河而潛城復舊，可以無憂。再疏小里潭、竹筒河與天門縣獅子等河，而低窪諸邑乃可安堵而無其魚之患，此疏河所以爲急務也。若夫築堤，必取土於內地，內地日低故河日高，河日高則水勢日險，患日深，是以江漢不疏，終非底定之本，積淤不濬，終失利導之宜，此則楚民之隱憂也。夫三楚富饒，凤甲於天下，諺云："湖廣熟，天下足。"一歲兩稔，吳越亦資之。今或稍逢水旱，即倉皇無策，致居民不免於貧困，雖不得盡委爲河堤之累。然逐年估計，既苦派費之繁多，潰決時又慮身家之莫保，豈非河堤之爲累乎。昔年湖南巡撫陳詵洞察楚爲澤國，阨於江漢，甫任即復調絃口，隨親詣踏勘，江則欲導之使北，頗爲利濟之宜。旋陞任而去，未及施行而止。臣凤有所聞，此其大略也。據臣所聞，不揣冒昧，上達宸聰。伏乞皇上勅行湖廣督撫大吏，委員查實。倘言屬可行，不特全楚乂安，即武昌新修江岸，亦借以永固矣。謹奏。

稟制憲鄂撫憲晏覆臺中開河之議並陳水利事宜

謹稟：查得治水之法，全在疏洩，疏洩之宜，全在審時。然又必須身臨目擊，使全江之水何處應疏何處應洩，通盤計算，始可見之施行而得水利。倘或執古人之成說與舊日之耳聞，意爲利導，則未有不先受其害者也。謹按《尚書·禹貢》：漢水發源陝西漢中府寧羌州北之嶓冢山，東流至白河縣入湖廣鄖陽府屬之鄖西縣界，又東流經鄖縣至均州，又東南流歷光化、穀城二縣至襄陽縣東津灣，折而南經宜城、鍾祥、京山，過荆門州之內方山入潛江、天門、沔陽三州縣境，又東流經漢陽府屬之漢川縣，出漢陽縣東北大別山之北由漢口合岷江入海，委蛇盤曲數千餘里，其在本道所轄之安襄鄖三府境內也。鄖陽地居上流，崇山峻嶺，從無漲溢之患。至襄陽，地勢尚高，亦從無隄防，惟府城西北之老龍石堤計長十里，迎溜頂衝，郡治北城坐於堤上，最爲險要，歷年修理，隨時防險。再下而至安陸、鍾祥、京山至沔陽州之脉旺嘴交界止，計長四百陸拾餘里，兩岸盡屬堤埄，處處險要，而中間迎溜頂衝，最爲險要之處則莫如鍾祥縣之三官廟、舊口，京山縣之王家營、操家口、聶家灘，荆門州之沙洋新城、鄭家潭，潛江縣之長老區泗港，天門縣之沙溝埝、岳家口，沔陽州之高嚴泗等埝，倘有潰決，如在北岸澤口以上操家口等處，則鍾祥、京山、潛江、天門、應城、雲夢、漢川等縣盡受其害矣。若在南岸澤口以上鄭家潭等處，則荆門、潛江、沔陽、江陵、監利等州縣盡受其害矣。是以各州縣按照界址地畝每年於秋冬間農工告畢之後，水利各員逐處查勘，督令居民圩業人等各照地糧增高培厚，不容一夫躲避，一處玩忽，誠以壅之，使循軌而下則田廬可保。少或不慎以致開洩，則水勢洶湧，漂流可虞也。乾隆七年間伏汛異漲，沙洋下十里之鄭家潭堤潰，現蒙前督憲阿會同撫憲晏題請動帑興修堤埄，建築石磯石岸，自沙洋之樸樹頭起，新城之朱李灣下潛江縣界止，計長二十里，工費二萬餘金。維時本道等公同查閱，非不知沙洋一包三險之堤與新城、鄭家潭等處險二，只於上游舊口或操家口疏濬分流，以殺漢水之勢，於沙洋有益，然而計不出此者，亦以舊口、操家口俱係烟戶集塲，難容開濬，且前明萬曆年間操家口河決，淹溺民舍田廬，數年不能堵塞，後經官率各縣民夫方能堵築，並非年久淤塞，載籍可考。今若輕議開洩，不但該處居民實有未便，即自操家口而下，由曾家澤、張家塲繞天門縣入三台、大松等湖出五通口兩岸，計長八九百里，其間經歷之廬舍田園不知凡幾，勢必將民間近湖膏腴之產悉爲河流，江水經由之處悉築堤壩而後可，若是則非千百萬兩之帑金不足以資捍禦，非數千萬頃之良田不足以資容納也。況查漢江每當伏秋水漲之時，浩瀚異常，今若開濬窄狹則分流有限，無濟於事，倘開濬寬廣則一往莫禦，勢必奪流。漢水非溢即塞，河害無窮，將若之何？今奏摺內云"相傳羊祜運糧舊岸，堤形尚存，支分湄口，派出五通，傳爲漢水故道，衆水通流。今舊口、操家口盡淤，水無歸注，此漢水爲害之源也"等語，此說更爲非是。查漢江故道，《禹貢》具載云"至於大別，南入於江"，大別，即今漢陽縣治東北之山也，北去五通口三十餘里而遙，焉得傳爲故道哉？晉時羊祜守襄陽，因沿江如新城等處俱爲東吳屯兵所守，糧難運送，故由操家口達五通耳。今謂羊祜運糧之河則可，若竟指爲漢江故道，誤矣！且滄桑幾變，昔日之運河今皆變而爲民家之糧產，又何從疏洩耶？至於泗港離潛江縣治二十餘里，舊有古河一道分洩上流，下仍達於江，倘經疏濬，使該縣蘆洑之水每當夏秋水漲不致直冲北地迤東一帶，有傷城脚，誠爲有益。然而天門一縣逼近下流，泗港一疏，天門將爲澤國。所以兩縣百姓自前明以來，請開請閉聚訟不已。且細勘潛江城社之險，乃在江陵長湖，水遶其西，出澤口入漢江，折東下十餘里由張捷港支河灌入，繞東趨南而流入通順各河，依堤爲城，雖疏泗港亦不能避險。故不疏泗港，潛江尚無大害，而天門可以無憂。倘或疏濬，則潛江之利尚未可知，而天門已不可問矣。此亦必不可行之事也。若夫通順河與天門獅子等河，則又支河中之小港耳。河身淺窄，水大則不足以資宣洩，水小則盡成乾溝，實無足重輕。若謂低窪諸邑一經疏洩即可安堵，此乃未睹河形，故其立言不確。蓋三楚民居，阸於江漢，實爲水鄉，從前若遇江漢湖河並漲之時，中間低窪州縣悉成巨浸，混而爲一。自岷江建堤而後，江自爲江，漢自爲漢，湖河各居其界矣。然而其間支河小港脉絡聯通者，尚不可以數計。使江漲而漢不漲，則江可洩於漢，漢漲而江不漲，則漢可洩於江，仍可互相取濟。且不特此也，漢江南岸諸邑，倘遇水漲則有沌口、清潭口南洩於岷江，有澤口、黃金口分洩於漢江，漢江北岸諸邑，倘遇水漲則有拖羅口、淽口分洩於漢江，有五通口北洩於大江，又烏藉此通順諸河爲哉！至奏摺又云"使江水從丫角廟東注，則黃潭堤不築而自固"，夫東注則將使江水從澤口而入於漢矣，正欲疏漢江之水口以殺漢江之勢，乃又欲引江水以益之，自相矛盾，此洵爲耳聞之說也。又奏摺內云"雍正二年，鍾祥縣堤潰如雷迅發，西城不浸者三版，民無可避，田廬蕩然。居人云，此堤無十年不潰。計鍾祥一邑，今已九潰矣"等語，查漢江兩岸，自沔陽而上，土性不純，中多沙隔，是以當有堤塤穩固如山如城，而根底一經水刷輒平空坍入江內者，此皆人力之所不能施，若遇異漲則爲尤甚。又不僅鍾祥一邑爲然，無足深信。至築堤取土即濬積淤，實爲至計，但查漢江自澤口而上，河寬水淺，可以濬淤無如鍾、京、荊、潛一帶，土多沙性，冲溜之後泥滓盡去，取以築堤，難資捍禦。自澤口而下天門一帶，土性膠粘，正可取築，乃又河深溜急，濬取艱難，若僅從河邊掘取又恐有傷堤腳，所以向來多取內地之土。然沿江之民惜土如金，果有可濬之淤，亦未嘗不取築者也，應請聽從民便。今奉諭查，謹將舊口、操家口難以疏洩情由，並將漢水經由安襄險要處所逐一據實稟覆，伏乞鑒察。至岷江險要之處，本道所轄僅有沔陽州屬新堤一段，計長九十里，現在穩固，其餘有無應否疏濬保護之處，應聽荊宜施道查議。自天門而下至三台、大松等湖，查係漢陽、德安二府所轄，其應否疏濬應聽武漢黃德道查議。合併聲明，再本道更有請者，疏漢江兩岸之口以分漢江之勢，固所難行。然其間最爲險要之處，若不籌畫萬全，早爲培補修築，化險爲夷，即使偶爾冲決，俾被災之戶有恃無恐，亦非慎重地方之至計也。今查漢江險要之處，沙洋爲最，而沙洋險要之處，則又以關廟堤、水府、廟灣、廖家窪、新城、熊家凹、鄭家潭爲最。業經題請動帑興修，現今將沿江二十里大堤一律增高培厚，險要諸處或建築石磯，或修砌石岸，或退挽月堤，固已足資捍禦矣。然所可慮者，江身日就南滾，每經伏秋一汛之後，堤岸之冲刷如削，加以土性善坍，常有屹然鞏固萬無他虞之堤，而堤根下溜竟成數十丈之深潭，頃刻間坍入江流泯然無跡者，是以前人於險要處每築一堤，必退挽月堤或一道或二道，以資重層保障，所謂一包三險，此其明驗也。今查建築石磯石岸諸處，除舊有月堤及新已議建者不計外，其水府、廟灣、廖家窪、鄭家潭等處並無月堤，而現在堤塡逼近河干，近則數弓，遠則十數弓而止，水勢泛漲之時，惟恃此一線土堤塊然一磯以爲迎溜頂衝之計，竊恐歷久歲月，一遇暴漲異泛，猝然坍毀，人力一時難施，深足爲憂。本道再四思維，應請於水府、廟灣起至鄭家潭下三處止，各挽月堤一道以防萬有一失，惟是此三堤者計長約有三千餘丈，非二三萬兩帑金不能告成，而司庫錢糧動用浩繁，恐不能繼，應請照前督憲題請生息之例，再動發銀三四萬兩分交通省當舖內，按一五生息，合計前次成本，共四五萬兩，每年可得利銀七千餘兩，積年盤算，不過三四年後則克舉矣。或繳還成本，或照舊生息，至時再爲妥處，於是國帑無虧而險工有濟，實屬可行。倘蒙俯准，容俟檄飭荊門州先行勘明界址段落，丈量數目，造報存案候修。除此以外，則襄陽老龍石堤亦實爲險工也，十里長堤直當萬山洲北，全江之水逼近府城，現存子堤已多坍裂，着落地方官設法粘補，每年僅止歲修銀三百餘兩勉強補湊，若遇大工實不敷用。查襄陽府庫貯有軍需銀二萬兩，經年收貯，無所動用，應請援照沙洋生息之例，撥發五千兩交襄屬各當一五生息，每歲計得利銀數百兩，合一歲修可千餘金，以爲逐年修築之費。官不費而民無累，堤工固而府治奠安，亦實爲可行之事也。下此則潛江、天門二邑縣治之險可虞矣，二邑地勢最爲低窪，若遇大漲之時，茫茫巨浸一望無涯。乾隆七年夏秋水災，本道親詣勘驗，正在潛江，忽報水至，頃刻之間浸城過半，危不可測。地方官民咸云天門或當可避，具舟檝勸本道暫往天門。二邑相距數十里，本道登舟，惟見水天一色，一葦徑渡，直達天門。詎意天門亦復如是，遙望城郭，如置杯於坳堂之上，官民廬舍直杯中物耳。其時幸地方官民竭力搶護，二邑生靈得以保全，此本道所身臨而目擊者也。是以兩年以來，本道嚴檄再四飭修護城堤。天門現據詳報，興修尚未動工，潛江東門一帶尤爲緊要，更應建一支水土堤，原有舊形迄今亦未據報修查。兩處夫工雖需數萬，但均係士民情願，照舊例派修，無煩官爲動帑。今泗港等河即不可開，應請檄飭潛江、天門二縣，速將護城堤修築完固，以資保障，實於地方有益。惟是修堤亦未易言也。查沿江州縣，除荊門州修堤照糧徵收費用及有生息外，其餘鍾、京、潛、沔、天門等州縣均按畝派夫。平居豐稔之時，力作輸將尚可奮勉，若至堤岸冲決之後，伊等廬舍田園已歸烏有，或遇年穀不登之時，伊等身家性命現需賑濟，而尚欲照糧徵銀，按畝派夫，使其星夜堵築決口，民力幾何而不公私兩憊乎。是以每有公則官爲墊用，私則稱貸而益，甚至官則無項可墊，民則借貸無門，束手無策者，如天門之沙溝垸、湖小垸、七江、北河各垸，沔陽之南江預備堤，均或因人少工多，或因垸小民貧，一任嚴催，因循罔應，皆經本道等公捐勸諭，設法幫助，始得無悞，實爲可憫。查康熙五十五年、雍正六年間，曾因湖北、湖南二省修築江堤疏濬河道荷蒙皇恩賞助米糧人工之費，兩次共計銀十二萬兩，今應仰邀憲慈請動庫帑五萬兩，買穀十萬石，分貯沿江各州縣，常平倉內，名曰江防倉穀，一遇水漲堤決，或年歲歉收或搶挽月堤之年，除有力之民不借外，其無力之民即按夫按堤出借，工畢，年豐照數徵還，非此不許擅動。無穀可借即許估計工料，令地方官赴司借領，奏准穀價應亦俟次年按糧徵還請著爲令，如此則窮民可免賣産鬻息之虞，而堤埢不致修築稽遲，上於國帑毫無虧損，下於民力大有裨益矣。以上各條似屬可行，謹敢瀆陳。

稟制憲鄂撫憲晏前稟未盡案據

謹稟：竊本道前奉鈞諭，謹將操家等口不可開洩之處以及應行事宜逐一稟陳在案，茲本道備細查考，尚有應行稟明者。查操家口曾於前明萬曆年間潰決，經官民堵塞後於崇禎九年復又潰決，水勢洶湧冲激成潭，不能堵築，淹没一十五年之久。至我朝順治七年，居民公叩兩院，准着鍾、京、天、潛各縣民夫合築，始得變成樂土。本道前稟僅指萬曆年間，未曾稟及本朝堵築緣由。又岷江麗公渡緊貼監利縣西城門外，兩堤之上居民數千家，比户而居。天啟年間曾經開通，後因民患泛溢兼苦修築，於順治七年經該縣詳明堵塞，百姓始得安居。以上二處似應聲明，伏乞鑒察。再查獅子河係天門所屬小李潭，竹筒河係漢川所屬，通順河係潛、沔交界處所，現俱通深暢，流水小則成乾溝，無庸疏濬，統祈慈照。

武漢黃德道姜覆臺中開河稟

伏查，御史張條奏楚省江漢等水應行疏濬一摺，奉憲飭查，謹將本道所轄地方，逐一備陳於後。如奏稱“漢水自安陸府以上，河寬十有餘里，安陸以下，寬不足一里；再下漢口，其窄益甚。江高漢弱，阻遏逆行，潛、沔諸邑，數受其災。漢水上流有操家口，其水東流過天門縣，入三台、大松等湖。其湖居天門之東、雲夢之西、漢川之北、應城之南，支分溳口，派出五通，傳爲漢水故道。衆水通流，今曰口、操家口盡淤，水無歸注，此漢水爲害之源”等語。查安陸以上河道雖寬，多係淺灘；安陸以下河道漸窄而漸深；再下至漢口，雖寬不足一里，但河底甚深，晝夜暢流，並無阻滯。如遇漢水泛漲，而大江尚未發水，漢高於江，迅流而下，不數日間，漢水旋退，堤垸可保無虞。惟遇江、漢同時發水，水勢相等，或大江水漲，而漢河尚未發水，不無阻遏逆行之時。但此等大水不過偶有之事，實因江水驟長、漢不敵江所致，非關漢口河窄之故也。況漢川、漢陽南北兩岸，在在皆有支河堪以分注入湖，仍可由湖入江，一俟江水消退，漢水仍順流而下，不致爲患。再查漢水故道，由鄖襄而歷安陸府之各州縣，又自本道所轄之漢川縣界麥旺嘴起，至漢陽縣之大別山入江，即今之漢口是也。此實係漢水亘古及今之道，雖旁支別派亦可貫達五通，但紆廻曲折北去三十餘里之遥，稱爲漢水故道，或恐木碓。今上游之操家口既不便輕議復開，則本道所轄之下游自可毋庸置議。又奏稱"江水支流，其下流當先疏五通口、調絃口"等語，除調絃以上各口均係荆宜施道所轄之地，應聽荆宜施道查覆外，本道查江水自岷山發源、歷荆、宜等府各邑，至本道所轄之漢川、漢陽、武昌、黄梅等縣，入江西之九江府，逶迤入海。江身浩渺無際，江流湍急異常，深至二三十丈不等，奔騰而下，頃刻靡停，此大江之水，原可不必疏濬者也。至於五通一口，雖在下游，但地處江岸之北，所受係德安府之府河及李家河、黄花澇、牛湖各水彙入於江。現在暢流，毋庸疏濬，且勢高於江，亦難施疏濬之功。若極力濬之使深，必將江水倒灌入口，轉致爲患也。本道竊謂治河之法，固貴因勢利導，尤貴因時制宜，泥古與師心均未可以輕試也。今查漢水既循軌入江，暢流無滯，江水亦安瀾入海，衝奪不聞。四面有小潴大湖，堪爲容蓄之地。沿江有長堤巨岸，足爲保障之資。是現在情形已屬經理得法，惟有不時嚴飭有堤各州縣實力稽查，增高培厚，務使寸土一夫均歸實用，自不致有崩坍冲決之虞。倘欲有意更張，轉致害隨其後，況楚省素稱澤國，汪洋巨浸之外，處處悉皆成賦民田，舉其墾熟之地而委棄於開鑿疏濬之中，於事未見有功於民，實多未便。應請諸仍其舊，無事紛更以惜民勞、以省國用，似爲妥協，除另行繪圖呈閱外，理合將現在查過情形備陳說帖，恭請鑒奪。

荆宜施道屠覆臺中開河稟

謹查得江、漢、洞庭，楚之三大水也。荆、安、常、岳間，即《禹貢》九江、潛、沱、雲、夢之故區。漢魏以前隄防不作，水患莫考。自晉唐來，始議築堤禦水。荆江兩岸，相傳舊有九穴十三口，以分殺江流，其穴口之在南岸者，則入洞庭而仍出與江會；在北岸者，則分注支河會漢而復洩於江。五代時，高氏割據荆南，堤役大興。至宋，爲留屯之計，一切湖渚水涯盡皆營墾田畆，而南北穴口漸湮矣。迨元大德間，曾議復開六穴，然迄今又四五百年，時移勢易，欲尋故道，皆爲廛舍阡陌，其所居者不過十之二三也。今查御史張原奏內稱"當疏調絃口及宋穴楊林市與調絃合流，又疏虎渡口彌陀寺及采穴與虎渡合流"等語。查江陵縣屬之虎渡口與彌陀寺，係由澧江入洞庭之道也，現在河路寬窄、兩岸支堤屹立。其上游相隔六十餘里松滋縣屬之采穴，考諸誌乘，宋元時湮塞，現在故道無存，久已築堤九十餘丈，接連上下江堤。又石首縣屬之調絃口，係由招商湖入洞庭之口也。口內地本低窪，寬廣足資宣洩。其宋穴及楊林市口，《志》載明初俱湮，現在衹有宋穴坊地名，在縣城東北十里，居民聚處鮮識水穴故道。至楊林市口，亦久接連上下江堤，築長堤七百餘丈，堤內盡係熟田。訪尋向日經由水道，莫可考究，且與調絃口東西相距九十餘里，又復中隔縣城。以上南岸，除虎渡、調絃二口現係疏通毋庸置議外，所有采穴、宋穴、楊林市口久經閉塞，營治良田其中，廬墓村落碁布星羅。若欲求復宋元以前通入洞庭水道而故跡無存，若欲創開河路以仿前規，均須挖廢寬約里許、長約一百里之民田廬墓。況開河引水，其河身兩岸俱應築堤禦水，庶不旁溢爲患，而築堤又須壓廢兩岸民田，且路遠工巨需費浩繁，似於國計民情均有未便。

又原奏稱"疏北岸之便河、郝穴，令江水從長湖丫角廟東注，則黃潭不築而自固；復麗公渡則監城無虞"等語。查北岸江陵縣城南十五里沙市之便河，雖離大江不遠，然由城濠以達闔沮口等處，河路紆迴逼窄，僅通小船，來往初非曠野寬河可比。若將攔江大堤截斷開口，則大江之水就近直趨，勢必四溢爲患，不特頂衝之荊郡城池不保，而江、監、潛、沔各州縣俱形如釜底，害匪淺鮮。況黃潭堤邐來外灘淤洲抱護已屬穩固，原不因便河通塞爲險夷。至於郝穴坐落縣東一百二十里，又在長湖丫角廟及黃潭之東南，《志》稱議開郝穴必先將支堤修築就緒，然後開水門以受江流，方無東西泛溢之患，昔人論之詳矣。今勘閱穴內圩垸百餘里，倘議創建支堤，計費數十萬金。況長湖及丫角廟上受荊門諸山之水，下達潛江、監利、沔陽，而漢水復自大澤口北來會流，奔注時當泛漲，恒虞漫潰，若再益以江水，似更難以抵禦。又查監利麗公渡堤長二百餘丈，緊接縣之西城，考其湮自何年，志乘不載，里民莫曉。現在護城堤外江洲淤抱，一開此渡則江水緊刷堤根，無異引水灌城。但渡堤以內，由雞鳴渡歷福田寺小沙口而下，與沔陽接界曲折三百餘里，其中田糧數千萬計，爲額賦重地，年來惟虞漢水泛溢波及下游即成災傷。若復開渡放江，則該縣下鄉統爲巨浸，而沔陽地更低窪，被害愈廣矣。以上已塞各穴口歷年久遠，前明嘉萬間亦曾屢議開濬而終不果行。伏卷查我朝康熙四十八年，前撫憲陳有疏江於湖疏漢於江通行查議之檄，又嚴禁築塞調絃等口之示，而已塞穴口終亦未能開疏，蓋久成之形勢實難返其舊也。

再查虎渡口分江流南注，原係《禹貢》導江故道，爾來因洞庭濱湖淤地盡皆築垸爲田，湖面已非昔比。是以遇江強湖弱則引江水入湖，倘遇湖強江弱即倒灌入江，或江湖並漲則兩水互相壅遏，故兩岸支堤甚關緊要。至大江經流江陵縣沙市而下，相傳舊有鎮流砥，突出江心十數丈以爲捍蔽，自砥坍入江，下游之橫堤一帶遂受頂衝，素稱險工。又江形南走，石首復北折而直趨監利，兼之洞庭湖出水與江會合，監邑下鄉並受江湖之衝，險工尤多。年來已陸續挽築月堤幫護，歷經大水幸皆保固，而此後尚宜隨時相度以防危險。伏查大江堤內均係田廬，小民因利害切己，是以自有堤工以來，迄今千數百年歷係民修，踴躍赴工從無旁諉。雍正五年，因收成歉薄歲修民力不支，奉前憲傅奏請動項修築，欽奉諭旨：此處既係民堤，若修理之後，即算欽堤，則凡遇隨時補葺之處，小民不敢干涉，轉致疎忽。且恐玩劣之民，恃有朝廷歲修之例，不肯用心防護，以致潰決，害及田廬，而民受其累。此等處皆當預爲籌及荊州沿江堤岸着動用帑金，遴委賢員監督修理，修成之後仍算民堤，令百姓加意防護，隨時補葺，俾得永受其益等因，欽遵在案。是民堤民修歷久章程毋庸異議，但民力堪嗟，豈容妄用向例。印河各官，乘農隙水退逐加勘驗，如係穩固即行停修，其應修之處據實勘估詳報。今惟嚴察吏胥之染指，夫役之包攬，務使一夫寸土實用在堤，則工程自固，而民力自可節省。至已塞之口，勢既不能復通，容水之區，豈容復有阻塞。查濱江濱湖地方淤漲沙洲，每有附近豪強挽築私垸，其初似無關礙，而積久蔓延，東攔西障，流沙日就停阻，水道因之變遷，一遇巨漲，水無容蓄，遂多旁溢。業奉憲行，嚴禁是在，實力遵奉，以杜壅滯而保堤工。除另繪圖呈閱外，理合將勘查過情形縷具帖說，恭請鈞鑒。

制憲鄂奏覆臺中開河之議

署理湖廣總督事務臣鄂謹奏：爲謹陳江漢水道情形遵旨議覆事。本年八月十四日，接大學士鄂等寄到臺臣張奏請疏通水利一摺，奉旨："此摺著交與鄂，令其查議具奏。欽此。"臣惟天下利害之大者莫如水，三楚襟江帶湖，古稱澤國，其利害之所在自宜究心。然大凡興除，必先相其地形度其時勢，熟籌民生之利病，務期動出萬全，未可拘泥陳説，漫然從事也。臣以爲治水之法，有不可與水爭地者，所以袪民患也。有不能棄地就水者，所以從民便也。所謂不可爭者，疏湮濬淺導壅殺流，向來洩水之港汊，毋令堵截致水四溢而爲災也。所謂不能棄者，東洲西灘積淤成膴，現在居民之圍田萬難開鑿致民離居而廢業也。楚水之大者，曰江、曰漢。江水發源於四川之岷山，經宜昌、荆州等府分流於洞庭而過漢口，江固與漢會也。漢水發源於陝西漢中之嶓冢，經鄖陽、襄陽、安陸諸府而出漢口，漢亦與江會也。江水之患，則江陵、監利、松滋、石首諸縣實受其衝也。漢水之患，則鍾祥、京山、潛江、天門、荆門、沔陽諸州縣實受其衝也。江水、漢水之支流，其脉絡相通，分注而互漲者，則各屬交受其衝也。今臺臣張所請者，疏江之水則曰調絃口、曰宋穴、曰楊林市、曰虎渡口、曰采穴、曰麗公渡等處，蓋欲導江水入洞庭，分於支河而殺江之流也。疏漢之水則曰臼口、曰操家口、曰泗港等處，蓋欲導漢水繞三台湖出五通口而殺漢之流也。臣謹得而分言之：

江之調絃口、虎渡口，皆爲入洞庭之道，歷來河路寬深足資宣洩，兩岸堤埠屹立，今殆無庸置議。至宋穴、采穴、楊林市等處，自宋元以來久經湮塞，訪之故老，考之傳誌，舊跡無存。其間堤岸綿亘，田園廬墓碁布星羅。若欲掘地成河，勢必廢已築之舊堤又欲增無數之新堤，不獨工費浩繁無從措手，而田地爲墟，人民失所，豈容輕議。又麗公渡一處，於前明天啓年間曾經開通，後因泛溢爲患，於我朝順治七年經該縣詳明堵塞始得安穩。此江水之不能疏者也。漢之臼口、操家口，距五通口計長八九百里，中間煙火萬家，田疇彌望。今若漫議開洩，勢將使千萬頃之良田胥爲河流，經行之道而兩岸隄防之費，殆不可以百萬計。況前明萬曆年間操家口潰決，經官民畢力堵築，後於崇正〔禎〕①九年又復潰決，不能堵禦。直至我朝順治七年，督撫諸臣着各縣民夫合築，經數十餘年之久，始成樂土，並非年久淤塞。現在沙洋一堤，經前督臣阿題請動帑興修，壅之方懼爲患，曷敢言洩。至於泗港，居天門之上流，泗港一疏，天門殆將爲壑。他若通順等河不過小港，水大無能宣洩，水小遂成涸澤，此漢水之不能疏者也。又臺臣張請疏便河、郝穴，使江水從丫角廟東注。夫東注則江水必入於漢水，方欲疏漢以殺漢之勢，而又引江水以灌之，此蓋未便置議者也。臺臣張又云：操家口達五通口爲漢水故道。查《禹貢》載漢水至於大別南入於江，大別去五通三十餘里，非故道也。臣思滄桑屢易，禹迹茫然，昔之由地中行者，故軌久已難尋。三楚之水百派千條，其江邊湖岸未開之隙地，須嚴禁私築小垸，俾水有所滙以緩其流，臣所謂不可爭者也。其倚江傍湖已闢之肥壤，須加謹防護堤墀，俾民有所依以資其生，臣所謂不能棄者也。其各屬迎溜頂衝險難之處長堤聯接，每歲責令分管水利各員逐一查勘，督率居民增高培厚，寓疏濬於壅築之中，此全楚所以興水利而除水害之大概也。緣係奉旨查議，經臣躬親勘閱其水道情形之可陳者如此。臺臣張所請疏洩之處，似無庸議。除另繪圖恭呈御覽外，爲此繕摺具奏。伏祈聖覽，謹奏。

經大學士等遵旨議奏，内稱署湖廣總督鄂議覆御史張條陳湖廣水道一摺，奉硃批原議之大臣等議奏，欽此。查興修水利全在便民，今該署

---

① 崇正：當爲“崇禎”。

督鄂既稱楚水江、漢爲大，江水支河或現系深通，或全無故迹，或堤岸綿亘井邑星羅，若棄舊易新，費用不貲，人民失業。漢水之舊口、操家口距五通口計長八九百里，煙火萬家田疇彌望，而操家口潰決，前明至我朝方得合築，可壅不可洩。泗港居天門上流，泗港疏則天門爲壑，是江、漢二水其勢皆不可疏矣。至御史張請疏便河、郝穴，使江水從丫角廟東注。鄂彌達以爲東注則江水必入於漢，今方欲疏漢以殺其勢，而又引江水以助之，在張漢未免自相矛盾也。張又奏操家口達五通口爲漢水故道，今按《禹貢》漢水至大別南入於江，大別去五通三十餘里，則張亦考据未詳耳。鄂身在地方，親經閱勘水勢情形，既已備細分析，應將張所奏疏洩之處俱無庸議。謹奏。乾隆九年十一月初二日奉旨依議，欽此。

制憲鄂奏修武昌金沙洲、襄陽老龍堤、
沙洋月堤並沿河倉儲

署理湖廣總督事務臣鄂謹奏：爲楚北堤工最要敬陳修築事宜，恭請聖訓事。臣惟全楚吐納衆流而楚北爲尤甚，現於議覆臺臣張請疏水道摺內將江漢情形備呈聖鑒。切以爲疏洩之法勢固難行，而修築之功實不可緩。武漢各屬城郭都會，逼臨水次環水而居者半，以水邊地氹爲生涯，全賴堤埭以資保護。其險要之處有亟宜增築防衛者，謹分晰言之。武昌郭外江面約寬七八里許，受荆江、湘江之洪流，自洞庭大湖直瀉而下，勢如建瓴，繞城之西北而東注。其城西之望山門至城西北之草埠門，業蒙聖恩砌建石堤聯屬鞏固。唯城西南之保安門有金沙洲，洲中腴壤滿目，烟户約以萬計。洲之左偏爲蕎麥灣，緊臨大江，向有老堤一道，長二十五里，外防江漲，內衛民田，實金沙之隄防，即武昌之保障也。祇緣江流冲激，日漸崩坍，乾隆二三年間卸去堤身六十八丈，刷進堤脚二百餘丈，嗣復於老堤內築月堤一道，然而工程單薄，江勢洶湧，久經冲決，至今尚未修築。昨臣親往蕎麥灣一帶踏勘，江岸情形如屏似削，堤之不絕者如纖。詢知金沙一洲歷來有街八道，今已潰其四道，若不及今

堵禦，不獨洲內民廬地畝將胥而爲水，而江水直灌城根，即現在沿江石堤恐小難免沖刷之患。臣相其地勢，須再退入灣裏築大堤一道，先於根底密釘排樁填築以固其址，然後於上增高培厚，庶永爲不拔之基，此武昌堤工之最要者也。

臣又查漢江險工莫如安陸府之沙洋，而沙洋之險又在水府廟、鄭家潭等處，現今動帑修築沙洋大堤二十里足資捍護。特是漢水日就南滾，每遇伏秋汛發，堤脚難支。昔人於險處每築一堤，必退築月堤一道或二道，重層障禦，所謂一包三險也。今沙洋之堤，除舊有月堤者不議外，如鄭家潭、水府廟諸處，並無月堤。目今堤身瀕近河干不過數弓，設遇暴漲，人力難支，亟宜添築月堤，此安陸堤工之最要者也。伏查蕎麥灣之堤估計約需銀一二萬兩，沙洋之月堤計長二千餘丈，需費約近三四萬兩。前督臣阿現經題借帑本一萬兩營運以資歲修，臣請再借帑銀四萬兩，合之前次成本共五萬兩，分交武漢行舖，按照每月一五生息，每年可得息銀九千兩。不過三五年間，兩處大堤次第克舉，陸續歸還成本，臨期酌量留存以爲逐年歲修之資。其於國帑既無虧損，而楚省人民之仰戴聖恩實無涯涘矣。

又查潛江、天門二邑縣治，地勢低窪，一遇大漲，浸城過半。現在檄飭修護城堤，莃潛、沔諸州縣均係按畝派夫，其在豐稔無事之年尚可奮勉趨事，設或堤岸潰決、又值年穀不登，伊等謀生不暇，碍難計畝科工。往往公則官墊，私則民貸，否則束手無策。臣請於現在捐監穀內撥十萬石，分貯沿江各州縣常平倉內，名曰江防倉穀。或遇堤決歉收之年，按堤計支酌借無力窮民，俾得踴躍赴工，俟工畢之後，按年徵還，於倉貯無虧，於民生有益，此亦沿江州縣之要務也。

又襄陽府之老龍石堤，計長十里，古有子堤，重重逼近府城。現今子堤已多坍裂，每年着落地方官粘補，僅歲修銀三百餘兩，實不敷用。查襄陽府庫內有軍需銀二萬兩，積年收貯，臣請撥五千兩交襄屬當舖生息，每歲可獲息銀九百兩，合之歲修銀，共可有千餘金以爲頻年修築之用。官不費而民無累，亦地方之利賴無窮者也。以上數條臣仰體皇上軫念澤國之至意，請具奏請旨，伏候聖訓遵行，謹奏。

奉硃批該部議奏，欽此。經工部議稱署理湖廣總督鄂奏稱"武漢各屬城郭，逼臨水次環水而居者半，以水邊地畞爲生涯，全賴堤塍以資保護。其險要之處，有亟宜增築防衛者，謹分晰言之"等因，具奏前來。查先於乾隆八年十月内，經前任湖廣總督阿奏請荆門州之沙洋大堤二十餘里一律加高培厚，更於頂冲之處添建石磯以禦湃濤，其堤脚稍有虚懸之處，或用樁料或挽月堤，悉力保衛。并請發銀一萬兩，交商營運，每年取得息銀以爲歲修之費等因，經工部覆准在案。今該署督鄂奏稱"武漢各屬城郭民田逼臨水次，全賴堤塍保護所有。武昌城西南保安門外蕎麥灣，向有老堤緊臨大江，爲金沙洲之隄防，即武昌之保障。祇緣江流冲激日漸坍卸，請再退入灣裏築大堤一道，約需銀一二萬兩。又沙洋大堤二十餘里，現在動帑修築，足資捍護。第漢水日就南滾，堤身瀕近河干，設遇暴漲人力難支，亟宜添築月堤，約需銀三四萬兩，請借帑銀四萬兩，合之前督臣阿題請歲修借帑本一萬兩，共成本五萬兩，分交武漢行舖，按照每月一五生息，每年可得息銀九千兩，不過三五年間，兩處大工次第克舉，陸續歸還成本，臨期酌量留存以爲歲修之資"等語，應如所請。准其動撥銀四萬兩，連前督臣阿奏請借銀一萬兩，共銀五萬兩，一併交給武漢二屬各州縣，交商營運以一分五厘取息，按季繳收，以備添築前項大隄、月隄之用。應令該督據實確估興築，造册具題查核。又該署督奏稱"襄陽府之老龍石堤，古有子堤，現今已多坍裂。每年僅歲修銀三百餘兩，實不敷用。查府庫内有軍需銀二萬兩，積年存貯，請撥銀五千兩，交襄屬當舖生息，每歲可得息銀九百兩，合之歲修共可千餘金以爲頻年修築之用"等語，亦應如所請。准其在於襄陽府庫積貯軍需銀二萬兩内撥銀五千兩，給發交商營運生息，以充每年修築堤工之用。於每年伏秋汛後，飭令經營之員勘明估報，動支修築完工據實報銷。再前項給發各商營運銀兩，應令該督將給領年月日期及各商姓名先行報部，并將給發銀兩欵項數目造報戶部查核，仍於每年年底將息銀動支存剩數目，造具清册送部備查。再該署督奏稱"潛、沔諸州縣修築堤工，均係按畝派夫，其在豐稔之年尚可奮勉趨事，設或年穀不登，伊等謀生不暇，碍難計畝科工。請於現在捐監穀石撥十萬石分貯沿江各州縣常平倉內，名曰江防倉穀。或遇堤決歉收之年，按堤計夫，酌借無力窮民，俾得踴躍赴工，俟工畢之後，按年徵還"等語，查潛、沔等處修築堤工，既係按畝派夫，乃屬民修之項，不便官爲撥穀。且年歲歉收，貧民乏食，原有酌借倉穀之例。倘堤決於歉收之年，不能按畝科工，即於沿江各州縣常平倉內按堤計夫，酌借口糧，工畢之後按年徵還，亦足以資修築而舒民力。正不必動撥損監穀石，有耗運費，另立江防名色，致滋牽混，應將該署督所奏請撥捐穀分貯沿江州縣，名爲江防倉穀之處，毋庸議。乾隆九年十一月二十一日題，本月二十三日奉旨依議。欽此。

制憲鄂公奏疏立石記

制府鄂公視事之六月，監察御史張條陳江漢水利，天子下其奏於制府，親勘以聞，公拜命，遂率某等揚帆就道，時維九月，江流澄碧，波臣效順，旬日之間，陽侯水夷之都，赤岸黃牛之勢，無不燦然在目。公遂於舟次拜疏曰云云。疏入，上命大學士等會議，覆奏應行，聖旨俞允，檄行瀕江州縣遵照辦理。某因捧檄而宣於衆，曰：自古大臣受重寄膺封疆之任，罔不有志興除，而學術未純，常有自附廷臣之議論，或攻訐前人之短長，甚且謹守管鑰博慎度支之名，置民生利害於不問，以自爲內援守位之計者。聞我公之風，亦可以少媿矣。當臺臣之請疏水口也，侃侃而談，不稔知其奧窔者鮮不謂言之當，而公則不詭不隨，毅然闢之。沙洋之堤，前兩憲奏准修築，耗朝廷數萬帑金，令某等謀厥事，不身親畚插者鮮不搜求間隙，而公則徒步親勘，歡然是之。且不以前人之餘緒爲嫌，而復爲之補其未逮，謀其久遠。請多金權子母大興厥工，廣積糧糧以備非常，竟使江漢經由之地，無不永慶安瀾，長歌樂土。何其遇事能斷而虛衷任事者若斯與？此蓋公才識凝〔擬〕①定，愷悌慈祥

---

① 據上下文，"凝定"當爲"擬定"。

之懷素蓄於中，而光明磊落、隨事而應，不假借於毫末者也。亦皆由我皇上知人善任，而全楚居民萬年罕遇之遭也。庸詎可以尋常一紙檄文爲奉令承教者視之乎？爰伐荆山之石載厥疏詞以貽楚人，使後之溯江流而司利導者，其知所自而不復泥古師心妄談水利也。謹記。

稟制憲鄂移駐廳員分汛管工等事宜六條

謹稟：竊惟天下之水之大，無過於三楚，而三楚之水之患，無過於潛江、沔陽、江陵、監利四州縣，其天門、漢川次之，而星列於漢江之鍾、京數縣，暨夾峙於岷江之松、石數縣又次之。蓋此十餘州縣，其所處之地勢，南接岷江，北受漢水，動爲所噬。而潛、沔、江、監四州邑最爲底下之區，古人之所謂澤國，是以其受水之患也，亦甚於各州縣，歷有災案爲據。然考其故，非水之患，實由於人占水道之患也。水惟趨下，窪地受水，亘古不易。自後之人建堤築垸沮洳自利，以致水道窄狹，水小之時尚可束之令其循軌，而一經泛漲則東冲西激，每多潰溢。欲使一線堤垸受數千里之傾洩，敵數萬頃之汪洋，蓋實難矣，以故水患頻仍，官民受累。爲今之計，斷難棄田舍決堤垸以言疏洩。然堤垸坑分水鄉民田之阡陌，江湖汊港即田中之溝洫，亦斷難坐視小民屢受水患，而不爲之盡心經理也。本道分守安襄前，曾兼署荆州道事五載，於茲又復兩次隨侍憲駕遍歷岷、漢，悉心體察反覆講究，或少有一得。況漢江堤垸從前廢弛不堪，七年一潰，成災之地几十萬頃。邇來屢蒙各憲親勘督率料理，保住險要，如王家營、沙洋等處，八年、九年均得無虞。即今年水勢大如七年，而成災之地僅有一萬數千頃，較七年大爲輕減，成效顯然。是講得一分做得一件，民即受一分一件之益，安敢不亟爲憲臺陳之。一堤垸之督率宜有專員也。查岷、漢二江堤垸向係民修，每年於秋冬農隙之時，按地派夫，遵照舊定丈尺，令其加高培厚。官吏督催圩甲稽查，未嘗不年年增修，歲歲報完也。然考其實際，不過兼管水利衙門每歲於八、九月間循例行文飭催州縣，州縣循例出票差催圩甲，圩甲循例領引衙役督催業戶而已。雖其中不乏淳謹之戶如式報修，然而猾吏奸胥以及豪衿土棍何處蔑有，或酒食規禮，或人情央求，一經到手，或虛土鬆填者有之，或鏟草成新者有之，或竟一鍬不施捏報完工者有之，以致工程草率。當各衙門行文之始，未嘗不曰新驗，殆及報完之後，非因公羈身即立意安靜，誰復逐處細勘，徒以州縣一紙檄文爲如岡如陵之恃而已。本道抵任以來，稔知此弊，極力整頓，人少知警，不致全歸虛捏。然地方遼闊，每多鞭長不及之虞。除武、漢兩府近在省城，府佐多人，埩分無多，易於巡防無庸置議，本道愚見應將安陸同知、荊州同知二缺改爲調補之缺，庶得賢員，令其專司堤垻一切差遣，免其調遣，終年巡視，到處勘驗，實心辦理。如能三年保固堤無潰決，保題議敘。如有貽悞，即行查揭。如此責任專，勸懲明，於堤工大有裨益矣。

一、分防之同知急宜改設以重要工也。查安陸府向有同知一員，經前督憲邁題請移駐沔陽州屬之黃蓬山地方以資彈壓。當改設之始，誠以黃蓬地方荒僻，恐有匪類潛匿，但及今許久，查該處實係窮鄉僻壤，移駐實係虛設。同知職任府佐，豈容虛設於閑曠之地。今查該府所屬之荊門州沙洋於該府爲適中之區，而且瀕臨漢江，堤工最爲危險，題請建築石磯，又蒙奏請增挽月堤，而每歲歲修生息二千餘金，將來正資分防料理。該處雖設有分駐州同一員，恐未足任使。本道愚見，若將該員改回移駐，令其防護石磯工程，料理歲修，並就近巡歷督查各州縣堤垻，實爲有益。至於黃蓬，係曠野地方，去鍋鎮巡司不遠，即可代管，勿庸設員，如此改駐方爲妥協也。

一、潛、沔、江、監等州縣之大小堤垻，宜分段委員大加修築也。查該州縣衛等地居岷、漢二江之中，大堤不下二千里，連年修築尚稱完固。目今飭水利官勘驗應修者，加修應退挽月堤者，講勘明白，按工程大小分年督修。而內中支河小堤在在皆是，更不可以數計，倘支河之堤不能堅固，其潰決之害與大江等。乃每歲各員專力於沿江大堤，而各支河之堤，日就單薄底矮，於名江大堤，是以每當大水泛漲，沿江大堤或可保護，而支河小堤每年定有失事之處。現在成災萬餘頃民田，盡皆支河之爲害也。本道愚見，應令該州縣將沿江大堤若干，内中支河小堤若干，逐一查丈册報，測量每年水勢，大江之堤應高寬若干丈尺，小河之堤應高寬若干丈尺，多築樣堤，大加修築。但恐專責之地方官督辦，則公事紛繁誠分身不遑，若仍委之圩甲胥役，則恐虛應故事，仍蹈前轍。應請俟該州縣册報到日，除各州縣堤塍無多、本縣印河各官足用外，其潛、沔、江、監及天門、漢川六州縣，非一境之内盡係垸田，即十居其五六，本州縣印河各官不足派委，將鄰境佐雜酌量派委，每員分授里數，本府同知分督各處，悉照沔陽清丈地畝之例。一切官役支給薪水費用，長住堤所督率民夫，統限一年之内報竣。派定之員，非工完不得更換，以免規避。如有險要大工一年不能完工者，再展限一年，敢有玩悮，各本管道府嚴查詳參，庶於堤塍得有實效矣。但鄰近佐雜不敷調遣，祈照從前修大江之例，奏請於候選知縣内揀選家道殷實、年力精壯者十五員來楚効力。如能趕辦完固者，即先行題補，則人心鼓舞，較用佐雜更爲有濟也。

一、各州縣堤垸衆多，宜分屬各員以收實效也。查堤工派員大修之後，仍交與地方印河各官管理逐年歲修。

然不計地分工，勢必顧此失彼，督理不周，難免疏虞。鍾祥、京山惟有沿江大堤，水利各官足資料理。荆門州將同知移駐沙洋，率領州同巡檢，足資防護。天門縣大江及通順河責之水利縣丞，其牛蹄支河必須專員管理。查有乾鎮驛巡檢駐扎支河，應令專管水利，督修支河堤岸。潛江縣受江陵長湖之水，出澤口兩岸堤塍及澤口以上大江兩岸之堤應責之一員經理。其蘆茯支河及澤口以下之大江兩岸，應責之一員經理。其護城四面皆堤，應責印官就近督修。此處僅有主簿一員，不敷派管。查荆門州附近州城有巡檢三員，應將建陽司巡檢移駐潛江縣之荆河地方，與主簿分管。沔陽州堤工向分東西南北中五處，其襄江北方堤岸題定州判管理，其附城中方堤工向係知州管理，惟東西南三方統歸州同管理，大堤几及三萬丈，子垸不下數千，實難兼顧。查東方有沙鎮巡檢一員，即令其管東方堤塍。查南方有鍋鎮巡檢一員，即令其管南方堤塍，其岷江新堤及西方堤垸專責之州同。至江陵縣、監利縣均有縣丞，並各設有巡檢四員，向俱分地督防，嗣後亦將地方詳明着爲常例。以上各處，俱分定汛位，責之水利縣丞、主簿、巡檢各官，而印河官總理，實心董率農民修理防護，遇有功過，分別獎勵。其鍾祥縣、天門縣兩處，縣丞駐扎縣城，去堤垸少遠，應將天門縣縣丞移駐岳家口，鍾祥縣縣丞移駐石牌。潛江新設巡檢，移駐地方，及同知各衙署即於沙洋堤工生息銀兩動用。如此分隸管轄，改駐調撥，庶官堤民堤均有專員經理，而無鞭長不及之虞矣。

一、民力宜恤以資工作也。查此次大加修築，其大小河道工程紆廻計算不下三千餘里，均有舊例，民間派有尺丈統爲興修，不致滋擾。但恐田少堤多及被災祲之民力有不給，請照題定之例，將常平倉穀分別有力、無力，按堤垸之多寡出借，按年徵還，俾公不費而民不累。再有不足，於司庫領銀折給，庶民力不困而工得早竣也。

一、田戶宜清，水道宜疏，民難宜恤也。按潛江、沔陽形如釜底，一境盡皆緣堤以圍田，名爲垸田，各隨地勢分垸卜居。江陵、監利半居高阜，半居垸田。天門、漢川，山田、垸田相間。凡在堤內均屬良田，至堤外沿河者爲灘田。更有湖底水田種柴草資漁利者，並原築私垸力不能再築呈請告廢者。以上各種田地遇水則淹，可得菜麥，秋禾難必，原不與垸內良田一例。應飭令清查，報司存案，以免奸冒。至私垸之禁築前已奏明，現在遵行，而廢垸之宜去，及灘田現在所築私垸盡宜禁修。以現在有於老堤之外見河灘淤廣即置老堤不修，於灘外築小堤圍田，一遇大漲，外灘勢難保守，不惟灘田不保，並垸內良田亦被冲淹，因小失大，並碍水道。應飭令禁修廢垸私灘，以開湮塞，卑力於老堤，以固藩籬。清田疏淤，立法不得不嚴，難容姑息。但限於地勢常受水害，民力艱辛，宜爲籌畫。如潛江、江陵、監利、沔陽、天門、漢川本地倉儲原屬無多，幸俱各臨近水次，遇有賑恤撥運便利，無需添貯。如異漲爲患致成災祲，自應題賑。即廢垸灘田若被水淹，而支河小垸偶爾有失，田數無多不致成災，而民力有虧者，亦當大爲接濟，按田借穀，分年帶還。倉穀不足，立請撥運，所借穀石，如民間連歉即題請豁免，是民艱之宜恤也。

以上各條，均屬本道諮詢體察殫心籌度，從平實切近處設想，於無可經理之中少爲補救，若能實心做去，三年必大見效。似覺可行，伏乞裁奪採擇，俾水鄉各州縣億萬生靈共荷生成於無既矣。

詳制憲鄂撫憲晏建修潛江縣護城石磯

爲險工大有關礙，急宜設法修築事。本年十一月二十三日，據安陸府潛江縣詳據舉貢監生員劉師漁等呈前事，呈稱潛邑當襄江下游，素稱頂冲，是以城東一帶自學宮傍起，至南城堤止，節遭水囓，逼近城脚。歷來疊建土埧支殺水勢，所幸東關以上荷蒙漸次淤長，獨東門以下至南城角，爲對岸灘嘴冲刷倍甚。本年八月內，道憲因公臨潛、漁等，公懇親赴河干勘驗坍塌情形，城垣、居民危若壘卵，非建石磯二座不能逼水護城。惟是公費浩繁，本年水淹歲歉，農民力艱難於出資，欲行請帑而民堤原係民修，不便違例上告。但城池倉庫以及萬姓身命關係非小，豈可漫不經心。因同眾計議，除貧生小民均不捐外，擬照各業産每百畒量捐銀五錢以資創建，則費出無多而大工便可告成。當將紳衿糧數冊分四鄉普告，今均情願照畒樂輸，約計獲有八百餘金，似可創建。爲此陳明裁奪施行上呈等情。據此該卑職查得卑縣東城一帶被水勢冲激，城垣民房節遭崩沉，目擊危險，宜建石磯以殺水勢，但需費浩繁。隨與紳士等從長計議，勸其樂輸。今據該紳士等捐有成數具呈前來，理合據情具文詳請憲臺，轉請院憲批示，飭遵等情，並據安陸府覆查無異，具詳到道。該本道查得潛江縣城逼近河水，非加意防護，全城難保，民命攸關，今經本道與該府率同紳士勘驗，明確擬建二石埧以期鞏固。而該縣紳士因其地舊例，修堤派夫均出自農民，紳士不受其累，此處石磯不忍復累小民，故止就素不派夫之紳士，按畒樂輸，約得銀八百餘兩，業已購料興工。其不足銀兩，容本道率府縣再行設法湊辦。工程實爲緊要，而樂輸又出於至公，懇憲臺批允立案，以便趕辦。少爲遲滯，春汛已到，即不能施工，而一歲之中暴漲無常，一城民人將復遑遑揣懼，事難刻緩。爲此除呈詳，伏乞照詳施行。

制憲鄂奏移駐廳員分汛管堤

湖廣總督兵部尚書鄂謹奏：爲請專水利之責成以保險工以重田賦事。切楚北瀕臨江漢，而安陸、荊州二郡尤當其衝。所屬潛江、荊門、沔陽十餘州縣，春夏泛漲告災頻仍。查沿江大堤綿亘二千餘里，環堤一帶彌望腴田，民居鱗次，而堤旁港汊皆田間溝洫要道，防範尤宜周密。且如乾隆七年，堤埝潰決，成災之地几十萬頃。邇來督率料理保住險要，八年、九年幸獲無恙。即今年水勢不減七年，而成災者僅萬餘頃。是料理一分之堤工，小民即受一分之利益，目前成效實有明徵。查各處修堤例，係州縣督催，無如圩甲胥役虛應故事，豪衿土棍互相推諉，工程實多草率。在州縣既苦分身無術，而道府大員亦難日詣工所逐細履勘，以致報災之案年復一年。近來沿江各官糸摺纍纍，究屬無益。似此民命所係國賦攸關，若不悉心經理，貽害甚無所底。臣上年查堤相度情形，復經委員到處勘驗，竊以堤工之益，全在督修，而督修之法，必有專司。謹查安陸、荊州兩府現俱設有同知，應令專司水利，弟選補之員諳練者，少一遇生手漫無區畫，貽悮非輕。臣請將兩府同知缺改爲調補之缺，俾得遴選幹練之員專管堤垸，一應差使，免其調遣。如能保固三年，題請議敘，稍有玩悮，即行揭參，庶勸懲既明而責任益專。至安陸同知經前督臣邁柱題請移住黃篷山，在當日原以地方荒僻恐有匪類潛踪。查該處實係僻静鄉村，移住以來並無盜竊之案，且有就近之新堤，通判儘堪就近照應。茲查荊門州屬之沙洋地方荒僻，漢江堤岸最爲危險。前經題請建築石磯，又經臣奏請增挽月堤，每年歲修正資料理，應請將該同知住扎其地，以收險工之實效也。臣又查大堤之內，其支河小堤更不可以數計，而支河潰決之害與大江等。今年成災萬頃，皆支河之害也。臣請於有堤州縣佐雜中派定專員分住要處，逐段監修，察其功過以重其責成。如潛江一縣受五湖諸水，四面皆堤，他如澤口、蘆茯等處，在在緊要，該縣僅有主簿一員，實不足供派遣。查荆門州現有巡檢三員，應請將建陽巡檢改住潛江縣，與該主簿分地管理。又如天門、鍾祥二縣，俱當漢水之冲，而天門之岳家口、鍾祥之石牌尤扼其要。請將天門縣丞移駐岳家口，鍾祥縣丞移住石牌。再查沔陽州堤工向分東西南北中五處，除州之北係州判管轄，州之中係知州管理毋庸置議外，所有東西南三方大堤三萬餘丈，小垸不下數千，請分地派員。州東應令沙鎮巡檢專管，州南應令鍋鎮巡檢專管，州西應令州同專管。又天門縣之牛蹄河，應令乾鎮巡檢專管。俱請永着為例，以專責成。以上所請皆細按情形核定險要，臣思設立佐雜原以分理事務，而沿江各屬之事更無有緊要於堤工者，臣為民生田賦起見，謹一併縷陳，恭請訓示。至移住各衙署，即於沙洋堤工生息銀內酌量動用，蓋造合併聲明謹奏。

奉硃批，該部議奏。經工部議稱"該督既稱各處修堤俱係州縣督催，難免推諉草率之弊。堤工之益全在督修，而督修之法必有專司"等語，應如所議。准其分地派員崀管，以重責成，如有玩愒即行查參，照例議處。再查定例，各省衝繁疲難等缺，除沿河、沿海、苗疆、烟瘴及一切應行題補之缺，俱令該督撫揀選具題，其餘同知、通判、州、縣四項、三項相兼者，令該督撫於現任屬員內揀選調補；二項、一項及並非衝繁疲難之缺，悉歸月分銓選。又乾隆六年五月，原任大學士鄂等議覆戶部條奏，嗣後各省倘有應需人員，止准於通省內隨時改調，概不得具奏增添，致滋糜費等因，奉旨依議，欽遵在案，是各省同知、通判，惟衝繁疲難四項、三項相兼者例准該督撫揀選調補，其餘悉歸月分銓選，並無崀司水利之缺即行揀選調補之例。今安陸府同知係難簡缺，荆州府同知係簡缺，與調補之例不符，應將該督所請安陸、荆州二府同知改為調補之缺，毋庸議。至各省水利事務，或係同知崀司，或係通判崀司，即係本任應辦之事，亦無保固三年准以題請議敘之例。該督所請保固三年議敘之處，亦毋庸議。至所稱"安陸同知經前督臣邁題請移駐黃篷山，在當日原以地方荒僻恐有匪類潛踪。查該處實係僻靜鄉村，移駐以來並無盜竊，且現有就近之新堤，通判儘堪就近照應。查荊門州屬之沙洋地方逼近江漢，堤岸最爲危險，前經題請建築石磯，又經臣奏請增挽月堤，每年歲修正資料理，應將該同知駐劄其地，以收險工之實效。又潛江一縣受長湖諸水，四面皆隄，他如澤口、蘆茯等處，在在緊要。該縣僅有主簿一員，實不足供派遣。查荊門州現有巡檢三員，應請將該州建陽司巡檢改駐潛江縣，與該主簿分地管理。又如天門、鍾祥二縣，俱當漢水之衝，而天門屬之岳家口，鍾祥屬之石牌，尤扼其要。請將天門縣縣丞移駐岳家口，鍾祥縣縣丞移駐石牌"等語，應如該督所請。安陸府黃篷山同知准其移駐荊門州沙洋地方，荊門州建陽司巡檢准其改駐潛江縣，天門縣縣丞准其移駐岳家口，鍾祥縣縣丞准其移駐石牌。至移駐各官應給與衙署，應令該督將所需工料銀兩在於沙洋堤工生息銀內動用，據實確估，造冊題報。乾隆十一年二月二十七日題，本月二十九日奉旨依議，欽此。

詳制憲鄂並撫憲開預估老龍堤石工及沙洋月堤次第興修

爲預估堤工緊緩之工程，詳請立案以重歲修事。竊照襄陽府城外老龍堤最關緊要，歷年久遠，堤身頗多單薄，子堤矮裂。又因歲修銀兩不敷動用，荷蒙督部堂於楚北堤工最要等事案內題明，請動襄陽府庫存貯軍需銀五千兩，交當生息以爲每歲修理之需等因，各奉行在案。今本道誠恐歲修之時勘驗未得確切，而臨時估計詳報又費時日，飭令該管官襄同知姚世倌將將來應修處所分別緊緩，率同襄陽縣知縣郭芝逐一確估，共需銀一萬二千餘兩，造具清冊，報明立案。興修茲據造報，前來本道復行令襄陽府確查，並本道親勘無異，擬合詳請憲臺將冊造緊緩工程立案，俟每歲生息利銀徵解到日，許該廳縣勘明處所，先做緊工，續修緩工，分年逐漸酌量興修報銷，庶堤工不致貽悞，而銀兩均歸實用矣。伏祈照詳施行，再荆門州沙洋堤上下二十里内經本道率領府州相度情形，遵原奏添建月堤四道，計長三千零三十丈，需銀三萬七千兩，業已飭州報司咨部，俟生息銀存積即詳明興修，合併聲明。

各官赴堤估定需費數目，然後按田分派。各年征費多寡並不畫一，遇有崩潰坍塌，又復另派，並非如爾等所呈限以定額，每年止征此數者，一派再派，不特紛擾不堪，亦慮民不堪命。況天時有豐歉之不齊，一遇歉歲，正貢尚且完納不前，窮苦小民焉有餘資以輸此刻不可緩之堤費乎？迨至完納不前，差催敲扑，閻閭之擾累何堪，是本欲便民而反累民，身任地方者不得緫緫計及也。況本道現奉督撫兩憲飭委及藩臬司移會，親詣茲土，體察民情，今既察知爾等實受圩甲之累，撥協之苦及吏役之需索，又豈可膜視不爲釐別。特飭府廳縣就歷來修理情形，斟酌八條，爲爾等一蘇積困，誠恐尚有不便於民之處，用是逐一開列，先爲曉諭，闔邑紳士業民人等知悉，如各條内並無累民之處，爾等作速歸家安業，聽候詳院批示定案後秋冬舉行。倘内中尚有不便之處，即令曉事紳士耆老據實稟呈，以憑再行斟酌特示。

計開：

一、歲修堤工宜一例勘估通報也。查潛邑堤墈凡遇興挽大工，將勘估丈尺夫土造冊通報，各憲歲修堤墈則不行造冊通報，此相沿舊例也。伏思堤墈關係國賦民命，挽築固屬急務，歲修亦豈緩圖。若不一例通報，在各水利員役以非通報估修之堤，未免稍存泄視，不行實力監修。在各上憲衙門欲行催修查驗，亦均無案可稽，殊非慎重堤工之道。應請嗣後各垸歲修堤工於每年八月内逐段勘估，將老堤高厚原式丈尺若干、某處應加高若干、某處應加寬若干、某處有蟻穴應挖、某處有獾洞應補，核計夫土數目并興工日期，於九月初旬一例造冊通齎，依限趕修。工竣仍將完工日期通報，聽候各憲勘驗，庶辦理既歸畫一，而水利員役亦知有儆惕矣。

一、圩甲請易垸長頭人聽民公舉以除積累也。查圩甲一項，原因督修催夫而設，係照田畝之多寡按年挨次僉充，乃日久弊生。每於歲修時，僉點淳善者則知功令，兢兢督催。奸猾者則知法紀，捏故規避，或暗賄書吏，詭卸窮民，甚至私相頂替，於中包折侵蝕，種種錮弊，雖嚴加查究，終難盡除。似應亟請革除圩甲，倣照江陵、石首等縣之例，設立垸長頭人。令各垸民於每年八月歲修之時，擇其殷實老成熟悉堤務之人赴縣舉報，飭令督修催夫。其所需垸長頭人，應照圩甲名數，大爲酌減。倘有曠惧滋弊，查出治罪，若經理得法，堤無潰決，量加獎勵。官不爲僉點，胥役無從需索，民自爲公舉，催督庶幾悦服，如此則民累得除，而堤垸亦更有益矣。

一、隔河協修宜變通免撥也。查潛邑堤垸向分一十一區，惟同區各垸得以通融撥修，隔河區分則永禁扳協。繼經前任各令詳明，凡遇搶修挽築，無論隔河區分亦准通融辦理。捨己從人已爲苦累，每遇工大費繁，而相隔數十里、百餘里之垸分，亦爲調撥。工程固屬易竣，民累益深，似應亟請永除扳協以甦民困。至護城一帶堤工，原係四鄉公修，今既禁止撥協，則此一帶堤垸竟無承修之戶。應請嗣後於通縣田畝內每畝派錢一文，計畝遞加，不及一畝者免派，交垸長彙繳縣庫，報明存貯。遇有城堤修築，先期確估，詳明動用。如有餘剩，遇垸小堤多需費浩繁之處，本垸民力實在不能完工者，即以所繳之錢詳請動給。再此項錢文，請於每年八月令業民投交各垸長，限定九月內彙交縣庫，次年完工後，將該年出納各數備造細冊報銷。如此則小民永免調撥之累，而護城堤垸及垸小堤多之處又不致掣肘周章矣。

一、派定夫土出夫出價及照田分堤自修，宜從民便也。查潛邑修築堤垸例，係按田受土計土派夫。惟是取土有遠近，人夫有壯稚，且離堤窵遠亦有應夫催夫之不同，若不酌定應役夫數及催夫價值，竊恐奸狡花戶或不照派定夫數應役，或專以老弱塞責，甚或一夫不役，半文不出，種種弊端難以枚舉。卑職於上年議挽仁各垸堤工詳奉憲允，每土一方視取土之遠近定役夫之多寡。其應役有老弱充數者，以二折一，有願出價催夫者，每工出錢三十文，責令圩甲代催應役。民皆稱便，行之有效。應請嗣後各垸堤工無論歲修挽修，出夫出價，亦照此例，聽從民便，仍先期將估派夫土及代僱價值出示曉諭。今已議革圩甲，設立頭人，即令頭人設立花名簿一本，送縣鈐印，照應役夫土及代僱錢數逐日註明，簿內投繳該管官查核彙總報縣，以憑轉報。如此則花戶既爲便易，而在堤人役亦無從藉索。至各垸內堤塒離居民住處有遠近之不同，倘民居近堤垸分，有願照田多寡將堤各分丈尺踴躍自築者，亦應聽從民便，官爲按畝分堤，該管水利官仍不時稽查工程，毋使曠悮，似亦便民之一端也。

一、受僱夫價勿許刁揹多索也。查潛邑派夫修堤，離堤窵遠及孤寡零戶難於親自赴工，類多僱夫應役。設當工程緊急之時，人夫每多揹索，僱覓維艱。卑職於上年議挽仁和垸工詳定規條，凡興修處所，責令近工保甲查明情願受僱人夫姓名，登記冊檔，照每工三十文定價，按名給發，催令赴工代修。其老弱人夫減半給與，民樂遵行在案。應請嗣後各垸修築堤工受僱代修人夫，悉照此例遵行，永爲章程，則辦理畫一而工程無悮矣。

一、紳衿書役宜一例派夫也。查潛邑修堤歷係按畝派土，計土派夫，凡屬有田業戶，均應出夫應役。紳衿書役雖得免當堤老圩甲，而修堤人夫例應一體均派，即不能親自担築，或令丁佃代役，或出工價僱夫，庶無偏枯。如無，紳衿書役之中往往有阻抗詭避，雖屢加查禁在案，然不詳定懲治之法，遍行出示曉諭，恐此輩恃有護符，仍蹈前轍。應請嗣後凡遇歲修堤塒及挽築搶修各工，紳衿書役照實在需用夫數，一例派夫承修，如有違抗，書役立拏本人，紳衿則拘家屬，枷號堤所示衆，仍令出夫趕修，俟堤工完日，重責釋放，庶苦樂得均而功令亦肅矣。

一、修堤陋規宜勒石永禁也。查修築堤塒原係保護民生之善政，而不肖水利員役從前每多需索，既受力役之征，復遭餽送之困，嗟彼小民，曷克堪此。歷奉各憲查禁，在各水利員役雖知儆惕，現無過犯，弟恐日久玩生，弊難永絕。應請將各項陋規逐一簡明指出，勒石縣署門首，并各鄉村集鎮刊竪木榜，永行禁革，庶功令益照而陋規盡絕矣。

一、裁減管堤書識以剔蠹弊也。查修築堤塒估計丈尺，繕造冊籍，原需書識經理，然使冗役太多，保無弊竇叢生，是多一書識，增一民累也。潜邑共有堤垸一百六十餘垸，分爲一十一區，其不列入區内爲獨垸洲灘。向來管堤書識不下數十餘人，其中奸良不一。誠慮察難周，卑職志嚴釐惕，計維裁減，凡一區酌留一名，至各獨垸洲灘附入附近區分内帶管，統於現在書識中，當堂遴選殷實老成精明書算者充當，餘悉裁汰，如此則蠹弊益清而民累可除。倘有工程浩大，必需酌給書役人等口糧之處，容地方官隨時酌量，於工程内抽給，仍立案備查，以杜冒濫。

禀督憲塞撫憲陳請變通潜邑調垸協帮舊例

敬禀者：伏查潜邑堤塆向分一十一區，歷係民力自修，僉點圩甲查催，遇有挽築大工，同區各垸利害與共通力合作，隔河別區垸分並不撥協。二十年前，知縣張延慶頗得民心，遇有大工，勸諭別區各垸義助，或借用夫工。繼則變爲協帮，後則硬爲派撥。舍己耘人，已拂民情，甚有相隔數十里及百餘里之垸分亦爲調撥，苦累更甚。從前即知此法於民未便，屢欲議革，因舊例相沿，且恐遇有潰決工大費繁之處，本垸民力不能修竣，致費周章，是以因循中止。上年挽築仁和垸潰口，案内飭令詳明輪流派撥以均苦樂在案。至圩甲一項，每歲官爲僉點，在忠厚者鑽營以求脱，狡點者藉堤而網利，則胥役之賣富僉貧，圩甲之包收侵蝕。雖每歲示檄頻頒，嚴行禁約，亦勢不能盡絶也。良民畏圩甲之需索，圩甲以充役爲苦累，此通縣情形之大略相同者。而案内爲首之金嚴秀，係荆門斥革里書。荆門沙洋二十里大堤原係通縣公修，因山鄉之民聚衆抗官，將堤獨歸湖田之民，迨後湖民又復聚衆抗官，改爲征費官修，以致歷年以來因征費不敷，節次題請動帑。彼深知巧卸之弊，遂倡爲革圩征費之議，聳惑士民。而潜邑業民身受圩甲撥協之累，是以西方一帶群相附和，紛紛上控，且敢聚衆公號也。至東南北三方，亦以協撥爲累。查潜邑潜民苦於協撥，告請征費官修。變通舊例，酌定八條，曉諭士民。

告示：

爲設法清釐以蘇積困事。照得潜邑地處漢水下游，江河環繞，民間田廬，惟賴堤壋以爲保障。歷係民力自修，僉點圩甲查催，遇有工大費繁之處，調垸協幫。行之既久，弊實滋多，以致爾紳士業民人等紛紛以革圩征費上控。如事果可行，本道亦豈肯固爲膠執以拂民情。無如潛邑情形與鄰近之京山、荊門及武昌府屬之江、嘉、蒲、咸等處迴不相同，彼則僅有臨江一面大堤，且長不過二三十里及七八十里而止。潛邑則外江內河無處非堤，較之京山則多數倍，較之荊門、江、嘉、蒲、咸則多至數十倍。若改爲征費官修，潛邑止有水利主簿巡檢二員，歲修防護不能分身坐督，勢必委之書役家人。即如爾等所呈每糧一石派費五錢額定征收，在天時乾旱之年，堤壋之歲修不過略爲修補，則費有贏餘，若董勢必侵蝕以肥家。若遇陰雨過多江湖異漲，堤壋之洗刷崩塌自難數計，則費有不足，若董事非切己，勢必草率從事，豈非徒爲家人書吏開網利之門。縱有精明之印官，愛民之上憲，亦豈能刻刻在堤督率稽查。數年而後，堤壋日益卑薄卑矮，一遇異漲，則漫潰淹沒之慘必有不可勝言者。廬墓付之波臣，禾麥盡歸烏有，即或官參役處，亦何解於爾民之疾苦也。且京、咸寧等處征費之例，亦係每歲八月水落後。印河地處漢水下游，外江內河無處非堤，與鄰近之京山、荊門及武昌府之江、嘉、蒲、咸等處僅有臨江一面大堤且長不過二三十里及七八十里而止者，迴不相同。歷經詳議題奏，俱責令民力自修，征費官修之說實難舉行。至協撥修堤原屬善舉，無如法久弊生，民心不和，自應隨時酌改。本道率同府廳縣就歷來修理情形籌酌八條，俾賢有司善爲奉行，庶幾民累除而蠹弊清，堤工亦有裨益矣。至各鄉士民陸續來見並傳示者，已幾千萬人。本道諄諄曉諭，伊等亦知征費官修難以舉行，惟以革除撥協圩甲爲請，但通縣人衆，本道恐從違不一，將酌定變通八條出示曉諭，如有不便之處，令曉事紳士耆老人等據實稟呈。今出示多日，並無稟稱不便之人，是以將各款飭發該廳縣敘案繕詳，由府詳道移司覆明會請憲鑒外，理合將查辦緣由先行稟聞，告示條議抄錄附呈憲覽，除稟督撫部院外，爲此具稟。須至稟者。

楚北水利隄防紀要

〔清〕俞昌烈　撰　　毛振培　點校

前　　言

　　清代，長江流域迅速開發，上游地區開山墾殖，中下游湖區盲目圍墾，洪澇災害日趨嚴重。長江荊江河段和漢江下游河段水災尤爲頻繁，荊江大隄和漢江隄防屢築屢潰，無歲不有版築之役。

　　俞昌烈，字鴻甫，北平（今北京）人，曾任江陵知縣、黄岡知縣，卒於粤逆之難。道光元年（一八二一年），俞昌烈自豫來楚，數見江、漢狂瀾泛漲，隄垸潰決，遂感“築隄捍禦，以衛田廬，是與水爭地也，然捨此别無良圖”。此後，他調任兩河修防，咨訪輿論，并考志乘，其險易情形、宣洩故道、隄塍丈尺及起止段落，隨筆記載。道光十七年（一八三七年）春，他再返荊南郡任參軍，吏於楚者十餘年，隄防有事，無役不從。憑藉治河十四年的實踐，萬城隄頻年禦險，俞昌烈皆身先士卒，化險爲夷，人咸壯其節。俞昌烈深感“楚之治水無專官，其言水亦無成書。經生之言也拘，閭里之言也私。議之未嘗任，任之未嘗習”。道光二十年（一八四〇年），俞昌烈撰成《楚北水利隄防紀要》，記録了湖北水道、隄防情況。

　　《楚北水利隄防紀要》全書共二卷。卷一爲長江、漢水大略及兩川所經州縣隄工圖説，卷二輯録會典、通志及臣僚奏疏中有關湖北水利的内容，而於修防工程之法制叙述尤詳。俞昌烈自謙：“予非知治水也，能言其曲折而已矣。予非能治隄也，能言其險易而已矣。”該書有圖有釋，郡有綱，邑有目，有經流，有支渠，故道有宜復不宜復，民議有可從不可從，隄有難易有廢置。清代學者王柏心盛贊該書：“夫前事之不忘，後事之師也。使守土之吏得是書而思之，引而伸之，先事而防，事至而應，其於以備患不難矣。”《楚北水利隄防紀要》之後，著荊楚水利者漸多，議治江方略者亦衆。

　　本次整理以同治四年（一八六五年）湖北藩署刻本爲底本，整理點校者爲長江水利委員會毛振培，不當之處敬請批評指正。

點校者

目　　錄

陶 序

　　江出三峽，過南郡，始得平地，奔騰衝突，不可控遏。郡恃隄爲固，十餘年間無歲不有版築之役。余觀察是邦，往來捍禦，日與寮佐接，察其才力勤練、膽智足恃者，僉曰郡參軍俞君鴻甫其人云。道光庚子夏，余被議尚留視事，時霪雨彌月，江水驟至，中方城隄以險告。內隄倏圮丈許，漏孔圍徑可二三寸，子隄忽橫裂數處，表裏洞徹，江水入齧之，刷漏孔至數丈，舊子隄復圮二十餘丈，旋築旋陷，渾水突出如激箭，或曰泉脈也，或曰此蛟龍淵也。甚雨又及之，村民皆狂走號哭欲去。鴻甫方助捍衛，手書訣妻子：“若不測，則委身以殉。”余語鴻甫：“事急矣，非子不足濟茲患。”鴻甫亟募人探得其實，下豆、絮塞之，內滲絕，外築始堅。仍徒步暑雨中，上下偵視，親塞漏孔凡數十百處，隄卒無恙。當是時，吏民及觀者數萬人皆羅拜曰：“俞參軍活我！”事平，乃出所著《楚北水利隄防紀要》見示。蓋鴻甫久於楚，江漢宣防周歷殆遍，故其言論確鑿，其備豫尤遠。嚮者南郡護隄之功，特鋒穎之偶試耳。惜余將去職，不獲論薦之，俾展所蘊蓄，鴻甫請予爲序。是書之善，則王君子壽言之詳矣，余不具及，獨論其護隄之功，爲予所目擊而心折者，著之首簡。嗟乎！智深勇沈如鴻甫，未識造物將置諸閑散耶，抑終聽其以功名顯也。

長洲陶樑

王　序

　　水，利在西北，而害常在東南。言害於今日，楚爲最矣。楚之患尤萃於荆州、安陸、漢陽三郡，地卑而少山，岸疏而善頽。隄長者縣地千餘里，促亦七八百里。江之壅也以洲，漢之壅也以沙。壅則怒，怒則隄益危。議者曰："民困於水，復困於隄，是六國之事秦也，莫如決而去之。"夫既已排水澤而居矣，人民能徙乎？城郭、廬舍、田疇能舉而棄之乎？不能徙，不能棄，均之害也。則有隄之害，無隄之害，其輕重相百也。故夫治楚之水者，請無言利也，先言害；請無言去害也，先言備害。有備，害斯去矣。害去，利斯興矣。曷爲備之？曰"審視隄防，善所以備之"而已。回湍所激，則謹避之。奔流所直，則謹避之。隄宜紆，宜去水遠，使游波寬緩不迫。以言乎力，則不勝勞也。以言乎財，則不勝殫也。然而去昏墊之危，就安居之樂，則利亦不勝計也。今夫與强敵遇，引而縱之腹地，孰若重閉以距之。愚以爲，楚有隄防，其男子皆當荷畚鍤，其女子皆當具餽鑲〔餉〕①，吏民上下戮力一心，繼長增高，使無幾微之罅，而後可言有備。

　　楚之治水無專官，其言水亦無成書。經生之言也拘，閭里之言也私。議之未嘗任，任之未嘗習。謀不素見成事，而欲其捍大患，禦大災，雖智勇有所不能。鴻甫參軍開敏而强力，吏於楚者十餘年，隄防有事，無役不從。一日出所著《楚北水利隄防紀要》見示，其言曰："予非知治水也，能言其曲折而已矣。予非能治隄也，能言其險易而已矣。"王子曰："善乎，子之爲是書也！"夫不悉水之曲折，有能治水者乎？不辨隄之險易，有能治隄者乎？子之書有圖有釋，郡有綱，邑有

---

　　① 據上下文，"餽鑲"當爲"餽餉"。

目，有經流，有支渠，故道有宜復不宜復，民議有可從不可從，隄有難易有廢置，粲乎若經緯黑白之不可淆。夫前事之不忘，後事之師也。使守土之吏得是書而思之，引而伸之，先事而防，事至而應，其於以備患不難矣。然則害何必不可去，而利何必不可興。

鴻甫曩爲吾邑尉。丁亥夏，江漲，夜大風雨，水溢出城南隄上，吏民散走殆盡。鴻甫步至隄，持瓴甓爲堰，因號呼吏民捧土禦之。至曉水定隄卒全，人咸壯其節。惜今猶浮湛曹椽也。嗟乎！若鴻甫之才誠得如漢之王景，以謁者行隄，使之乘傳督治楚，豈憂水哉？

道光二十年歲在庚子暮春監利王柏心撰

論事之文，言言著實，昔人謂東坡爲賈誼、陸贄之學者，此種文足以當之。

姚春木

沈　序

　　鴻甫參軍器宇不凡，宏深抱負，隱於下位而志壯千秋。吳楚尋源，量沙印雪，殆有年所矣。其自容城移治鶴澤，隄堁林立，歲出險工，資討論而襄底績，得安如磐石相與有成者，厥功甚偉。客窗恒從問業，則源源本本，脈絡貫通，宜乎上官之倚若長城，從游之踵日相接也。頃辱引爲同調，出示一卷，舉全楚江防扼要，稽古居今，疏注成帙，儷以圖説，切中窾要。使問津者瞭如指掌，不啻身歴其境，抑能順水之性，因勢利導，經緯亦在其中。倘於此擴而充之，其爲造福澤民，益無涯涘。爰立勸壽諸梨棗，用垂久遠，行將惠徧江鄉，安瀾永慶矣。受讀數四，心有所會，因書質語，珍重而歸之。

道光歲次庚子穀雨後三日仁和沈城謹序

劉　序

　　從來謂有治法必須有治人者，其大較也。若時移勢易，陳迹難拘，則有治人尤不可無治法。我楚素號澤國，內江外漢，眾水又復匯歸，其所當疏築捍衛之處，自亦歷歷可循。邇來職司民牧者，不惜經營，而潰決彌甚，蓋滄海桑田，桑田滄海，變遷原自靡常，而向所爲蓄洩之處，既已積淤，斯今所爲險易之工，亦非昔比。未馳域外之觀，治之無法，幾何不與水爭地。俞鴻甫先生事事關念國計民瘼，即身所親歷與得諸誌乘者，編爲《楚北水利隄防紀要》一書，變遷情形無不詳悉指明，俾各得以想見。若水疏塞，若隄進退之法，官斯土者，果綜其大勢，奉是書爲法，而爲所得爲，爲所宜爲，則爭地之患可免，潰決之害漸彌。即先生之惠我楚者，亦正無涯，而不徒以河工歷練之材，爲救荊南連年之災已也。因贅數語序之，以俟夫世之採用是書者。

夢澤亦琨愚弟劉希祖

自　序

　　岷江、漢水爲害於楚者，亦猶黃河之爲害於豫與吳也。黃河出陝之積石、龍門，至廣武則奔騰澎湃，勢不可遏。江之至松滋，漢之過鍾祥，亦無所羈勒。築隄捍禦，以衞田廬，是與水爭地也，然捨此別無良圖。烈於辛巳冬自豫來楚，數見狂瀾泛漲，必至潰決而後已。每深思熟慮，策無萬全。迨後從事兩河，計十有四年。凡所越歷，必諮訪輿論，並考誌乘，其險易情形，宣洩故道，隄堘丈尺及起止段落，隨筆記載。丁酉春，再至荊南郡之萬城，更爲北岸首先保障，頻年禦險，烈皆從事其間，續得益廣。因出請正於子壽、花農兩君，均以此集有益於時，屬爲付梓。夫治水之策，自古爲難，蠡測管窺，其何能及。然心無成算，豈能臨事裕如？由此問津，當不迷於所往云耳。

　　　　　　　　　道光庚子夏日北平俞昌烈識於荊州經歷官廨

湖北水利篇①

湖廣總督汪志伊稼門

天下大利大害莫如水。楚水曰江，曰漢，大無比。禹隨高山濬大
川，建瓴一瀉幾千里。江自岷山開，漢從嶓冢來。西陵內方上，《史記》
白起攻楚拔郢，燒夷陵。《吳志》黃武元年改夷陵爲西陵。古州名，江經城南，今爲東
湖縣地。內方山在今鍾祥縣西。山束水縈洄。西陵、內方下，地曠水喧豗。沱
潛雲夢勢莫殺，況有洞庭助勢風濤摧。南國紀禹功美，未導原先疏委。
江漢滔滔欲朝宗，大別山前江漢通。不見大別山以上，支河湖港紛岐於
其中。碁布星羅郡與邑，水耕火耨原與隰。素號澤國水患多，恫瘝念切
哀鴻集。大江代決萬城隄，未有乾隆五十三年奇。六月二十日，隄自萬城至
玉路決口二十二處。水冲荊州西門、水津門兩路入城，官廨民房傾圮殆盡，倉庫積貯漂
流一空。水積丈餘，兩月方退。兵民淹斃萬餘，號泣之聲曉夜不輟。登城全活者露處多
日，艱苦萬狀。下鄉一帶田盧盡被淹沒，誠千古奇災也。雲濤倒捲犇巫峽，雪浪
橫翻走怪螭。怒激窖金流毒烈，萬城隄對岸漲洲二十餘里，逼溜射隄，釀此大
禍。洲曰窖金，蓋蕭姓利其盧也，曾籍沒其家，治其罪。何當風雨助兇威。慘如
焚巢如破釜，荊州城漫作魚池。《郡志》諺云，水來打破萬城隄，荊州便是養魚
池。田盧蕩析無完地，男女淪亡半腐屍。所幸當年恩浩蕩，特遣上公發
內帑。大學士、誠謀英勇公阿文成公桂奉旨來楚，勘辦水災，并發帑金二百萬兩，以
爲修理隄工、石磯、地池、兵房及撫卹災民，買補倉穀之用。方城重築障狂瀾，《左
傳》方城以爲城。《杜註》方城，山名，在南陽葉縣，或以此爲江陵方城，誤矣。江陵
方城，孫吳所築，取古方城之名。宋末趙方之子葵守方城，避父諱，改曰万城，又訛爲
萬城。郡西萬城隄亦因以名。萬姓殘生加卹賞。江水滾滾未安瀾，漢水湯湯
亦激湍。頻年決口民心痛，十邑書災吏膽寒。江水，嘉慶元年，監利程公隄漫

---

① 本篇被《荊州萬城堤志》收錄在卷九"藝文"的"詩歌"目下，改按詩歌體排版，
　　因此兩處的版式不同，標點亦有所差異。

口。七年，江陵六七等節工潰八十餘丈。九年，監利金庫垸隄潰。至若漢水，自乾隆五十六年後，天門、沔陽、漢川等州縣隄屢潰。嘉慶元年至十一年，鍾祥、京山、荊門、潛江、沔陽、漢川等州縣，連年潰口，自數十丈至數百丈不等。窪田積澇，自五十三年至今未涸。試問隄何没關鍵，土性浮鬆地平衍。江、監、鍾、京勢懸流，流下荊、潛、天、漢、沔。謂江陵、監利、鍾祥、京山四縣據江漢之上也，荊門、潛江、天門、沔陽、漢川、漢陽等六州縣居江漢之下也。潰口七十處處洵，合計江漢潰口七十處。或竟横決或直衝。或倒漾而泛濫，或下注而奔溶。水災不似旱災緩，迅比浙江潮頭悍。皚皚高浪捲空來，千垸萬垸須臾滿。人不及防命難逃，何心計及田中苗。不是乘木即緣木，哭聲震盪干雲霄。迨水漸消高阜出，生死窮愁難具述。若非帝力稠疊沛，恩膏百萬生靈不存一。幾經疏涸畎畝多，其如就下沈田何。沈田九百二十垸，民間於田畝周圍築隄，以防水患，其名曰垸。每垸周圍二三十里、十餘里、三四里不等。一望琉璃萬頃波。測深三尺、七尺或至丈，内則低窪外高仰。桑麻雞犬久銷沈，汙萊魚鼈偏滋長。甚矣顛連二十年，光景還如降割前。灑沈澹災回造化，應憶堯時大禹賢。下此韋鄭猶難得，誰繪流民愧俸錢。以予見聞類如此，心懷惻惻何能止。肅將目觀真情形，籌費疊疏告天子。入告方寸凜兢兢，履蒙聖鑒頒恩旨。想見宵旰披奏章，思民饑溺真同己。溫綸歷歷獎微臣，盥誦如覲天顏喜。嘉慶十二年二月，予赴荊州查辦匿名揭帖一案，將目觀各州縣田畝積澇二十年情形具奏，并請將漢岸商每年有督撫匦費十萬兩作爲堵築疏消之用。奉諭："自應亟籌勘辦。匦費一項，以公濟公，事屬可行。"予因查閱營伍之便，赴各處履勘，復將籌辦情形於五月覆奏。奉諭："所奏情形甚爲明晰，辦理亦屬得宜。"并加恩緩徵積澇田賦。附奏禁止刁民曲防壑鄰，奉硃批："甚是。"淮商捐金出至誠，一日同邀帝允行。兩淮鹽政額公勒布奏："匦費現無存款，商等託業楚省，共相保衛，願共捐銀五十萬兩，以應工用。"此事有因亦有創，上關國計下民生。欲除大害興大利，人力何能與水争。性若執拗騁私智，不揆地勢與水勢。高下淺深緩急間，機宜一失事無濟。經流枝派漸淤高，田原勢已低如坳。漲非修隄無法禦，澇非疏河乏術消。江漢夾流何潺潺，郡邑腹背交摩盪。驚心震魄萬千家，惟仗金隄作保障。以隄爲命怕奔洫，況臨大汛扇長風。每年三大汛：桃花汛、伏汛、秋汛。桃花水激濤聲壯，竹箭流馳湍勢雄。上游咫尺或不固，下游千里汪洋洼。長隄寸步或不堅，通埝均受潦浸苦。隄腳負重貴堅貞，或填水潭築土阬。底面寬深及圍徑，丈量一一要分明。隄身高峙忌陡削，二五收分法預約。假如隄高一丈，必須底寬七丈。先鋪土，碪堅一尺，爲第一層，內外各收分二尺五寸，如斜坡形，共收分五尺。由此逐層斜收，而至十層共收分五丈，則面寬二丈。蓋隄無論高寬若干，總以每層高一尺，兩邊各收分二尺五寸爲準。漫潰缺口堵宜先，培厚加高毋淺薄。凹頂躺腰弊顯然，甚至冒高刨隄腳。王尊會請身填隄，此獨何心不顧民之瘼。喫盡子孫飯可憂，腳踏實地貧猶樂。退挽新月本防危，凡頂冲最險，即於老隄後退挽一隄以防之，如新月式。相度遠近要咸宜。逼近蹴起陽侯怒，闊遠虛糜水部貲。新坻外藉舊坻衞，唇齒相依無排擠。排擠引水入袖來，汕齧隄跟害非細。迎溜頂衝險莫支，挑溜逼衝仗石磯。突出中流作砥柱，保護全隄力健持。或被波臣頻震撼，迅將磐石補殘虧。取土戒勿近隄蹕，須在二十丈以外。或宜再遠或翻沙，切實計之莫傅會。鋪土層尺勿稍過，隄邊宜杵中宜碪。木杵響和鼚鼓韻，石碪聲應役夫歌。連環夯築方堅固，試錐灌水久盈科。築隄每層鋪土不得過一尺，連環夯碪後，以錐扎孔，注水不漏，方爲堅固。濱江濱漢隄爲主，通江通漢河爲輔。支河淤，水道阻，阻愈潦，禍尤巨。萬口欲向言，萬目淚成雨。導之使暢言，色變如談虎。悲憫有同心，同心當善處。測量水勢淺與深，知淤厚薄在河心。疏河不自下流起，遏水必致上流淫。下流導已利，土流涸自易。築壩厔水工，節省無窮費。上下決排徑已通，水落有灘垚共際。必須補行估挑。若任修阻復潛滋，可惜前功皆盡棄。身灣腰折忽分枝，水緩沙停須注意。土方之數初無成，曲真寬狹貴持衡。欲知形勢憑灰綫，要量高低用水平。從出水推至進水，區分應減與應增。低者減，高者增。各段適中平正地，記取封墩作準繩。高釘木樁鈐灰印，灰印當頭覆瓦罌。繼此復勘收功者，均來據此以爲憑。土封既畢通盤計，需費金錢數亦清。中有尚未斷流汊，先於兩頭築堰壩。逐節翻塘速開挑，灰印如前杜影射。挑得淤泥拋遠墟，近則水衝卸復淤。一河必有兩岸翼，即以挑淤作培埴。

河既深兮隄亦高，是爲一舉而兩得。江北民田最宭寙，水無出路空咨嗟。我特爲之尋出路，予在荊州，據諸生萬慶陽、葉嘉雲呈，於三月初旬親勘，往返八日。一葉扁舟泛水涯。新燕喜迎天欲霽，春風暖皺浪生花。尋到福田、新隄首，即古茅江、水港口。前朝堵塞築長隄，百年被害誰之咎。監利縣福田寺即古之水港口，沔陽州新隄即古之茅江口。前明大學士張公居正因有關其祖墳風水，築隄堵塞。決計重開兩隄頭，宭田積潦自通流。江漲倒侵亦大患，白圭治水豈良謀。去患防患寧無法，開隄建立兩橫牐。冬春啟開協時宜，高下後先垂令甲。予定章程，每年十月十五日，先開新隄牐。十月二十日，次開福田牐，不以鄰垸爲壑。三月十五日，先閉福田牐。三月二十日，次閉新隄牐，不使江水倒灌。牐爲疏通最要工，伐石端方面面同。梅花馬牙深入固，牐底木椿名。雁翅燕尾密排豐。牐口上下牆石名。牆邊土餒須堅實，閘牆外填用三合土，夯築堅實，俾免滲漏。縫裏灰漿務結融。閘底及閘牆石縫中，以糯米白礬熬汁，和以細灰，乘熱灌入，俾得流通融結。漢南三牐久湮塞，永奠、陳公、程文吾等三閘皆屬沔陽境。恢復亟須人盡力。曾家溝下閘新增，可期水患全消釋。土方估計弊何如，合計築隄、疏河土方價值。弊實恒開勘估初。估挑淤河十目視，積淤深淺弗模糊。不能以少報多。估修舊隄十手指，舊土高寬應簿書。不能捏舊爲新。細開原有老形勢，均要明明一例除。或就河中最淺處，或就隄中最矮區。統連上下朦朧計，不得就最淺最矮處以概上下，數十百丈統計弊混。一半實價一半虛。價實價虛嗤苟且，何若平分難易定多寡。挖河之土有旱方、泥方、水方之別，修隄之土有上方、下方之分，又均有挑運遠近不一者。兼築專挑事不同，疏河或兼築隄岸，工難而價則多。或專挑河，工易而價則寡。作基鋪頂功難假。修隄先作基，工易而價則寡。後鋪頂，工難而價則多。憑此事功計土方，酌分價值乃精詳。工員若赴藩庫領，道途僕僕費周章。方伯發儲各郡庫，每府每次或二三萬、四五萬兩不等。就近查看工分數。隨時動支給傭人，較爲便捷免遲誤。所慮生齒逐年繁，食物增昂已數番。例價不敷情本實，藉口賠累多浮言。通融挹注久相給，百弊叢生填欲海。弊應全除值應加，半倍一倍至二倍。工員因例價不敷，輒虛報丈尺，浮估工方，以爲通融挹注之計。上司明知之，亦姑容之。詎百弊叢生，侵肥日甚。予據實奏明，懇請加價，格於部議，不果行。開河築隄佔民田，衣食無資最可憐。也照買山錢付主，不爲萬佃苦一佃。勿謂心稍盡已足，培邦本形如釜底。有沈田目擊沙堆，連壓畛困至斯極。豈天心苦莫能堪，真民隱蚩蚩。但乞蠲賦恩，爲陳其情蒙俞允。曲防壑鄰不顧人，曾張嚴禁告吾民。詎料民不諒吾意，猶將熒聽言來陳。天門縣士民李純等呈請堵塞牛蹏支河口門，以防漢水之漫，是曲防也。鍾祥縣士民李啟等呈請開疏鐵牛關、獅子口等處古河，以分漢水之漲，是以鄰爲壑也。牛蹏河能泄漢漲，口門一堵漲彌壯。漲壯必溢漢之隄，小害未除大害釀。獅子口與鐵牛關，一開如頂灌足然。大害直貽數百里，波及天門潛漢川。欲開欲堵皆私見，不顧全局圖己便。斷斷不行心之公，公心寧被群言煽。更有田磽地低微，或冀淤高或淤肥。一方圖利剗隄岸，四鄰受害苦流離。故決河隄有嚴例，懲儆愚頑不嫌厲。訪拏責在有司官，懲一儆百是大惠。最可恨者積弊久，人人視工爲利藪。半侵公項入私囊，始則浮冒繼剋叩。濫委官多弊愈多，人地生疏更掣肘。臧獲朋比慣爲奸，其飢如鷹盜如狗。猾胥蠹役性貪污，攘竊兇於寇盜手。吁嗟乎！源污流濁誰導之，表正影端念在茲。從古人存政自舉，用非其人百事非。卓哉王邱兩觀察，王觀察名正常，字方山。邱觀察名勛，字芙川。皎日爲心玉作骨。明揚奏牘責成專，總理鴻工能果決。方山分持北路綱，安陸、荊門及漢陽。芙川分持南路籌，沔陽半壁一荊州。郡守分疆司考覈，荊州周太守季堂、安陸邱太守埰、署篆胡觀察鏻、署荊門王司馬樹勛、漢陽劉太守斌。牧令各專地方責。工巨如需襄贊人，僚友之中自簡擇。推賢讓能懋大工，協力同心熙偉績。或堵或濬事幾何，繪圖著說隨方策。原估無虛覆勘精，直將百弊一齊革。古直農時戒勿違，農隙冬春貴及時。雨稀水涸堪趨事，地燥土堅始固基。欲爲烝黎培氣脈，先平江漢起瘡痍。工竣分途親往驗，奉諭勑，俟委員修濬。工竣，汪志伊、章煦仍當親往驗收，務令工歸實用。沿河隄上柳依依。河既深通隄硈礨，十年保固責尤重。夏波狂，秋濤湧，獾掘洞，蟻穿孔。攜持畚鍤共巡防，督率堡夫常護擁。囘思往事慮將來，安得江恬漢靜長？無恐刪定章程三十三，陳太守桂生、景司馬謙草創之，幕友褚茂才全德討論之，予復刪其繁苛，增其缺漏。縷析條分瑣細談。行水不能行無事，抗懷千秋對禹慚。厥土塗泥書自夏，田惟下中賦上下。大害能除利即興，是所翹望群賢者。

卷一

圖記總敘

昔洪水爲害於陶唐，其沈溺者不可勝記。自高山大川重爲神禹所奠，而後千八百〔年〕[①]國之遺民得以更生。遂歷夏及商，下至春秋之時，始有河患。班氏以來，歷代《河渠》各《志》，論之詳矣。

昌烈於辛巳之冬自豫來楚，幾二十年，習見狂瀾泛漲險易情形，江漢之分合，隄工之起止，凡所閱歷，確訪輿情，更考志乘。雖遠慕前聖之遺則，近讀往哲之成書，身受名臣之指使，未能一勞永逸，時慮疏虞。不揣固陋，謹圖江漢大略，及兩大川所經各州縣之隄工，并敘其說於左。

---

① "年"爲此次整理補。

江漢全圖

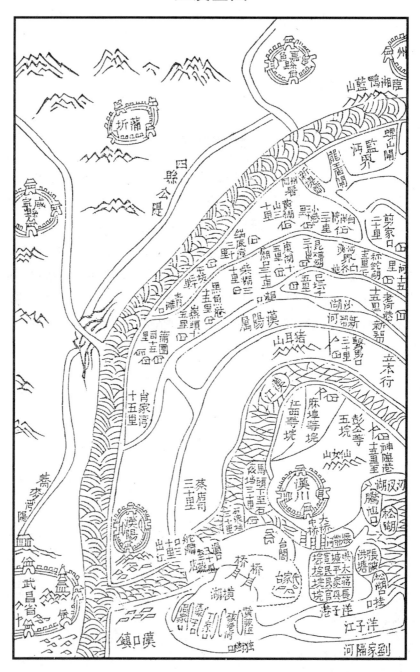

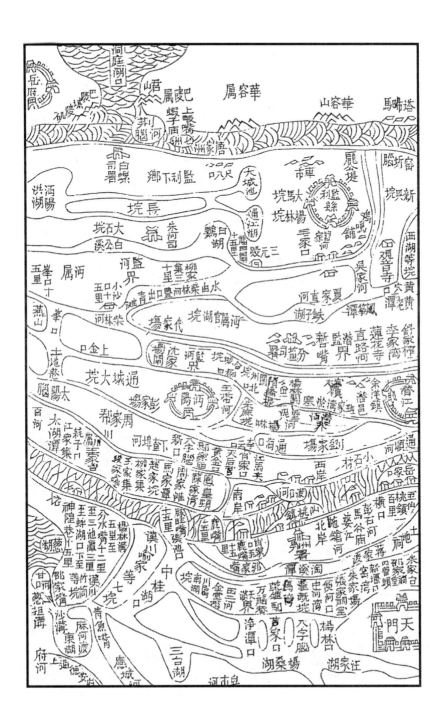

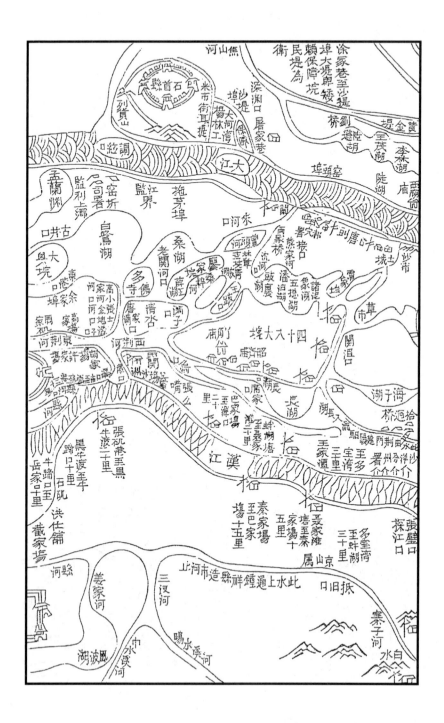

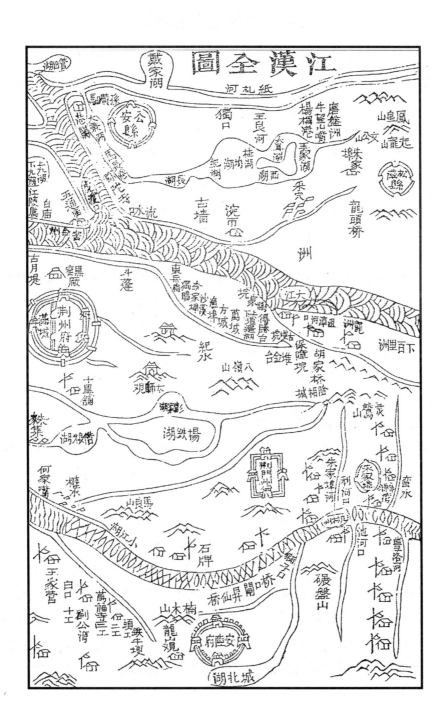

江漢二川經流各州縣考

江水出四川之岷山，東南流經咨馬、東丕、祈命、商巴四土司，過漳臘營西，又南過松潘廳東及平番、叠溪兩營之西，又東南過茂州西，又西南經岳希、牟托兩土司，過汶川縣西，又南過灌縣及崇慶州之西，又東南過新津縣東，又南過彭山、眉州、青神三州縣之東，又南經峰門、平羌兩馹過嘉定府東，又東南經三聖馹過犍爲縣東，又東南經月波、真溪、牛口三馹，又東過敍州府北，又東北過南溪縣南，又東南過江安縣北，又東北過納溪縣北及瀘州南，又東南過合江縣北，又東北過江津縣北及重慶府江北廳對郭兩城之東、長壽縣之南。又東南過涪州北，又東北過酆都縣及忠州之南，又東北經壤渡馹過萬縣南，又東北經周溪、巴陽兩馹過雲陽縣南，又東北經安平馹過夔州府南，又東過巫山縣南，又東經萬流馹入湖北境。又東過巴東縣北，又東南過歸州南及宜昌府西宜都、枝江兩縣之東，又東北過松滋縣北，又東經虎渡口及沙市，又東南經郝穴過監利縣南，又南經湖南之臨江馹，又東南與洞庭合。經城陵磯，又東北過臨湘縣北及湖北嘉魚縣西，又東北經牌洲、金口、沌口三司過武昌府之西對郭漢陽府之東，而漢水入焉。

漢水源出陝西寧羌州北嶓冢山，名漾水。東流至沔縣、褒城，漢中府城固、洋縣、西鄉、石泉、漢陰、紫城、興安、洵陽、白河。入湖北之鄖西、竹山，鄖陽府竹谿，均州光化、穀城，襄陽府宜城，安陸府鍾祥、荆門、京山、潛江、天門、沔陽、漢川而至漢陽縣，漢口合岷江。

岷江源流考

岷江之源出於黃河之西，《漢書》所謂"岷山在西徼外，江水所出是也"。而《禹貢》導江之處在今四川黃勝關外之乃裙山。古人謂江源與河源相近，《禹貢》岷山導江乃引其流，非源也。自黃勝關流至灌縣，分數十支，至新津縣復合而爲一。東流至敍州府與金沙江合流，經夔州府入湖北界，由荆州府至武昌府，與漢水合。

清江河記

清江河在宜都縣北門外，匯長陽、長樂、鶴峰州以上諸山之水而入大江。夏秋汛時，山水暴發，奔騰澎湃之勢，頃刻丈餘，洶湧異常，幸消退尚易。冬春乾涸，僅通小舟。

東西二漢水辯 王士正

漢水有東、西二源，自桑欽、常璩、酈道元以來，諸説紛紜，轇轕不解。予嘗兩入秦、蜀，於東漢則探其源，於西漢則窮其委，因爲辯之。按百牢關下有分水嶺，嶺東水皆北流，至五丁峽北合漾水，入沔而爲東漢。嶺西水皆南流，逕七盤關龍洞合嘉陵水而爲西漢。《黃氏日抄》云：“漢水二流，一出秦州天水縣，謂之西漢水，恭州巴中縣入江；今重慶府巴縣。一出大安軍三泉縣，謂之東漢水，至漢陽軍入江。”觀此，則二漢水源流益洞然矣。

松滋全圖

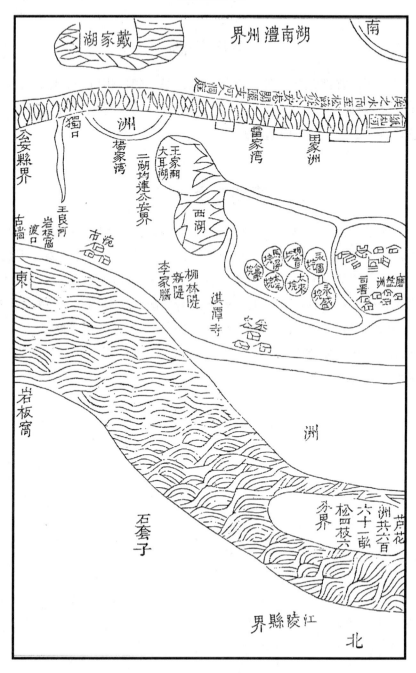

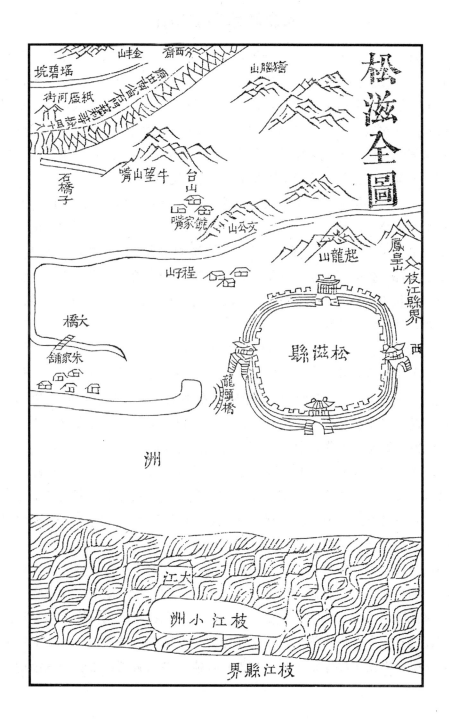

松滋全圖

松滋縣水利隄防記

江水發源於岷山，出三峽歷虎牙建瓴而下，匯宜都清江諸水，勢益滔天。自枝江縣羊角洲入縣境，歷朱家鋪、采穴至浣市，下達江陵，延長七十餘里。舊有采穴以殺江流，今已淤塞。明隆慶中，議者謂，采穴口當諸穴之首，在江南岸原有故道，自隄口起六十里，沙河下達洞庭，必當開濬，以寬下流之決潰。部議從之，後復不果。隄自縣東門龍頭橋起，至浣市止，北岸石套子挑溜南趨，浣市遂成險工。

紙廠河在縣東南，發源於南省之石門、慈利等縣，匯諸山四十八溪之水而入公安縣境。春夏山水陡漲，洶湧異常，然一二日間即消退。自道光十一年浣市隄潰，將河之北岸子隄洗刷殆盡，楊桐港沖潰數口，邑之下八都、公安、毛字、四里，江陵之謝家等垸被淹，民力維艱，至今尚未修復也。官垸八：太平、太來、觀音、瑤碧、永固、永盛、馬溪、合衆，其餘皆屬私垸，應毀。

大江隄：縣東門龍頭橋起，麗家灣民隄、朱家埠民隄、上車老堰民隄、下車老堰民隄、左衛劉鸞鳳軍隄、右衛張會軍隄、左衛羅庶軍隄、左衛庶蠻兒軍隄、左衛羅民兒軍隄、右衛七里廟軍隄、荆衛七里廟軍隄、左衛許學信軍隄、七里廟民隄、牛路口屯隄、左衛但守貞軍隄、左衛張友林軍隄、左衛田仲賢軍隄、左衛陳秀軍隄、右衛龍華鋪軍隄、左衛許冬兒軍隄、右衛張稱兒軍隄、左衛張春軍隄、右衛佘家灣軍隄、馬黃岡民隄、左衛皮李鸞軍隄、鐙盞窩民隄、黃木嶺屯隄、荆衛黃木嶺屯隄、黃木嶺民隄、范家堰民隄、煙墩灣民隄、采穴口民隄、高山廟民隄、右衛圭形軍隄、圭形屯隄、高山廟民隄、李會屯隄、孟堰坑民隄、荆衛月隄、左衛雷林軍隄、胡思堰屯隄、左衛龔甫軍隄、荆衛胡思堰軍隄、胡思堰民隄、石衛胡思堰軍隄、淇潭寺屯隄、右衛趙王津軍隄、陳遠坑民隄、王滿灣民隄、左衛王英軍隄、胡堰民隄、獨楊樹民隄、沙洲廟民隄、左衛丁恩軍隄、左衛王堂軍隄、左衛鄭應時軍隄、右衛上馬家墻軍隄、右衛下馬家墻軍隄、楊潤口民隄、左衛張國興軍隄、荆衛楊潤口軍隄、左衛張國興軍隄、楊潤口屯隄、余頂兒民隄、余頂兒屯隄、右衛雷荼軍隄、余頂兒民隄、左衛上古軍隄、荆衛余頂兒軍隄、左衛下古軍隄、右衛余頂兒軍隄、余頂兒屯隄、左衛古隄軍隄、左衛上史家灣軍隄、上史家灣民隄、中史家灣民隄、右衛中史家灣軍隄、史家灣屯隄、荆衛中史家灣軍隄、左衛中史家灣軍隄、下史家灣民隄、右衛江灌子軍隄、左衛江灌子軍隄、荆衛江灌子軍隄、浣市民隄、險工。懶龍屯隄、懶龍民隄、荆衛懶龍軍隄、古牆民隄。

自麗家灣起，至古牆交界止，共長九千零四十六丈七尺。内有荆正衛隄四百五十七丈四尺六寸，左衛軍隄二千一百四十三丈八寸，右衛軍隄六百八十四丈七尺，共軍民隄一萬二千三百三十二丈，計七十八里五分。

江陵全圖

江陵全圖

江陵縣水利隄防記

江水南岸自松滋浣市流入縣境，歷古牆、虎渡口、白廟、尹家塌六十餘里，而入公安界；北岸自枝江縣入境，萬城官工距江尚遠，至楊林磯江勢北趨，歷黑窰廠、沙市橫隄、官工止。阮家灣、郝穴，至拖茅鋪入監利境止，延長二百二十餘里。中有虎渡支河分洩江漲，險工林立，官工尤爲緊要，昔之獐捕、鶴穴，久經堵塞。

襄水自潛江澤口入長湖，逆灌草市，順流從直路河、府場河入監利、沔陽境，出青灘、沌口。

楊水發源於紀山，北會紀南諸水，出板橋，逕龍陂，入海子湖。紀西自棗林岡、匡家橋，與八嶺以西之水同會楊溴橋，歷梅槐橋入沙灘湖，逕秘師橋、太暉港達城濠，逕草市入長湖。

沮水出房縣景山，漳水自臨沮至當陽注焉，逕鄳臺入江陵界。舊有兩河口、窰口以殺其勢，下流至荊，出水師營入江。今窰口淤塞，水師營外洲阻遏，至笥箕窪始達於江，以上大隄更爲喫重。

虎渡口洩大江盛漲，從公安、澧州以達洞庭。舊兩旁皆砌以石，口僅丈許，故江流之入者細。自吳逆蹂躪，石盡毀折，今闊數十丈矣。

鶴穴口，大江經此分流入紅馬湖，注潛水合於漢。明隆慶二年，塞獐捕穴在文村上。元大德間，重開六穴口，江陵則鶴穴，監利則赤剝，石首則宋穴、揚林、調弦、小岳，而獐捕不與焉。又松滋采穴，潛江里社穴，合此爲九穴。荊門州南建陽河，一名建水，會沙河、孟子港及源出白家山之左溪河由直江注於長湖。

沙洋西南俗名青村，有楊鐵、彭塚、借糧等湖，水勢浩淼，各由支河匯注於三汊河。一曲〔由〕[1]潛江達於襄河，一由荊河而歸長湖。

三海即海子湖、長湖。在城東北，水出蛟尾，與漕水合流，匯於三湖。初，江陵平衍，道路通利，以水爲險。孫吳時，引諸湖及沮漳水浸江陵以北地，以拒魏兵，號爲北海。孫皓時，陸抗勑江陵督張咸作大隄遏

---

① 據上下文，"一曲"當爲"一由"。

水，漸漬平土，以絕寇叛。唐貞元八年，曹王皋爲荊南節度，江陵東北七十里有廣田傍漢水，古隄決壞者二處，皋始塞之，廣良田五千頃，蓋即北海故址也。五代周顯德二年，高保融復自西山分江流五六里，築大堰，亦名北海。宋紹興三十年，逆亮渝盟，李師蘷櫃上下海以過敵。乾道中，守臣吳獵嘗修築之。開禧三年，守臣劉甲以南北兵端既開，再築上、中、下三海。淳祐中，孟珙兼知江陵，修復内隄十有一，別作十隄於外。有距城數十里沮、漳之水，舊自城西入江，因障而東之，俾遶城北入於漢，而三海遂通爲一。又隨其高下爲八櫃，俗名九隔。以蓄洩水勢，三百里間渺然巨浸，遂爲江陵天險。金人嘗犯荊門，距江陵纔百里而去，知三海爲之限故也。

北岸大隄：堆金臺、民工。得勝臺、民工。上逍遥湖、官工起。下逍遥湖、上萬城、下萬城、上方城、中方城、下方城、上漁埠、下漁埠、上沙溪、下沙溪、上李家埠、下李家埠、上獨陽、中獨陽、下獨陽、東嶽廟、上斗蓬、中斗蓬、下斗蓬、楊林石磯以上縣丞屬。子埝高磯頭一丈二尺七，土壩長一百四十八丈，石磯長二十一丈，崩去三尺，土壩高磯三尺四寸。黑窰廠、險工。黑窰廠石磯土壩長十八丈八尺。古月隄、觀音石磯土壩長十一丈零一尺。上柳林、下柳林、唐剅、橫隄。官工止，當東南風險要。

自上逍遥湖起，至橫隄止，官工共二十五工，連堆金臺、得勝臺民工二段，共長一萬六千零二十三丈，計八十八里六分。

阮家灣、以下民工。黃灘、楊二月、險工。柴紀、登南、險工。獐捕穴、觀音寺。稀柳灣、長樂隄、岳家嘴、范家淵、梧桐橋、以上沙市汛屬。上林腦、下林腦、方家淵、馬家寨、冲和觀、險工。祁家淵、雙聖壇、周家坑、上潭子湖、險工。下潭子湖、龍二淵、石磯，石岸，險工。上新開、石工。下新開、范家閘因江逼近，今廢。冉家隄、上熊兩工、下熊兩工、上雙淵、下雙淵、石首南隄、以下當東南風。上金菓寺、中金菓寺、下金菓寺、上孟家淵、中孟家淵、下孟家淵、永定隄、羅家灣、拖茅鋪。以上郝穴汛屬。

阮家灣民工起至拖茅鋪止，共四十二工，長二萬三千一百十二丈，計一百二十八里四分。

南岸西大隄：上古牆、險工。中古牆、險工。下古牆，險工。三工長三千九百六十丈，計二十二里。

南岸東大隄：五通廟、崔家工、石家廟、三元觀、東嶽廟、白廟兒、險工，月隄。上太平、下太平、接官廳、小江埠、龍王廟、蕭石嘴、張家淵、王家淵，自五通廟至王家淵止，共四十餘里，長七千三百八十丈。

西岸支隄：興隆工、流水口、二節工、三節工、四節工、五節工、彌陀寺。六節工、七節工、八節工、九節工、周家坑、上楊林湖、下楊林湖、王家湖，自興隆工起，至王家湖止，共四十五里，長八千一百丈。

東岸支隄：曹家垸、化成寺、江瀆宮、麻家隄、梁家隄、曲老垸、團州垸、吳二垸、蕭二垸、茂林垸、王家垸，自曹家垸起，至王家垸止，共五十二里，長九千三百六十丈。

襄河隄：沙橋門起。頭工、二工、三工、四工、五工、六工、七工、當風。八工、當風。九工、十工、關汨口正當長湖風浪，必須估辦石工。十一工，正當長湖風浪，必須估辦石工。自頭工起，至十一工止，計二十二里，長三千九百六十丈。自陳子頭至觀音壋二十里皆民垸，無工。

觀音壋、當風險要。昌麻壋，當風險要。自觀音壋至昌麻壋，計七里，長一千二百六十丈。自昌麻壋下首起，至孟屯寺止，十七里，高嶺，無隄。

上五谷垸、距高嶺數十丈，無隄。下五谷垸、西旺垸、習家口在垸界中，有閘一座。竺汉垸、新興垸，丫角廟在垸界，王跛子口在張家塲下，水從淵子口出三湖。自上五谷垸起，至張家塲止，計四十餘里，長七千五百餘丈。

公安全圖

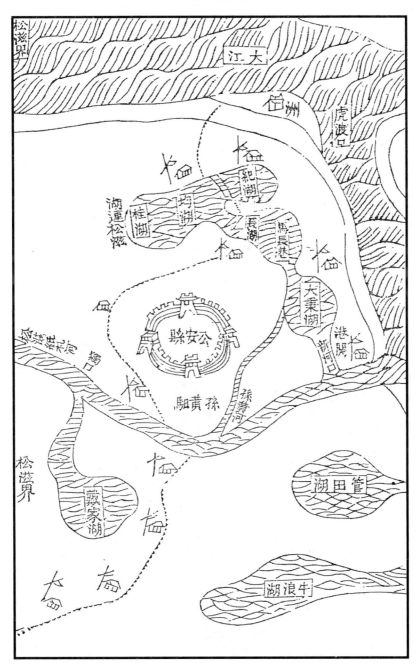

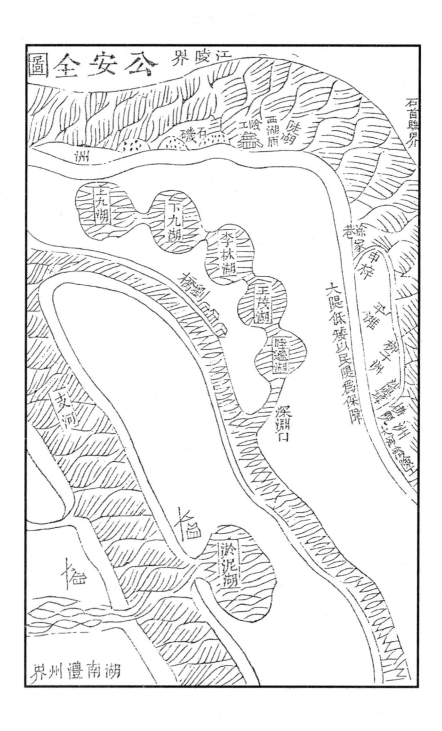

公安縣水利隄防記

江水自江陵尹家塲流入境，下至石首楊林工，長一百二十餘里，土〔上〕^①有虎渡支河分洩江流。公安之隄完固，則下游之石首、安鄉、華容俱受其福。江陵、松滋之隄不戒，則公安先受其災。沿隄險工林立，防護維艱。自涂家巷起，至沙隄埠止，大隄四十餘里，卑矮殘缺未修。所賴申梓、平灘、柳子三洲民隄爲護，然亦單薄可慮。至西湖廟石工、興隆工、高李么，坍岸逼近，大河灣單薄，其明險又不待言矣。

虎渡口支河上接江陵李家口，中匯松滋紙廠河，下灌澧州而入洞庭。原口門僅寬丈許，吳逆蹂躪，折毀石工，今口門寬數十丈。黃金口上之三穴橋又傾圮無存，明知縣俞鼎建。無所約束，狂瀾奔溜，刷岸摧隄，勢極險惡。雖有黃金支河分洩，然久已淤墊，盛漲時甫通舟揖〔楫〕^②。支河兩岸民隄各長四十五里，兼之單薄卑矮，每歲伏秋時在在險要，沿隄居民不能安枕，必須增高倍厚，乃得無恙也。

黃金口即油河口，亦分洩支河之道也。至劉橋北岸已無隄束水，積淹之患無歲無之。下與焦山河匯而入洞庭，半皆淤塞，盛漲時甫通舟航。

紙廠河自松滋流入縣境獨口，經范家三淵從港關入支河，下達洞庭。夏月，山水驟漲，兩岸隄防危險。自松滋楊桐港潰後，至今未修，分洩山水，漫淹松邑，下八都，而公安毛字四里亦成巨浸，江陵亦有帶淹。馹遞不通，文報迂滯，水出蘇家渡，蘇家渡上之高武壋亦淤淺。仍歸紙廠河入港關。陳唐河口久已墊高，工費浩大，難以開疏矣。

江隄：吕江口、上灌洋、下灌洋、毛家巷、杜揚劉、險工。自杜揚劉至西湖廟，距戴家塲支河僅五里。蔡尹工、石磯二道，險要。許劉周、險要。西湖廟、險要。右衞白家灣軍隄、正衞雷四灣軍隄、田家灣、正衞雙石碑軍隄、林家淵、黃家灣、坍岸近隄。窑頭鋪、興隆工、王家淵、楊公隄、陡

---

① 據上下文，“土有”當爲“上有”。
② 據上下文，“舟揖”當爲“舟楫”。

湖隄。東壁橋、高李么、坍岸近隄。朱家灣、龐揚林、陳三公、長濠隄、何家潭、險工。涂廷芳，涂家巷。以下大隄自十、十一等年江水將内幫洗刷，又且卑矮，工程浩大，不能加修，所賴申梓、平攤、柳子三州民隄爲保障。

沙隄鋪〔埠〕、[①] 以下險工。張楊工、張詹李、龔張黃、石首正衛軍隄、公屬右衛軍隄。下接石首界楊林工。

補涂家巷至沙隄埠大隄卑矮殘缺未修名目：張朝慶、右衛鄭家潭、羅楊黃、清溪口、陳張何陳、周陳黃、黃廟祠、周張邱、葉胡林，老隄、較沙隄埠矮七尺。

自吕江口起，至石首界止，共長二萬二千六百六十六丈五尺，計百二十里。

西支隄：李家口、龍秉習、朱詳治、魯田龍、田羅陳、響水灣、右衛軍隄險工。毛公壋、險工。咼家汊，自李家口起，至咼家汊止，共長八千三百六十丈，計四十六里。

東支隄：沙河口、黃金口。文蔡祥、王徐張、吳胡隄、寺李大、潘家壋、杜家剅、蕭三口、黑狗壋、鄧家榨，自沙河口起，至鄧家榨，共長八千五百四十丈，計四十七里。

---

① 據上下文，“沙隄鋪”當爲“沙隄埠”。

石首全圖

石首縣水利隄防記

江水自公安新開鋪入境，歷楊林、煙堆、馬林、响嘴、楊樹各工而至縣城，北趨至監利之壺瓶滘止。古有柳子口、楊林穴、小岳穴、宋穴、調絃穴，以洩盛漲。今故道盡湮，止存調絃一穴。元季累開累塞。自明隆慶開濬，不復淤湮。然其利可以洩湖水之溢者，十居其七，可以殺江水之怒者，十居其三。古今時勢不同，江流遷徙靡常，穴口之開，斷難議復。故今之言水利者，必以隄防爲首重焉。

調絃穴在縣東五十里，分洩江流，經焦山河入華容境，注洞庭。

焦山河上承調絃之江水，而下匯黄金口支河，入洞庭。

北岸之隄，在江陵境者有石首南隄一段，在監利境者有毛老垸隄一段。

外洲皆石首所屬官私數十垸，自新塲橫隄一潰未修，百十里之膏沃悉付波臣矣。

江隄：楊林工、煙堆工、馬林工、響嘴工、楊樹工，自楊林工起，至楊樹工止，長五千三百零五丈，計二十九里五分。

頭工、縣北門起。二工、三工、四工、五工、六工、七工、八工、九工、十工，即梓楠隄，抵列貨山。自頭工起，至十工止，長三千五百五十丈，計十九里。

監利全圖

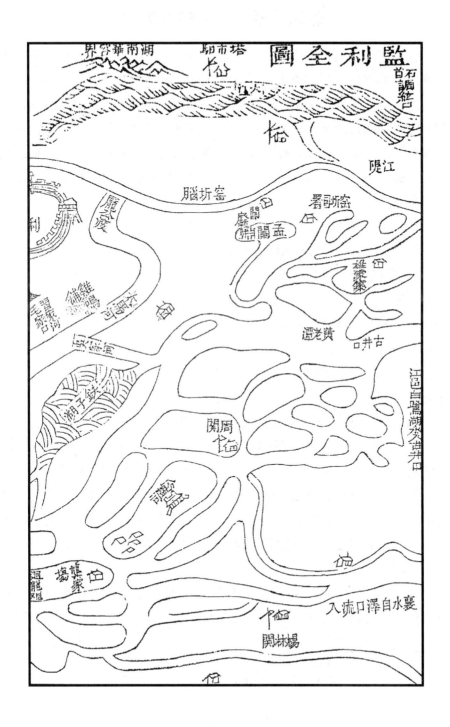

監利全圖

監利〔縣〕^①水利隄防記

江水南岸自石首塔市駰入境，北岸與江陵拖茅鋪接壤，歷三百餘里至荆河口與湖南水合。車市南岸有黃土港，盛漲則舟達洞庭。南岸無隄而洲高，尾閭赤剥口久塞。上鄉洲寬，離江七八十里，伏汛則漫灘，一望無際，自朝真觀至窑圻腦數十里皆當南風。道光庚寅、辛卯及己亥年小暑時，水泛風浩，人力難支，下鄉車市一帶江沖隄腳，無歲不崩，尺八口、鄭家灣亦甚。若洞庭倒漾，尺八口先受其害，川南立漲，則全江皆形喫重矣。

襄水由潛江澤口下注，從直路河、府場河流入，匯於柴林河，楊水、夏水從江陵白鷺湖古井口流至柴林河，與襄水合。而出青灘沌口。

上鄉江隄：拖茅鋪、街市土〔上〕^②屬江陵，下屬監利。石首毛老垸、朝真觀、朱三工、鐵牛寺、卡子墻、北埧、劉家湖、中九工、程公隄、紅旆營房、窑圻司隄頭、狗頭灣、荆南山、孟闌淵、有閘瀉白鷺湖一帶之水，惜底高無用，今廢。李家湖、冬青樹、八十工、蒲家淵、流水口、窑灣，自拖茅鋪起，至窑灣止，共長一萬三千九百三十四丈，計七十七里四分。窑圻汛屬。

祖師殿、張景灣、上湖洛淵、下湖洛淵、仙風臺、潭家淵、奈進工、久安月隄、窑圻腦、藥師庵、資安寺、護城隄、鳳皇嘴、黃公垸、半頭隄、九工灣、太和月隄、以下至蔣家腦上中下車市皆險工。順鎮月隄、長保月隄、久奠月隄、史家月隄、安定月隄、秦家月隄、萬年月隄、永安月隄、安全月隄、長安月隄、萬安月隄、安瀾月隄、蔣家腦月隄、陶家埠口，自祖師殿起，至陶家埠口止，共長二萬二千四百八十八丈，計一百二十五里。縣丞汛屬。

林家潭、巴陵隄一段、長安月隄、長保月隄、袁吳月隄、定江月隄、尺八口月隄、巴陵隄一段、上鎮江月隄、下鎮江月隄、趙劉月隄、

---

① "縣"爲此次整理補。
② 據上下文，"街市土"當爲"街市上"。

楊劉月隄、觀音洲隄，自林家潭起，至觀音洲止，共長七千九百八十九丈，計四十四里三分。朱家河主簿汛屬。

殷公垸、越子垸、平安月隄、白螺司、螺山、有閘瀉沔陽、洪湖一帶之水，惜底高無用，今廢。倪家峰；自殷公垸起，至倪家峰止，共長一萬六千七百二十四丈，計九十二里九分。白螺司汛屬。

太馬河隄：舊從麗公渡通江，明季塞，至今河存。火把隄、紅土隄、劉家鋪、白家灣、雞鳴鋪、北岸水通吳家河古井口。習家河、毛家口、三元殿、福田寺、有閘。柳家集，下至小沙口、豐口，一從蓹家口而出新隄閘，一從柴林河南流而出青灘，一從枰柂湖、昆潭而出沌口。

洞庭全圖

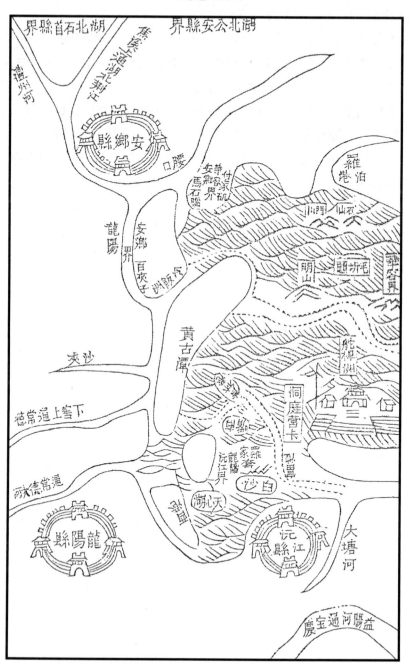

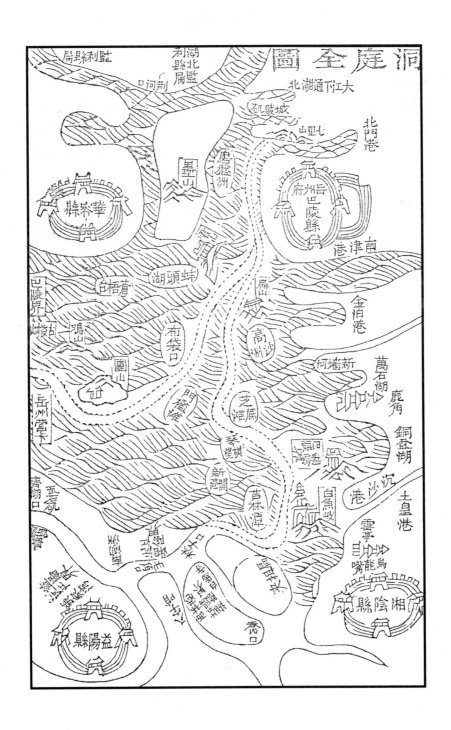

洞庭湖記

洞庭廣袤千里，匯黔、滇、西粵、九江之水，而聚於一湖，陰晴風雨之態，岳陽一記盡之矣。又併漢川之水，下九江，入彭蠡，而歸於海。是以湖水一漲，則荊漢之流不能宣暢，停淤泛濫，隄由此受害矣。冬令水涸，湖心大洲畢露，東湖港汊既多，西湖較寬，然淤淺亦復不少。今之洞庭非三十年前之洞庭也，是以容納無地，故近年江水之為患也甚矣。

九江：沅水，出貴州黎平；漸水，出常德；辰水，出貴州銅仁；敘水，出靖州；酉水，出沅陵；湘水，出廣西桂林；資水，出武岡；瀟水，出永州；蒸水，出寶慶。撫水出沅陵，澧水出武陵。朱子考正，九江去二水，而易以瀟、蒸。

襄陽全圖

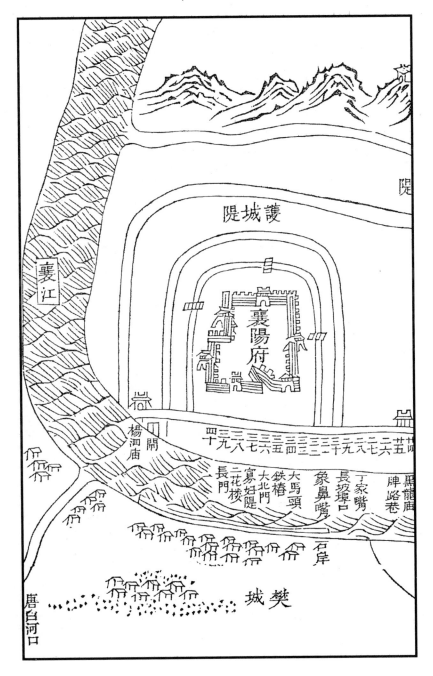

襄陽老龍石隄編列字號、長高丈尺

一號萬山東、五十丈，高三丈，面九丈，腳十一丈。二號舊旺嘴西、五十丈，高三丈，面九丈，腳十一丈。三號舊旺嘴、五十丈，高三丈，面九丈，腳十二丈。四號孔家埠口西、五十丈，高三丈，面九丈，腳十二丈。五號孔家埠口、五十丈，高三丈，面八丈，腳十一丈。六號宋家嘴、五十丈，高三丈，面八丈，腳十一丈。自萬山之東，至宋家嘴，凡六號，共長三百丈，計一里六分十二丈，皆水勢平易。

七號臥鐵牛、五十丈，高三丈二尺，面十二丈，腳十三丈。八號老龍廟、五十丈，高三丈二尺，面十丈，腳十一丈。九號硯窪池、五十丈，高三丈六尺，面十丈，腳十一丈。十號普陀庵、五十丈，高三丈六尺，面七丈，腳九丈。十一號普陀庵東、五十丈，高三丈六尺，面七丈，腳九丈。十二號站鐵牛西、五十丈，高三丈六尺，面七丈，腳九丈。十三號站鐵牛、五十丈，高三丈六尺，面七丈，腳九丈。十四號頭工嘴東、五十丈，高三丈六尺，面八丈，腳九丈。十五號龍窩、五十丈，高三丈六尺，面八丈，腳十丈。十六號龍窩東、五十丈，高三丈六尺，面八丈，腳十丈。十七號二工嘴西、五十丈，高三丈六尺，面八丈，腳十丈。十八號二工嘴、五十丈，高三丈六尺，面八丈，腳十丈。自臥鐵牛，至二工嘴，凡十二號，共長六百丈，計三里三分零六丈，皆臨潭頂沖。

十九號大沙窩、五十丈，高三丈四尺，面八丈，腳十丈。二十號禹王廟、五十丈，高三丈四尺，面八丈，腳十丈。二一號禹王廟、五十丈，高三丈四尺，面八丈，腳十丈。二二號禹王廟東、五十丈，高三丈四尺，面八丈，腳十丈。二三號黑龍廟西、五十丈，高三丈四尺，面八丈，腳十丈。二四號黑龍廟、五十丈，高三丈，面八丈，腳十一丈。二五號黑龍廟東、五十丈，高三丈，面八丈，腳十丈。二六號牌路巷、五十丈，高三丈，面八丈，腳十丈。二七號牌路巷東、五十丈，高三丈，面七丈，腳九丈。二八號丁家嘴西、五十丈，高三丈，面七丈，腳九丈。二九號丁家嘴、五十丈，高三丈，面八丈，腳九丈。自大沙窩，至丁家嘴，凡十一號，共長五百五十丈，計三里零十丈，皆迎水頂沖。

三十號長坡埠口西、五十丈，高三丈，面七丈，腳九丈。三一號象鼻嘴，五十丈，高三丈，面七丈，腳九丈。自長坡埠口西，及象鼻嘴，兩號，共長一百丈，計五分十丈，皆水勢平易。

三二號大馬頭、五十丈，高三丈，面五丈，腳八丈。三三號大馬頭東、五十丈，高三丈二尺，面五丈，腳八丈。三四號鐵樁、五十丈，高三丈二尺，面五丈，腳八丈。三五號大北門、五十丈，高三丈二尺，面五丈，腳八丈。三六號寡婦隄、五十丈，高三丈二尺，面五丈，腳八丈。三七號寡婦隄東、五十丈，高三丈二尺，面五丈，腳八丈。三八號二花樓、五十丈，高三丈四尺，面七丈，腳十一丈。三九號長門，五十丈，高三丈四尺，面七丈，腳十一丈。自大馬頭，至長門，凡八號，共長四百丈，計二里一分二丈，皆近城臨潭。

四十號楊泗廟閘口止，長五十四丈，高三丈，面寬八丈，腳寬十一丈。水勢平易。

通計自萬山之東起，至楊泗廟閘口止，共四十號，長二千零四丈，計十一里一分零六丈。

漢江發源陝西嶓冢山，由漢中、興安、鄖陽入襄陽府境。

鍾祥全圖

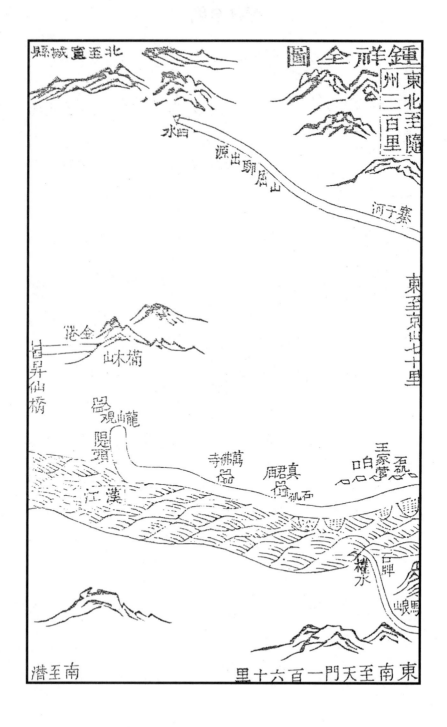

鍾祥縣水利隄防記

漢水出陝西寧羌州北之嶓冢山，東南流至寬川鋪，折東北經大安、青陽兩馹，過沔縣南，又東經黃沙馹，又東南經長寧鎮過漢中府南，又東過城固縣南，又東北過洋縣南，又東經黃金峽，又東南過石泉縣南，又南經漢王城，又東南過紫陽縣南，又東北過興安府北及洵陽縣南，又東南過白河縣北，又東至木瓜溝塘入湖北鄖西縣境。又東北過鄖陽府南，又東南過均州北，又東南經光化之左旗司過穀城縣東、襄陽府北，又南過宜城縣東，又東南經豐樂馹入安陸府鍾祥縣境，又東南經官橋、新添、池河、清平等鋪至府城。以上諸水附入者不詳贅。隄自南門外龍山寺鐵牛關起，至王家營京山縣界止，幾一百餘里。河至石牌馬良山以下收束漸狹，以厄其嗓，故王家營、真君廟、劉公庵最爲險要，每歲徵土，湖鄉出費，山鄉不與焉。

豐樂河出大洪山，竝諸山溪之水而至豐樂馹入漢。今移上宜城界，流水溝入漢。

夷水一名蠻水，出南漳縣境，東北流入縣城南，又東南經武安堰，又東南經麗陽馹入鍾祥縣境。舊由轉斗灣直達於漢，今移上二十里許，曰倒口，橫決而入漢。

利河源出荊門靈鷲山白龍潭，東流至朱家埠入於漢。

敖水名直河，又名池河，受虎峪、溫峽二口之水，西北流迤古都縣之界注於漢。

枝水古名富水，今名富民河，自敖口入城北湖，繞東北西門合金港之水，至獅子口而入漢。

權水由荊門州章山經馬良山而入漢，今爲小江湖。

臼水源出聊屈山，流爲寨子河，東南入京山境，過京山縣南向自臼口入漢。後以隄阻，故由湨口入漢。

漢江隄：法華庵、許家隄、萬佛寺險工三工。新庵、大潭口、從家口、營房、草廟、八工。永鎮觀、劉公庵、真君廟險工，石磯二道，十工。三官廟、楚隄、王家大廟、挂嘴、臼口、中心、王家營，險工，石磯三道。分十六工，計長一萬六千七百三十丈。

荆門全圖

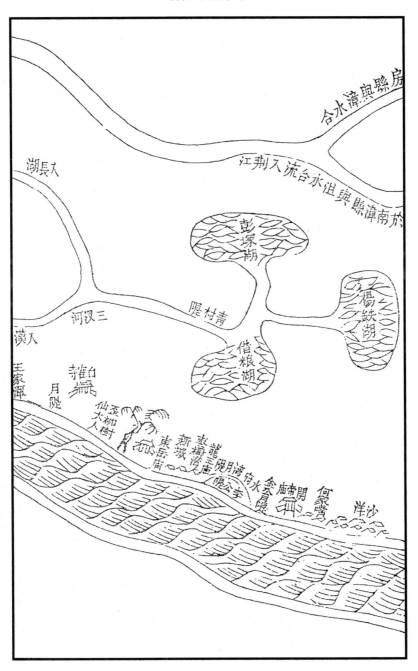

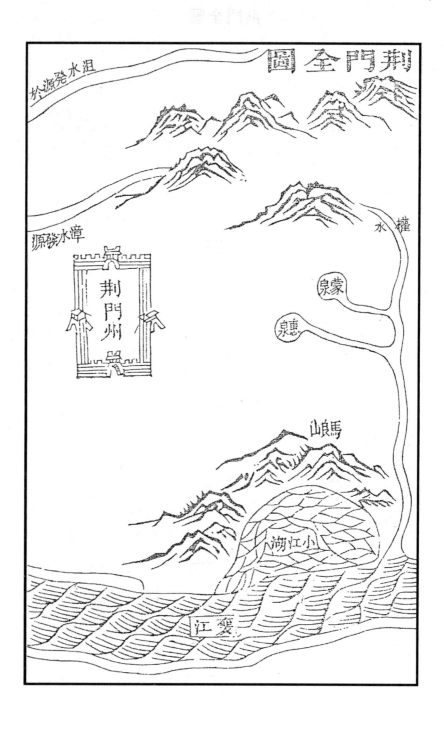

荆門州水利隄防記

漢水自鍾祥縣石牌流入境，經馬良山《禹貢》內方山。爲小江湖，三面環山，一面濱江，有民隄一道，長五十餘里，計九千餘丈，保衛四圍田畝。偶遭漫潰，不能爲鄰邑患。於最低處分建二閘，爲出水尾閭，以時啟閉，而宣洩焉。其下爲沙洋鎮，自何家嘴起，至王家潭止，而達潛江界，連月隄分工十九段，計長五千零七十二丈，計二十五里，爲荆南保障，最關緊要。

權水會蒙、惠二泉及洗澡港、竹坡河，由馬良湖東入於漢。

王子港源出內方山，由小江湖閘東注於漢。

馬仙港、夾港、後港匯彭塚湖水，東注於漢。

建陽河一名建水，會沙河、孟子港及源出白家山之左溪河，由直江注於江陵長湖。

沮水在州之西北，與漳水自北而南注於當陽，凡境內錢家河、姚家河、黃家河，俱附注於漳水而達於荆江。

夷水一名蠻水，又麗河，源出眼臺山，立樂鄉河、南陽陂、官堰河、象河，均匯於利河口，由鍾祥界入於漢。

小江湖古無此名，乃漢水故道。自漢江南徙，遂匯爲湖，漸淤成田，該隄屢築屢潰，業民近已棄令放淤。

沙洋之西南俗名青村，有楊鐵、彭塚、借糧等湖，水勢浩淼，各由支河匯於三汊河，一由潛江而達漢，一由荆河而歸長湖。

京山全圖

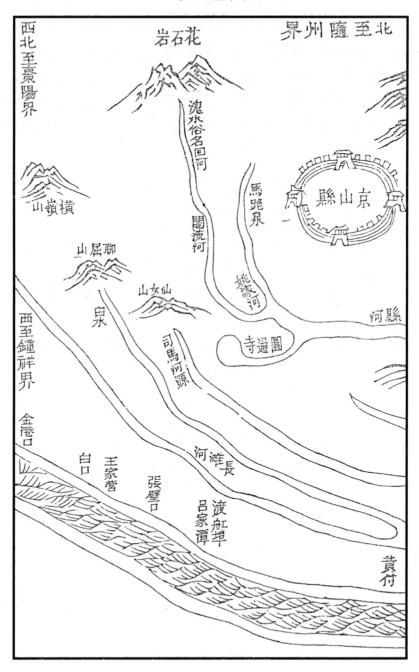

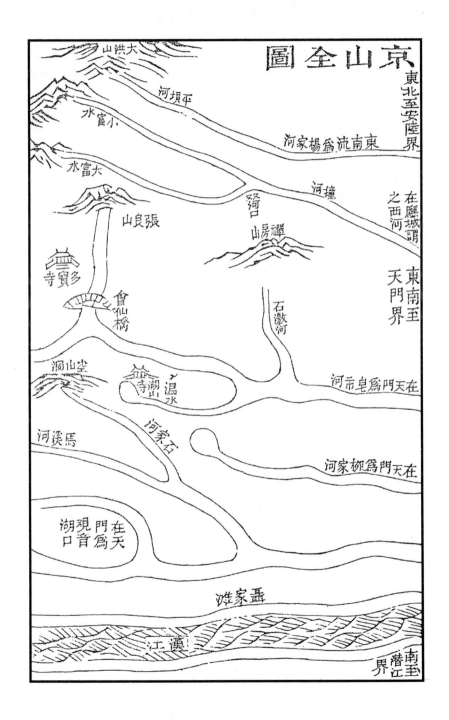

京山縣水利隄防記

縣境多山，非川澤之區，惟西南一隅，地濱漢水。自鍾祥界王家營起，至潛江界止，上防鍾祥隄潰，下爲天、漢保障。本境僅辦頓、羊田、三里受害而已，長一百二十餘里。

平壩河在富水之北，源出大洪山，逕隨州入境，東南流爲楊家河，東入德安府應城縣界。

大小二富水，今名富河，源出大洪山，分東西流，至雙河口合而爲一，土人謂之撞河。又東南流入應城縣境爲西河，經宋河司，過縣城之西門，而南流入於漢。

溾水在城北，源出縣西北六十里花石崖，俗名间流，東南流爲閣流河。又南北流爲姚家河，有圓通寺等峽口諸水南來注之。又會三女橋源出馬跑泉水北來注之。又東過縣城南，有會仙橋水源出張良山，逕多寶寺來注之。又東南會湯頭泉，即温水。又東有石激河，源出禪房山之水自北來，至天門縣東逕皂市，謂之皂市河，南入蒿台湖。

寨子河源出縣西八十里之橫嶺山，南流匯爲河，逕鍾祥縣之聊屈山西，東南爲長灘河，左合臼水，下注於天門縣境。

三澨水，一源出縣南三十里之仙女洞者爲司馬河，南逕蒲圻等寺，合長灘河。

臼水名三汊河，注於小河。一源出趨橫寺黑龍洞，南經馬頭山，又東南入官橋者爲馬溪河。一源出空山洞如意寺，南流合馬溪，上通司馬河，注於天門境者爲石家河，天門人謂之三汊河口。

柳家河源出湖山寺泉水，下注天門。

漢江隄：北岸。金港口、楠栅廟、王家營、險工。馬林口、張璧口、險工。操家口、險工。陳洪口、渡船口、即吕家潭險工。豐樂垸、王萬口、長豐垸、丁家潭、黃付口、唐心口、鮑家嘴、楊隄灣、吕家灣、聶家口，計八十段，共長二萬二千餘丈，計一百二十餘里。

潜江全圖

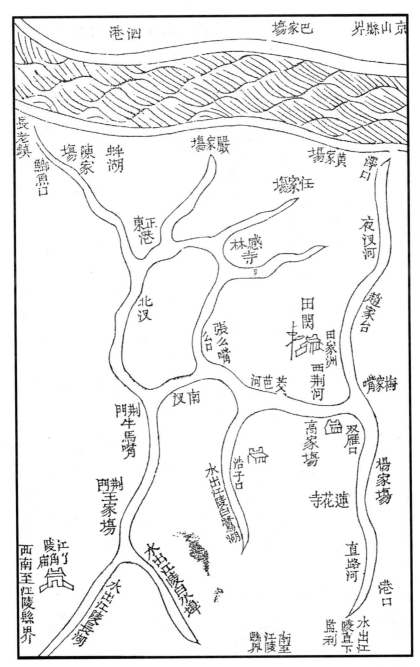

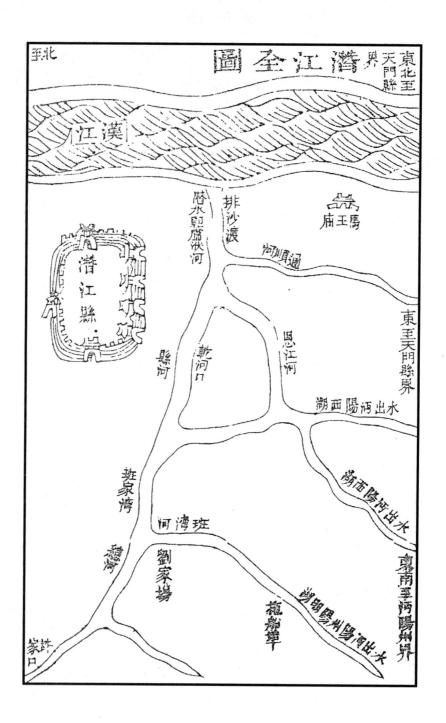

潛江縣水利隄防記

漢江南岸從荆門，北岸從京山入境。南岸西自長一上垸起，上接荆門州之王家潭隄工；東至莫獐垸止，下接天門縣之多多垸隄工，凡十一工，長九十餘里。北岸西自顔家垸起，上接京山縣之聶家口提〔堤〕[①]工；東至車墩垸止，下接天門縣之長溝垸隄工，凡八工，長一百餘里。此外，支河各隄甲於荆、漢，中有澤口及排沙渡二口分洩漢水，然在在淤塞，僅盛漲之時可通舟楫而已，徒有分洩之名，而無其實。漢江千餘里惟賴此宣疏，以殺其勢。今使併力東下，每當盛漲，不特大河時防横溢，即支流亦浩渺靡涯，蓋以旁無潴蓄故也。疏瀹與版築去其一可乎？

澤口南至田關，西爲西荆河，東爲東荆河。

西荆河西北岸自澤口起，至丫角廟止，隄長六十餘里，計一萬五千餘丈。南岸周家磯起，至丫角廟止，隄長二十餘里，計五千餘丈，中有浩子口河，水出白鷺湖。

東荆河西岸自周家磯起，至許家塲止，隄長三十餘里，計五千餘丈。東岸自澤口起，至官木嶺止，隄長八十餘里，計一萬四千餘丈。

縣河口即排沙口，一從班灣河出沔陽，一從通順河亦出沔陽。通順河南岸自潛江葛柘垸起，至吴孔垸止，長四千八百一十三丈。北岸自潛江謪遏垸起，至濫溝垸止，共長四千九百四十五丈。

漢江南岸：長一上垸、長三上垸、坦豐垸、蚌湖月隄、新豐垸、栗林垸、白袱垸、社林垸、黄獐垸、沙窩垸、莫獐垸，計九十餘里，長一萬六千餘丈。

漢江北岸：中泗垸、楊湖垸、樂豐垸、趙林垸、計家垸、太平垸、沿江垸、車墩垸，計一百餘里，長一萬八千餘丈。

---

① 據上下文，“提工”當爲“堤工”。

天門全圖

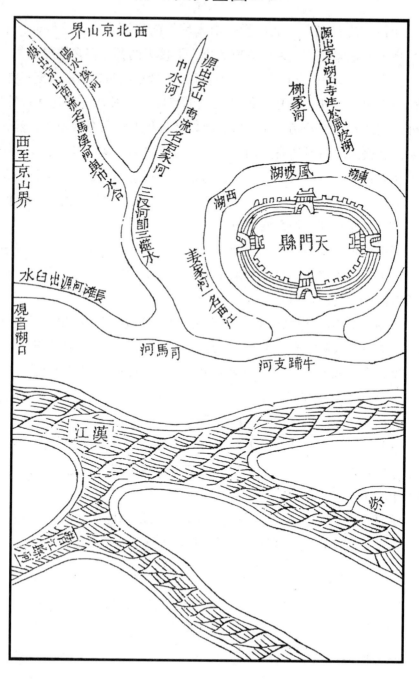

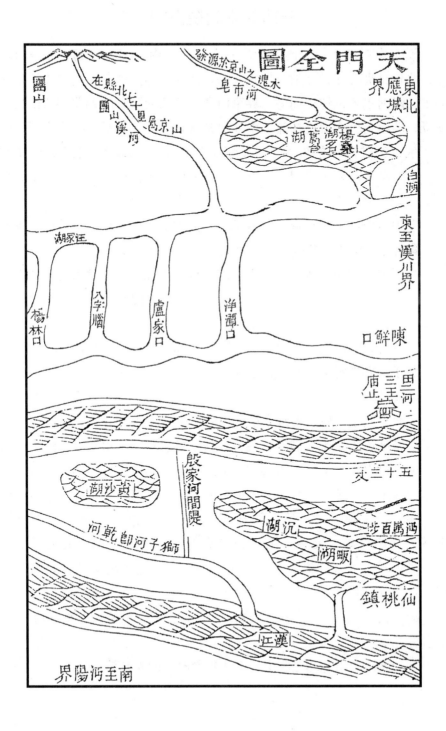

天門縣水利隄防記

漢水由潛江入境，南北兩岸皆束以隄。南自多多垸起，至戴家垸止；北自長溝垸起，至泊魯垸止，而入沔陽州境。地勢東南多水，西北多山。附沔水者，地卑而坦。界京山者，地高而隆。故迤北則資山泉之灌溉，邑南則畏襄漢之横流。南北隄防各百餘里，地居鍾、京之下，唇齒相依，勢難首尾兼顧也。通順河、漢水自潛江縣河口流入，兩岸有隄。南隄自潛江葛柘垸起，歴上中下三古垸、吴孔垸止，隄長四千八百一十三丈。

北岸自潛江遒遏垸起，歴蘆林垸、大剅垸、牛槽垸、梁成垸、谷家垸、報台濫溝垸止，共長四千九百六十五丈五尺。

牛蹏河自北岸流入，亦有隄。南岸自龔半垸起，歴潭家垸至五十三丈止，共隄長二萬三百七十四丈，内五十三丈，隄長一千一百餘丈，天門修一三五形，漢川修二四六形，俱有成案。

北岸自尹家垸起，至漢川田二河止，共隄長一萬七千七百六十丈。

獅子河即乾灘河，在大河之左，牛蹏之右，下至中段河隄入漢，今出入口俱淤。

汊水自西至東横亘者數十里，在縣南東納鍾祥臼水。

觀音湖源出京山長灘河，東流，隨地易名。三十里至漁薪河，又東五十里爲司馬河，又東三里爲三汊河，納巾、揚二水。按：揚水源出京山，南流名馬溪河，與巾水合。巾水源出京山，南流名石家河。又東十里爲姜家河，東折入縣北風波湖。又八里爲楊林口，北達汪家湖。又東三十里爲八字腦，北達沿湖。又東十五里爲盧家口，北達楊桑湖。又東三十里爲浄潭河口，北達白湖。又三十里出縣界，逕漢川禹家港，北達三台湖出隕口。

柳家河源出京山縣湖山寺泉，下注縣北首之風波湖，逕楊林口入汊水。

團山溪河源出縣北之團山，南注楊桑湖，即蒿台湖。

皂市河源出京山縣之溾水，入蒿台湖，下通三台湖。

漢江南岸：多多垸、牙旺垸、馬家垸、上中洲、一區。中中垸、二三四五六區。下中洲、二三四五區。五垸、下老觀垸、石泉垸、長湖垸、豬豕垸、濫泥垸、犴獐垸、漚桑垸、官湖垸、北河垸、七字垸、青泛垸、桑林垸、夾洲垸、戴家垸，共隄長一萬六千八百六十七丈五尺。

漢江北岸：長溝垸、孫楊垸、月兒垸、上老觀垸、范獐垸、洋潭垸、沙溝垸、上中下牛蹄垸、新半垸、龔半垸、上陶林、首區。中陶林、二三區。下陶林、一二三四區。雙湖垸、彭市河、黄沙垸、吳家垸、團湖垸、查家垸、中下殷垸、泊魯垸，隄長六千九百四十四丈。

牛蹄河南岸：龔半垸、潭家垸、白湖垸、虎獐垸、河湖垸、黄洋垸、萬貢垸、殷老垸、麻細裴湖垸、毛湖胡小垸、夾洲垸、施家垸、新冲垸、鄭家垸、河灣垸、馬灣垸、倒套垸、鴉鵲垸、柴頭垸、釵子垸、下沙垸、寶栖垸，五十三丈，隄長一千一百餘丈，分爲六形。天門修一三五，漢川修二四六，俱有成案。

牛蹄河北岸：尹家垸、寒土垸、截河垸、花台垸、趙家垸、高作垸、新堰垸、陳昌垸、南灣垸、西川垸、橫林垸、張台垸、馮思垸、高宋垸、鄒曾彭垸、截築堰麻垸、便文垸、李港垸、灌溉垸、徐魯蘇垸、尹家垸、台坡垸、程鐵垸、長樂垸、左腦垸、觀音垸、社湖垸、三王廟，隄長一萬七千七百六十丈。

沔陽全圖

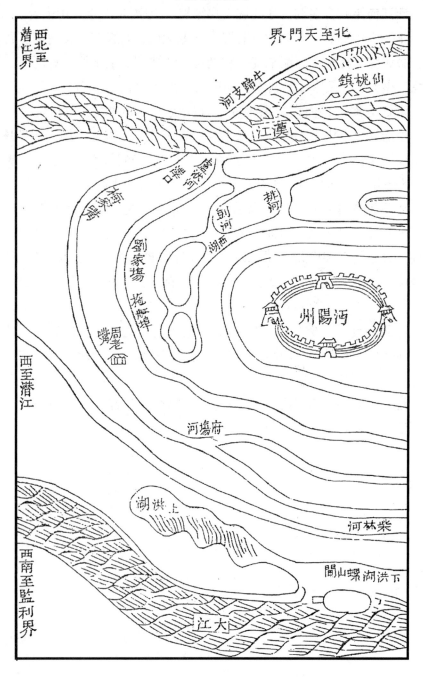

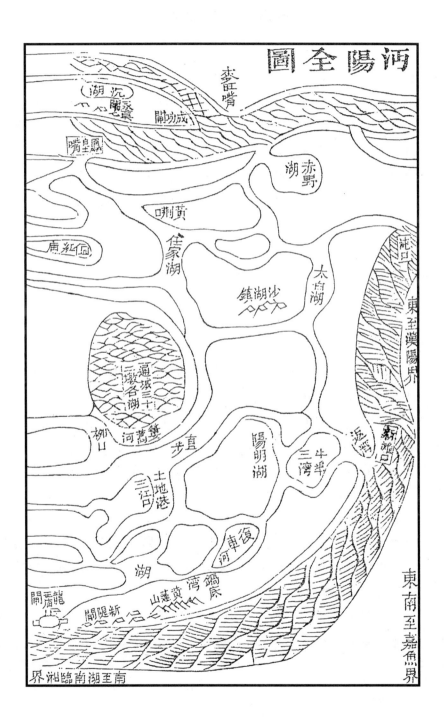

河陽全圖

沔陽州水利隄防記

　　大江從監利縣白螺磯流入境，過南岸新隄、茅埠鎮、黃蓬山、烏林磯，又東北歷李牛魯垸，又十二總垸至玉沙界止，而入漢陽。沔陽固一澤國也，江溢則沒東南，漢溢則沒西北。其穿穴經絡於沔之腹者則潛水也。在昔，湖港淵藪水有容納之區，久而淤墊成洲，墾爲阡陌，且各修垸隄以障之，盡佔水道。境之府場、柴林等河及入洪湖、青灘、沌口下游支河口門節節淤塞，既無瀦蓄，復阻歸墟，無論江、漢隄決，有其魚之憂。即潛水一經暴漲，則巨漫彌天，並積淹無從宣洩。十年久災，未可盡諉之天意也。

　　漢水從天門縣多祥河流入界，南北皆束以隄。南岸自新泊垸起，至芳洲垸止。北岸自潭灣垸起，至團字號東橫隄止。

　　又南岸繞仙桃鎮左右分二支，合流而東，其濱南岸之垸曰桂子、曹家、師娘、新豐、長寄、新勝，又稍南分支河東流達於漢川，其隄向歸民修。

　　又漢隄之北，上承天門牛蹄支河，遝天門下十三垸、漢川屬五十三丈。自馬腦垸起，內包下新字號、灣字號、內白字號、外白字號、中白字號、涼字號、南字號、金字號、八字號、上新字號、張婁字號、馬字號，至北岸脈望嘴，上達於漢川，長一千四百九十九丈零。

　　沈湖之北有曾家閘洩湖水，注於牛蹄支河。湖之西有殷家河間隄一道，又西爲黃沙湖，天門之十三垸在焉。

　　自監利入者名夏水，東北過柴林河，至直步與漢水合。

　　自潛江澤口入梅家嘴，過監利之周老嘴，爲府場河。至沔之通挽垸渡口，入柴林河。達土地港，與班家灣之小河會，同注於洪湖。經黃蓬山至鍋底灣，出新灘而入江。

　　自潛江排沙渡，即縣河口，南流至班家灣，自劉家場分一支爲小河，歷拖船埠至土地港，與澤口之支河會，同瀉於洪湖。其餘支河港汊甚多，不細贅。

大江北岸隄：新隄有閘，龍王廟有閘，俱嘉慶十三年汪制軍修，洩土〔上〕^①游洪湖一帶之水甚爲得力。惜底板朽壞，未敢多啟。西流垸、龍陽垸、上下花垸、史家垸、險工。茅埠垸、險工。楚長垸、險工。預備河隄垸、葉王湖范州垸，計長七千二百五十二丈五尺，州同汛屬。

烏林垸、李牛魯垸、十二總垸、玉沙界，計長八千一百九十六丈，鍋底汛屬。

漢江南岸隄：新泊垸、童潭垸、大石垸、小石垸、仙桃南鎮、新淤垸、楊家垸、蓮花垸、恩隆垸、高字號、嚴字號、泗字垸、芳洲垸，計長九千五百丈零一尺。

漢江北岸隄：潭灣垸、西毛垸、楊林垸、馬骨垸、內包陳螺關三字號。陶北杜三號、上南、中南、永奠閘在其間，洩沈湖之水。下南、湃字號、成功閘在其間，洩沈湖之水。長字號、團字號，至東橫隄止，計長八千零七十八丈。

---

① 據上下文，"土游"當爲"上游"。

漢川全圖

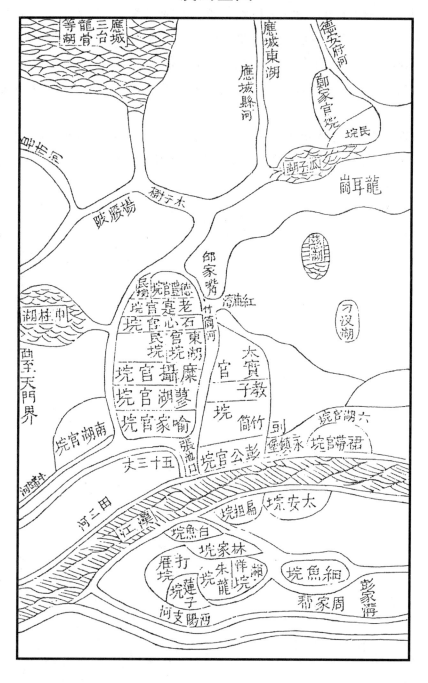

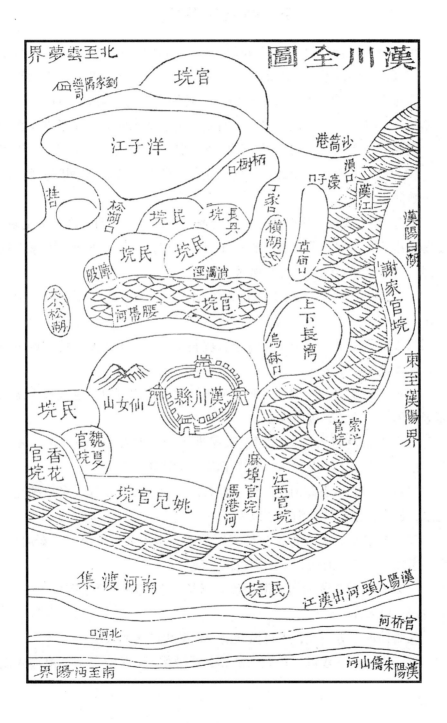

漢川縣水利隄防記

漢江在縣之南，由沔屬麥旺嘴流入境。自西而東，歷沈波亭、分水嘴、三汊潭、蚌湖鎮、城隍港、廟頭集、羊子口，折而北流，過南岸繫馬口，遶縣城東門，過石瀼壋至涢口，抵漢陽縣界，計長一百五十里。縣屬川澤縱橫，為眾水來歸之所，近竹筒河、劉家隔河、洋子港、腰帶河、消渦涇、南河渡、周家幫、邵家嘴、挂口、松湖口、柘樹口、丁家口、濠子口、草廟口、烏缽口，均已淤墊，難資宣洩。然吾圍雖固，而鄰壑難防也。

北岸接沔陽彭公及裙帶、六湖、香花、姚兒、江西、麻埠等七垸，至縣東南止，均築以隄，長一百一十里。南岸則太安、索子、謝家三垸有隄，長三十里，餘俱民垸及廠畈。

又一支西由天邑牛蹏支河自乾鎮駏入田二河，下至張池口，南合漢水，北達竹筒河、蝦子溝，折而東入東湖口，分由洋子港、劉家隔河注涢口以歸漢。又分一小支由喻家官垸斜東北流，至鄧家民垸、蝦子溝集，與乾鎮駏之水會。

又南岸一支自沔陽屬仙桃鎮支河經縣之南境周家幫，過漢陽朱儒山新老幫河，下注於蔡店以入漢。

又縣西北境自天門皂市河至禹家港入境。由張家渡東北流，匯三台、東湖等水，下注東湖口，過洋子港，入涢口。

又西北自應城王龍河出三台、龍骨湖，至左家渡東流，會東湖北來之水，過洋子港同注於涢口，以入漢。

又西自應城縣長江埠，匯德安府雲夢諸水入境，東南流至新河口，出劉家隔河，名曰府河，下注涢口以入漢。

又東北自孝感縣澴河來源南流入縣境，名安河，至柘樹口達府河，下注涢口以入漢。

又竹筒河東分一支，下達城隍港，環縣東門馬頭入漢。

又一支北入汈汊湖、松湖、慈湖，達腰帶河，又名新河，東逕入漢北橫湖，歸涓口以注漢。

由慈湖北出者爲乾河口，由松湖北出者爲挂口，竝經劉家隔河，東注涓口以入漢。

又縣之西南自蓮子垸東流，繞西江亭集，過南河渡集，至漢陽縣之大頭河，注於蔡店河入漢。

漢江北岸隄：沈波亭、分水嘴、三汊潭、蜂湖鎮、城隍港、廟頭集、洋子口、縣東門、石滾灘、涓口，匯德安、安陸兩郡諸水，均歸涓口而入漢江。計長一百五十里，共二萬七千丈。

漢陽全圖

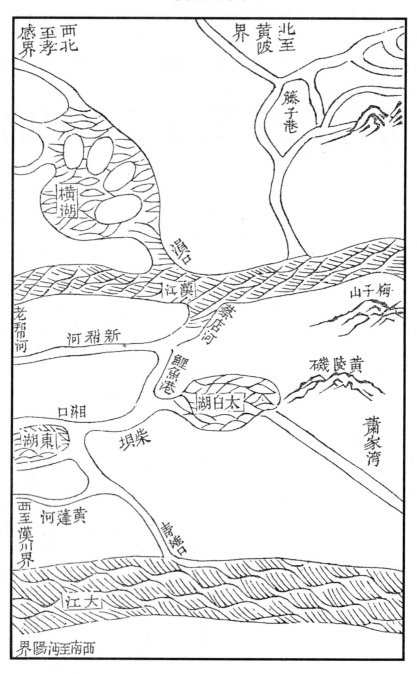

漢陽縣水利隄防記

大江在縣之南，合川、荊、洞庭之水，經監利、沔陽之玉沙界，流入縣之東江腦，又東北流經大小軍山一百五十里至縣城南，抵大別山東北與漢水合焉。沿江間有隄防，未聞其害。

漢水自溳口流入縣境，東過蔡店明嶂山，南流至縣北郭師口。一支經大別山後至漢口，凡一百二十里，入大江。

又一支北出，亦至漢口，名前襄河，乃漢水故道，近已淤塞。

由沔陽仙桃鎮鳳皇頸南出之漢水支流，經縣境之新幫河、蔡店鎮入漢者，名蔡店河。

又縣北四十里，西北通孝感縣界者，爲籐子港，南入於漢。

又分一支，東北會黃陂縣界之毛清河及通武湖之瀤水，東流爲石潭河，至玉沙口，亦名五通口，入於江。

沿江、漢兩岸無山處所俱係廠畈，無隄。故值盛漲，僅一漫而過，旋長旋消，不恆爲患。

漢水又由沔陽柴林河入境，至壩潭、昆潭湖、湘口、山羊頭，而出沌口歸江。

一支由柴林河至小港、黃蓬山、鍋底灣，出青灘口歸江。

嘉魚全圖

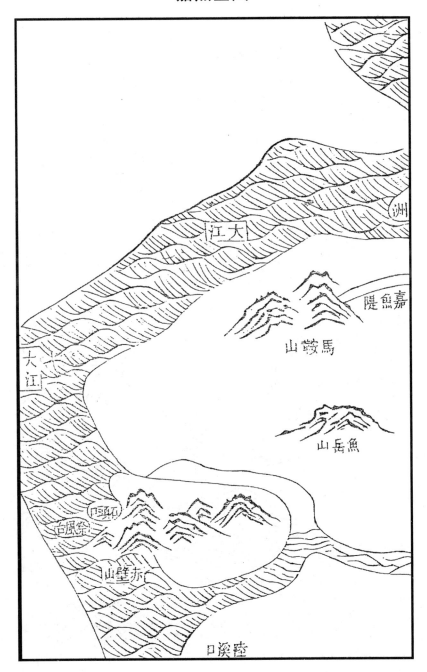

四縣公隄圖

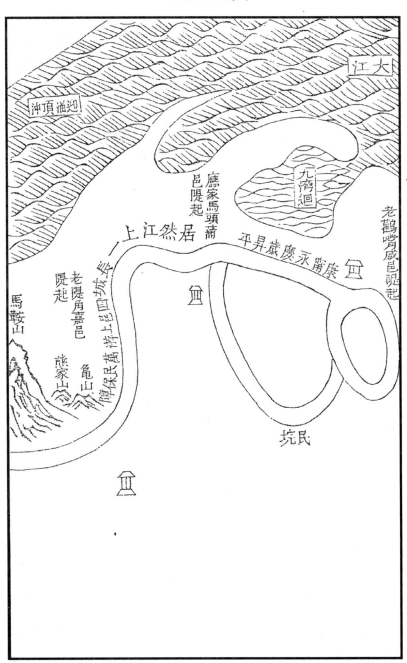

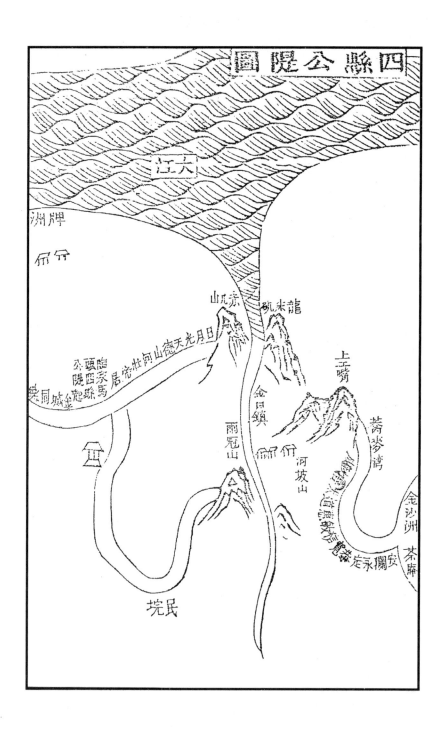

四縣公隄記

自馬鞍山至石家墩，編八字，共長三千二百三十九丈，係嘉魚縣修：四、邑、上、游、萬、民、保、障。

自老隄角至應家馬頭，編七字，共長二千五百二十六丈，係蒲圻縣協修：居、然、江、上、一、長、城。

自平字號至老貫嘴，編七字，共長三千三百七十九丈，係咸寧縣協修：康、寧、永、慶、歲、昇、平。

自夏田寺起，至陶家馬頭止，隄編四字，共長二千七百九十七丈，係江夏、嘉魚、咸寧、蒲圻四縣，今由府派修，有專款生息，作歲修之用：金、城、同、樂。

武昌全圖

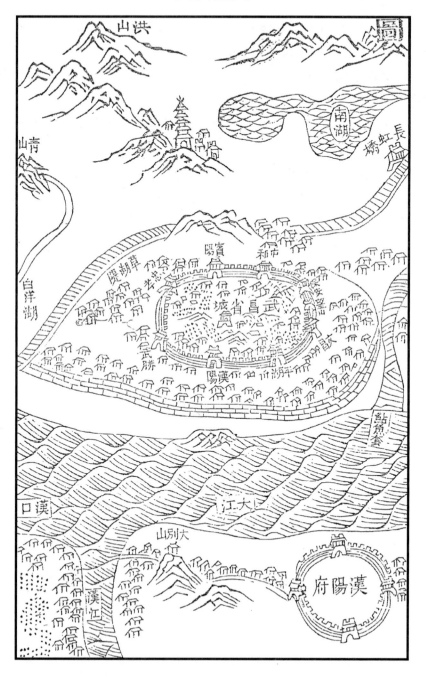

武昌全

金屏山
回峯山
夜泊山
入分山
錦繡山
後石湖
魯湖
青林湖
余家湖
誠湖
隄灣夾蓼
胡頭斧
招金沙洲
金沙鎮
龍林矶
陶家
金馬頭
隄口
隄止
白沙洲
赤矶山
大江
沌口
小軍山
大軍山

江夏縣水利隄防記

　　自望山門起，至草湖門止，石隄共長一千三百一十九丈，護岸六百八十八丈。舊例係鹽商照引捐辦。

　　自保安門外金沙洲起，至金口龍床磯止，六十里路隄編十四字，並老隄十四段，共長六千二百八十一丈：安、瀾、永、定、恭、寬、信、敏、惠、道、泰、豐、秋、成。

　　自金口赤磯山起，至陶家馬頭止，隄編十字，連月隄共長三千六百六十三丈，均有民捐隄工專款生息，作歲修之用：日、月、光、天、德、山、河、壯、帝、居。

廣濟全圖

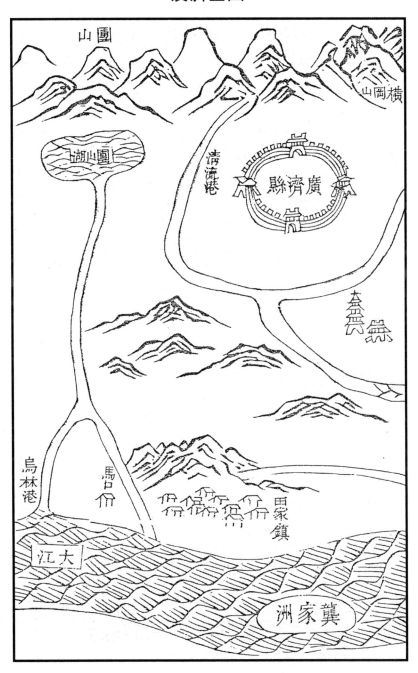

廣濟縣水利隄防記

由馬口港東下五里至田家鎮，十里至盤塘，三十里至青林即武穴鎮，又三十里至龍坪，又三十里爲蔡山，與黃梅交界。

自盤塘起沿江築隄：茅林、急水、狗兒、龍塘、窩陂、穴下、青林、汪家、中廟、五里、黃花、寶賽，共十二篷，計長七千一百四十丈，雖濱江而無頂冲之工。

黃梅全圖

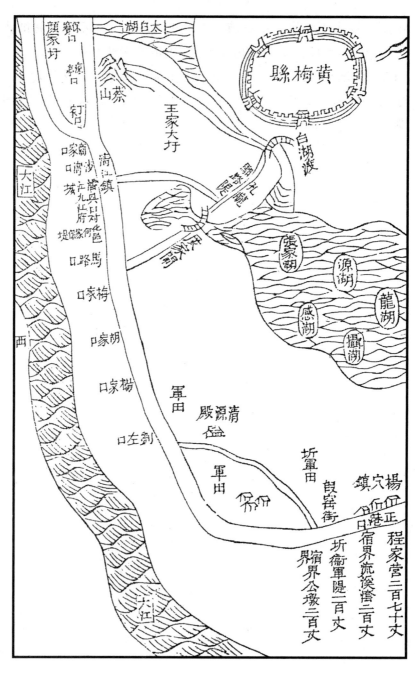

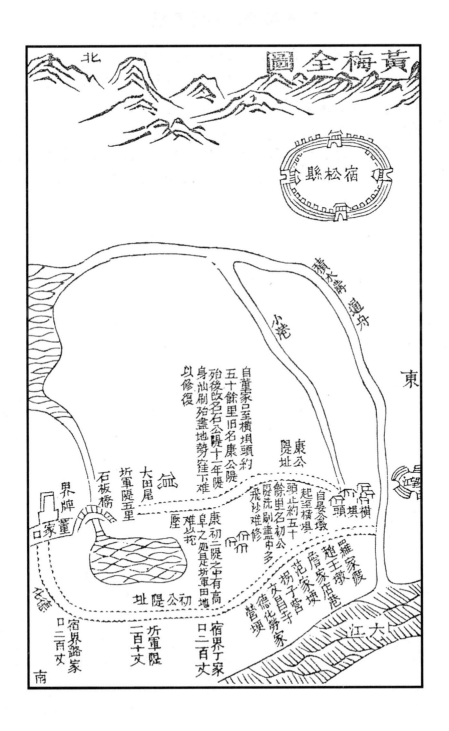

黃梅縣水利隄防記

西由廣濟交界之保賽口起，歷涼亭口、丁家口、商家口、沙灣口、潘興口、何家堡、德化。馬路口、梅家口、胡家口、楊家口、劉左口、正港口、董家口，交宿松界止，分十三段，共長九十里，計一萬六千二百丈。

又自馬路口之丁家壩起，有馹路隄一道，爲七省通衢。嚴家閘至孔隴馹三十里，又四十里至濯港止，共長七十里，計一萬二千六百丈。

九穴十三口記

采穴、在松滋南岸。獐捕穴、在江陵北岸。郝穴、在江陵北岸。楊林穴、在石首南岸西南三十里。小岳穴、在石首北岸西二十五里，水溢時通柳子口。宋穴、在石首南岸東三十里，今湮塞不可識。調絃穴、在石首南岸東六十里，今通江，流入洞庭。赤剥穴、在監利北岸。里社穴、在潛江內河。虎渡口、在江陵南岸，今通，流入洞庭。油河口、在公安支河東岸，通流入洞庭。柳子口、在石首北岸六十五里，水泛時通漢、沔。羅堰口，不可考。九穴四口合而爲十三，《志書》。計南岸四穴四口，北岸五穴。

開穴口總考略

穴口所以分大江之流，必下流有所注之壑，中流有所經之道，然後土〔上〕①流可以分江瀾而殺其勢。楚有三大水，惟川江獨據中流，故穴口在南者以澧江爲所經道，以漢口爲所瀉地，故川江獨有穴口。然古有九穴十三口，江水分流於穴口，穴口注流於湖渚，湖渚洩流於枝河，枝河瀉入於江海。此古穴所以竝開者，勢也。

今日生齒漸盛，耕牧漸繁，湖渚漸平，枝河漸湮，穴口故道皆爲廛舍畎畝，如章卜等穴無復舊迹矣。此今穴口所以多塞者，亦勢也。虎渡流出澧江，同入洞庭，江南之溪水俱注之。郝穴流出漢口，與大江復合，而江北之溪水俱注之。衆水會合，則流行不絕。注瀉有河，則水道不壅，此二穴所以獨存也。且穴口之枝流多湮，則江水之正流易泛，將來侵決之患其可免乎？故荆南以開古穴爲上策，此固探本遡源之論也。然郝穴築塞，而議開舊口，必先將枝隄修築就緒，然後開水門以受江流，方無東西泛溢之患。是穴口之有故道者，尚且開濬之難，況故道湮没者乎？元開六穴，今祇存郝穴，而他皆不可識焉，按：調絃明季既塞復開，遂不復湮，此言祇存郝穴，而他皆不可識，未詳。此果人謀之疏略耶，抑地脈水勢之靡常故爾耶？開穴之難，勢有不行，然荆南人猶幸有虎渡、郝穴，可以分大江南北之勢。但二穴中枝河多淤塞，使復湮如諸穴，則荆南昏墊尚忍言哉？舊《湖廣通志》。

按郡中向有九穴十三口，藉以分洩江流，防漲溢之患。九穴者，松滋則采穴，江陵則郝穴，郝穴之上爲獐捕一作章卜。穴，石首則楊林、小岳、宋穴、調絃，監利則赤剥，合潛江之里社穴而九。十三口無考。宋以前諸穴開通，故江患差少。元時漸湮，大德中重開六穴：江陵郝穴，石首楊林、小岳、宋穴、調絃，監利赤剥。林元有記，元季諸穴又湮。明嘉靖間，江陵築塞郝穴。隆慶中，復議開濬諸口，以獐捕等穴湮塞既久，無復故道，惟郝穴與虎渡爲大江南北分洩要口，無容淺塞，因議

---

① 據上下文，"土流"當爲"上流"。

并復二穴中支河爲通利之計。石首諸穴通塞不時，隆慶中惟濬調絃一口，餘仍閉塞。監利尺八流水口即赤剥穴也，隆慶中議開濬，言者以爲非便而止。松滋采穴，隆慶中議者謂采穴口當諸穴之首，在江南岸原有故道，自隄口起六十里至沙河下洞庭，必當開濬，以寬下流之決潰，部議從之，後復不果。故荆郡沿江之穴八，一開於元，而得其六，郝穴、楊林、小岳、宋穴、調絃、赤剥。再開於明，而止得其二。今江凌郝穴久已閉塞，僅存者惟調絃一穴而已。

然數十年江流安瀾而無大漲決之害者，則全恃隄以爲固也。古者疏於治隄，則不得不疏導穴口，以殺湍悍。今隄法日密，夾江上下，長隄之外，於極衝、次衝處所復築重隄、月隄，以資捍禦。隄苟無虞，則江可終古無患，何論穴口之通塞乎？胡在恪曰：「百年以來，水道歲易月遷，非大者江隄，小者垸隄，多方捍蔽之，則國賦民生皆無所賴。如江陵三海八櫃，昔以用武之際資爲設險，田廬在所不惜也。今當昇平之世，尺寸皆關井税，若潴水以爲澤，開水以棄地，是無故而自困耳。」斯真通達治體之言也。《新府志》。

卷二

會典·湖北水道圖説

河南省之南爲湖北省，以武昌府爲省會。武昌府之東黄州府，其西漢陽府、荆州府、宜昌府，其西北安陸府、襄陽府、鄖陽府。漢陽府之西北德安府，荆州府之北荆門州，宜昌府之西施南府。

大江自四川東流入境，經宜昌府，合元渡河、沙鎮溪、茅坪溪、香溪河、卷橋溪、梁村河，又東南經荆州府，合清江、漢陽河、白水港、洋溪、瑪瑙河、沮河。一水南出，曰虎渡河；又一水西南出，曰華容河，俱入湖南境。大江亦入湖南境，折東北復自湖南入境。經漢陽府，合沔陽湖，曰新灘口。又合赤野湖，曰沌口，又合斧頭湖、清寧湖而北與漢水會，曰漢口。又合牛河，曰瀟口，合武湖水，曰武口。又東南經黄州府西南、武昌府東北，合龍河、岐亭河及梁子湖，曰樊口。又合巴河、英山河、童子河、漳源河、陽辛河，折而東又合古角河，接江西境。

清江上源曰大跳敦河，出施南府，合龍馬河、冷水河、龍溪河，東流經宜昌府，合桃符河、金雞河，入於江。

沔陽湖、赤野湖俱在漢陽府境，北通漢水，支渠交錯，西河、草市河東流入於江。

虎渡河自大江南出，西通均湖，東通白蓮湖，南流入湖南境。其自白蓮湖南出一水，曰蓮湖水，亦入湖南境。

龍港自江西北流入境，經武昌府注陽辛河，達於江。漢水自陝西東流入境，經鄖陽府，合曲遠河、陡河。又東南經襄陽府，合曾河、丹河、粉河、唐河、白河、蠻河、豐樂河。又經安陸府西、荆門州東，合樂鄉河，南出一水通荆州府諸湖。又經漢陽府，南通沔陽湖、赤野湖，合三台湖，又西河、湨河，曰湨口。又合澦河，而東與大江會。丹河、白河、唐河俱自河南南流入境，經襄陽府入於漢。楊葉湖在安陸府東，巾水河、内河、皂市河俱匯焉。其東南爲三台湖，南入於漢。丹河、滔河俱自陝西東流入境，經鄖陽府又東入河南境。

龍嘴河出施南府，合南河；其東曰唐崖河，亦出施南府，俱南流入四川境。北河亦出施南府，西南流入湖南境。

漊水出宜昌府，合霧江；其東曰溇水，亦出宜昌府，俱東南流入湖南境。

南至湖南界，東南至江西界，東至安徽界，北至河南界，西北至陝西界，西南至四川界。

通志·湖北水利論

古者大川之上必有涂焉。後世浚河渠，修隄防，亦川涂之遺意。顧障於此者太過，斯鑿於彼者可虞，其利害常相因也。

蜀江之水直下荆州，而北溢於漢、沔間，其奔突衝決，則湖北近南之地受之。楚南群厓之水匯於洞庭，至岳州北與江合，逆流灌湖，漫湧而上，則南北濱水之地均受之。皇上軫念民生，大沛恩膏，特命動支帑金，築柁桿洲，修沿江諸隄，皆極高堅，農商永賴，未耜舟楫之利溥矣。

論三江總會隄防曰：按湖廣境連八省，凡秦關、巴蜀、中原、貴竹、嶺右諸水俱注之，導爲三江，瀦爲七澤，即《禹貢》江漢、九江、沱潛、雲夢之故區也。江發岷山，抵巴東，入荆壤，流至岳陽與洞庭水合，其受害者惟荆州一郡爲甚。漢發嶓冢，抵上津，入鄖地，流至漢陽與大江水合，其受害者鄖、襄、安、漢四郡，而安、襄爲尤甚。九江乃沅、漸、元、辰、敘、酉、澧、濱、湘諸水合流，入洞庭湖，沿匯八百里，經岳陽樓西南出湖口，與江流合，其受害者則常、岳二郡也。三水總會於武昌，其江身始闊，直注而東，以故武昌、蘄、黃之境無大水害。大較隄防多在襄、安、常、武、荊、岳間，蓋古七澤正其地也。漢唐以來，代苦水患。至宋爲荊南留屯之計，多將湖渚開墾田畝，復沿江築隄以禦水。故七澤受水之地漸湮，三江流水之道漸狹而溢，其所築之隄防亦漸潰塌。明嘉靖庚申歲，三江水泛異常，沿江諸郡縣蕩沒殆盡，舊隄防存者十無二三。而後來有司雖建議修築，然旋築旋圮，蓋民私其力，而財用贏絀之勢異也。

論川江隄防曰：江陵城池東南傾陷，故緣以金隄。自靈溪始，桓溫命陳遵造之。遵使人打鼓，遠聽知地勢高下，依旁創築，略無差池。江陵東北七十里有廢田，傍漢古隄，壞決凡二處，每夏爲浸溢。唐貞元八年，節度使嗣曹王皋始命塞之，得其下良田五千頃，畝收一鍾，又規江南廢洲爲廬舍，架爲二橋。宋汪葉倅江陵郡，有三海八櫃恃爲險固，豪右據以爲田，力復之，又築寸金隄，以捍江。按《禹貢》："岷山導江，東別爲沱。又東至於澧，過九江，至於東陵。東迤北會於匯，東爲中江，人於海。"今澧州巴陵，正澧與九江、東陵故地也。江水方出三峽口，勢如建瓴，夏秋一漲，頃刻千里。然遡夷陵而上，山阜夾岸，勢不能溢。嘉魚而下，江面浩闊，順流直注，中間郡縣兩岸俱平衍下溼，水易漫流。當江陵、公安、石首、監利、華容間，自西而北而東而南，勢多紆迴。至岳陽，自西南復轉東北，迸流而下，故決害多在荊州。夾江南北諸縣，縣各沿岸爲隄。南岸自松滋至城陵磯，隄凡長亘六百餘里。北岸自當陽至茅埠，隄凡長亘七百餘里。咫尺不堅，千里爲壑，且決口四通湖泊，盜賊竄伏其間。江陵之龍灣市，監利之分鹽所，公安、石首、澧州、安鄉之四水口，嘉魚之簰洲、東江腦，俱爲盜賊藪。蓋以隄防不修，則津渡散漫，盜可四出故也。

自元大德間決公安竹林港，又決石首陳瓮港，守土官每議築隄，竟無成績，始爲開穴口之計。按江陵舊有九穴十三口，其可開者惟郝穴、赤剝、楊林、采穴、調弦、小岳六處，餘皆湮塞。迨明初，六穴復湮其五，泛決猶未甚也。自嘉靖三十九年決後，殆無虛歲，而荊岳之間幾爲巨澤矣。

論漢江隄防曰：按《禹貢》："嶓冢導漾，東流爲漢。又東爲滄浪之水，過三澨，至於大別，南入於江。"今考《漢江圖》，西至漢中，流至漢陽大別山，出漢口與江水合，即漢水故道也。水多泥沙，自古遷徙不常。但均陽以上山阜夾岸，江身甚狹，不能泛溢。襄樊以下、天門以上，原隰平曠，故多遷徙。潛、沔之間，大半匯爲湖瀦，復合流至乾鎮驛中分，一由張池口出漢川，一由竹筒河出劉家隔，以故昔年安、襄一帶雖遷徙而無大患者，由湖瀦爲之壑，三流爲之瀉也。明正德以來，潛、沔湖瀦漸淤爲平陸，上流日以壅滯。嘉靖初年，安陸石城故道改徙沿江灣。二十六年，決荊門沙洋鎮。三十九年，決紅廟隄。四十五年，決襄陽老龍隄，宜城故道改徙鴇潼新河，而竹筒河復湮淺十餘里，下流又日澀沮，故水患多在荊、襄、安陸、潛、沔間矣。

論開穴口曰：穴口所以分大江之流，必下流有所注之壑，中流有所經之道，然後上流可以分江瀾而殺其勢。楚有三大水，惟川江獨據中流，故穴口在南者，以澧江爲所經道，以洞庭爲所注壑；在北者，以潛、沔爲所經道，以漢口爲所瀉地，故川江獨有穴口。然古有九穴十三口，江水分流於穴口，穴口注流於湖瀦，湖瀦洩流於枝河，枝河瀉入於江海，此古穴所以並開者，勢也。今日生齒漸盛，耕牧漸繁，湖瀦漸平，枝河漸湮，穴口故道皆爲廛舍畎畝，他如章卜等穴，故道無復舊跡矣。此今穴口所以多塞者，亦勢也。虎渡流注澧江，同入洞庭，江南之溪水俱注之。郝穴流出漢口，與大江復合，而江北之溪水俱注之。眾水會合，則流行不絕，注瀉有河，則水道不壅，此二穴所以獨存也。穴口之枝流多湮，則江水之正流易泛，故荊南以開古穴口爲上策。然郝穴築塞，而議開舊口，必先將枝隄修築就緒，然後開水門以受江流，方無東西泛溢之患。是穴口之有故道者，尚且開濬之難，況故道湮塞者乎？元大德間曾開六穴，郝穴、赤剝、楊林、采穴、調弦、小岳之故道並開矣。今祇存郝穴，而他皆不可識焉。此果人謀之疏略耶？抑地脈水勢之靡常耶？此

所以知開穴之難，抑亦勢所不可行也。然荆南人猶幸有虎渡、郝穴可以
分大江南北之勢，但二穴枝河中多淤塞者，使復湮如諸穴，則荆南水患
其能免哉？

御史張漢請疏通江漢水利疏

竊惟王者貴穀重農，必先水利，水利興，則蓄洩有法，旱潦無憂。
我皇上念切民依，凡水旱時廑宸慮，直隸營田水利奉敕查妥議以濟民
生，凡以期於可久也。臣聞楚省交於江、漢，荆、郢實當首衝，宅壤最
爲窪下。計沿河大隄南岸自松滋六百餘里，北岸自當陽七百餘里，漢
隄、江隄共計幾三千里，俱係民築民修。其間最險之處若沙洋，若萬
城，難以枚舉，而修築弊端亦難言盡。又修築不堅，水發即潰，屢潰屢
修，民力幾何？此則人民受累之源也。

計楚水大者曰江，曰漢，曰洞庭，三者緩急相濟，迭爲利用者也。
查大江發源岷山，出三峽，下彝陵州，約寬十有餘里。洞庭居大江之
南，方八百里，容水無限，湖水倘增一寸，不覺其漲，江水即可減四五
尺。昔人於江上流采穴口，下流虎渡口、楊林市、宋穴、調絃等口，各
殺江水導入洞庭而復達於江，故水勢寬緩而無患。今也僅存虎渡一口，
江水一發，陡高數丈，無路分瀉，田廬即爲巨浸，此江水爲害之源也。

漢水自嶓冢導漾，東流而下襄陽，自安陸府以上河寬十有餘里，安
陸府以下至寬不足一里，再下漢口其窄益甚，船每截流而渡。江高漢
弱，阻遏逆行，潛、沔諸邑於是數受其害矣。查漢水上流有操家口，相
傳羊祜運糧，舊岸隄形尚存。其水東流過天門縣，入三台、大松等湖，
其湖居天門之東、雲夢之西、漢川之北、應城之南，支分溳口，派出五
通，傳爲漢水故道，衆水通流。今舊口、操家口盡淤，水無歸注，此漢
水爲害之源也。雍正二年，鍾祥縣隄潰，如雷迅發，西城不浸者三版，
民無可避，田廬蕩然。居人云，此隄無十年不潰，計鍾祥一邑今已九潰
矣。他如京山、潛江、天門諸邑，地處下流，隄若陡潰，則如頂灌足

耳。昔年潛、沔士民具呈申訴，請以築隄之夫供疏河之役，官不允行，民無如何。爲今之計，欲平江、漢之水，必以疏通諸河之口爲急務矣。

查江水支流，其下流當先疏者五通口、調絃口。遡而上之，當疏宋穴、楊林市，與調絃合流。又遡而上，當疏虎渡口、彌陀寺。又遡而上，當疏采穴，與虎渡合流。再疏北岸之便河、郝穴，令江水從長湖丫角廟合注，則黃潭隄不築而自固。又復麗公渡，則監城可以無虞。疏新隄之口與新潭之淤，則江、漢之水於是互爲取濟矣。

漢水支流則疏舊口、操家口，而沙洋之一包三險可以無憂。疏泗港，而潛、沔可以無憂。疏通順河，而潛城復舊，可以無憂。再疏小里潭、竹筒河與天門縣獅子等河，而低窪諸邑乃可安堵而無其魚之患。疏河所以爲急務也。若夫築隄，必取土於內地，內地日低故河日高，河日高則水勢日險，患日深。是以江漢不疏終非底定之本，積淤不濬終失利導之宜，此則楚民之隱憂也。

夫三楚富饒，夙甲於天下，諺云：“湖廣熟，天下足。”一歲兩稔，吳越亦資之。今或稍逢水旱，即倉皇無策，致居民不免於貧困。雖不得盡委之河隄之累，然逐年估計，既苦派費之繁多，潰決無時，又慮身家之莫保，豈非河隄之爲累乎？昔年湖南巡撫陳詵洞察楚爲澤國阨於江漢，甫任即復調絃口，隨親詣踏勘，江則欲導之使南，漢則欲導之使北，頗爲利濟之宜。旋內陞去任，未及施行而止。臣夙有所聞，此其大略也。臣思古者江、淮、河、漢，水行地中，然後人居平土，其實治水行其所無事也。後世詳於治淮、河，略於治江、漢，故江、漢時有泛濫之虞。不知楚有洞庭較淮、河洩水爲便，疏河口亦行其所無事也。伏乞皇上敕行湖廣督撫大吏委員一一詳查，倘言屬可行，不特全楚乂安，即武昌新修隄岸費金錢至數十萬者，亦借是以永固矣。

總督鄂彌達奏覆臺中開河之議

臣惟天下利害之大者莫如水，三楚襟江帶湖，古稱澤國，其利害之所在自宜究心。然大凡興除，必先相其地形，度其時勢，熟籌民生之利病，務期動出萬全，未可拘泥陳說，漫然從事也。臣以爲治水之法有不可與水爭地者，疏湮濬淺，導壅殺流，向來洩水之港汊毋令堵截，致水四溢而爲災也。所謂不能棄者，東洲西灘積淤成腴，現在居民之圍田千萬，萬難開鑿，致民離居而廢業也。

楚水之大者，曰江、漢。江水發源於四川之岷山，經宜昌、荊州等府，分流於洞庭而過漢口，江固與漢會也。漢水發源於陝西漢中之嶓冢，經鄖陽、襄陽、安陸諸府而出漢口，漢亦與江會也。江水之患則江陵、監利、松滋、石首諸縣實受其衝也，漢水之患則鍾祥、京山、潛江、天門、荊門、沔陽諸州縣實受其衝也。江水、漢水之支流，其脈絡相通，分注而互漲者，則各屬交受其衝也。今臺臣張漢所請疏江之水，則曰調絃口，曰宋穴，曰楊林市，曰虎渡口，曰采穴，曰麗公渡等處，蓋欲導江水入洞庭，分於支河而殺江之流也。疏漢之水則曰舊口，曰操家口，曰泗港等處，蓋欲導漢水繞三臺湖，出五通口而殺漢之流也。

臣謹得而分言之。江之調絃口、虎渡口皆爲入洞庭之道，歷來河路寬深，足資宣洩，兩岸隄堘屹立，今姑無庸置議。至宋穴、采穴、楊林市等處，自宋元以來久經湮塞，訪之故老，考之傳志，舊跡無存。其間隄岸綿亘，田園廬墓棋布星羅，若欲掘地成河，勢必廢已築之舊隄，又欲增無數之新隄，不獨工費浩繁，無從措手，而田地爲墟，人民失所，豈容輕議。又麗公渡一處，前明天啟年間，曾經開通，後泛溢爲害於我朝。順治七年，經該縣詳明堵塞，始得安穩。此江水之不能疏者也。

漢之舊口、操家口距五通口計長八九百里，中間煙火萬家，田疇彌望，今若漫議開洩，勢將使千萬頃之良田胥爲河流經行之道，而兩岸隄防之費殆不可以百萬計。前明萬曆年間，操家口潰決，經官民畢力堵築，後於崇禎九年又復潰決，不能堵禦。直至我朝順治七年，督撫諸臣著各縣民夫合築，經數十餘年之久，始成安土，並非年久淤塞。現在沙洋一隄經前督臣阿題請動帑興修壅之，方懼爲患，曷敢言洩？至於泗港，居天門之上流，泗港一疏，天門殆將爲壑。他若通順等河，不過小港，水大無能宣洩，水小遂成涸澤。此漢水之不能疏者也。

又臺臣張漢請疏便河、郝穴，使江水從丫角廟東注。夫東注則江水必入於漢水，方欲疏漢水以殺漢之勢，而又引江水以灌之，此蓋未便置議者也。臺臣張漢又云，操家口達五通口，爲漢水故道。查《禹貢》載，漢水"至於大別，南入於江"。大別去五通三十餘里，非故道也。臣思滄桑屢易，禹跡茫然，昔之由地中行者，故軌久已難尋。三楚之水百派千條，其江邊湖岸未開之隙地，須嚴禁私築小垸，俾水有所匯，以緩其流，臣所謂不可爭者也。其倚江傍湖已闢之肥壤，須加謹防護隄塍，俾民有所依以資其生，臣所謂不能棄者也。其各屬迎溜頂冲險要之處，長隄聯接，每歲責令分營水利各員逐一查勘，督率居民增高培厚，寓疏濬於壅築之中，此全楚所以興水利而除水害之大概也。緣係奉旨查議，經躬親勘閱，其水道情形之可陳者如此。臺臣張漢所請疏洩之處，似毋庸議。除另繪圖恭呈御覽外，爲此繕摺具奏。

奉硃批："原議之大臣等議奏。欽此。"

經大學士等議得：查興修水利，全在便民。今該署督鄂彌達既稱楚水江、漢爲大，江水支河或現係深通，或無故跡，或隄岸綿亙，井邑星羅，若棄舊易新，費用不貲，人民失業。漢水之舊口、操家口，距五通口計長八九百里，煙火萬家，田疇彌望。而操家口潰決，前明至我朝方得合築，可壅不可洩。泗港居天門上游，泗港疏，則天門爲壑。是江、漢二水其勢皆可不必疏矣。至御史張漢請疏便河、郝穴，使江水從丫角廟東注。鄂彌達以東注則江水必入於漢，今方欲疏漢以殺其勢，而又欲引江水以助之，在張漢未免自相矛盾也。張漢又奏，操家口達五通口爲漢水故道，今按《禹貢》，漢水"至〔於〕①大別，南入於江"。大別去五通三十餘里，則張漢亦考据未詳耳。鄂彌達身在地方，親經勘閱水勢情形，既已備細分晰，應將張漢所奏疏洩之處俱毋庸議。謹奏。

乾隆九年十月初二日奉旨："依議。欽此。"

---

① 《十三經注疏》《尚書》《夏書》《禹貢》等"至大別"均作"至於大別"。

巡撫彭樹葵查禁私垸灘地疏乾隆十三年

竊臣於二月内抵任後接讀諭旨，將湖河灘地禁止侵佔一案作何辦理之處查明具奏。隨經檢查舊案，以楚省積水之區俱係納有糧課，並非官湖，可容侵佔。至湖邊江岸隙地私築小垸，歷係嚴行禁止等因，聲明覆奏在案。半載以來，臣時時留心體察，兼採輿論，乃知其間仍有尚須籌畫者，蓋少一阻水之處，即多一容水之區，則私垸之禁尤不可不既乎其實也。

查荆襄一帶，江湖袤延千有餘里，一遇異漲，必藉餘地以資容納。考之宋孟珙知江陵時，曾修三海八櫃，以設險而瀦水。後豪右據以爲田，汪葉力復之。又荆州舊有九穴十三口，以疏江流，會漢水，是昔之策水利者，大都不越以地予水之説也。自滄桑變易，故迹久湮，現在大江南岸止有虎渡、調絃、黄金等口分疏江流，南入洞庭。當泛漲時，稍殺其勢。至漢水，由大澤口分派入荆，夏秋泛漲，又上承荆門、當陽諸山之水，匯入長湖，下達潛、監，瀰漫無際。所恃以爲蓄洩者，譬諸一人之身，江邑之長湖、桑胡〔湖〕①、紅馬、白鷺等湖，胸膈也；潛、監、沔陽諸湖下達沌口，尾閭也；其間瀠回盤折之支河港汊，則四肢、血脈也。胸膈欲其寬，尾閭欲其通，四肢欲其周流無滯。無如三襄之水，性濁多沙，最易淤積。有力者因之取利如鶩，始則於岸腳、湖心，多方截流以成淤；繼則借水糧魚課，四圍築隄以成垸。在小民計圖謀生惟恐不廣，而不知人與水爭地爲利，水必與人爭地爲殃。川壅而潰，蓋有自矣。

臣伏查舊案節，據荆宜施道屠嘉正、安襄鄖道王概議將未有之垸永禁私築，已潰之垸不許修復，詳請飭遵補偏救敝，誠爲允當。惟是利之所在，民間每不憚百計以求勝，而地方有司未能規及遠大，少不留心，則私築之弊仍有不能免者。縱令道府親查，而曾否加添，究屬無憑。臣再四熟籌，竊以爲積習既成，挽回非易。今欲復三海八櫃之舊勢，誠不

---

① 據《皇朝經世文編》，"桑胡"當爲"桑湖"。

能亦祇杜其將來而不使垸之增多，則當先查其現有，而確知垸之定數。現在惟有檄飭各該州縣，於冬春之際親行履勘，將闔邑所有現若干，各依土名查清造冊，由府核定，齊送各衙門存案。嗣後即以此次所查著爲定數，聽民安業，此外永遠不許私自加增，即一垸之內亦不得再爲擴充。仍令該管道員於本年出巡之便，逐細詳查，加結具報，則有無增添，按冊可稽，而各州縣之實心奉行與否，亦可藉以查核勸懲。至此後遇有淤灘原係民間納糧之地，或種麥豆，或取柴草，均聽自便，但不得另築垸塍，以妨水路。如此而愚民不致因小失大，地方有司亦不敢姑息怠玩，自貽參處，而與水爭地之錮習亦可少息矣。

總督汪志伊奏浚各河疏

伏惟天下利害之大者莫如水，楚水之大者曰江，曰漢。江水自四川岷山發源，至巴東縣入楚境，歷歸州、東湖、宜都、枝江、松滋、江陵、監利、沔陽、漢陽等九州縣，東出黃州境。漢水自陝西嶓冢山發源，至鄖縣入楚境，歷均州、光化、穀城、襄陽、宜城、鍾祥、荊門、京山、潛江、天門、沔陽、漢川、漢陽等十三州縣，出漢口與江水合。江水自松滋以上，漢水自鍾祥以上，兩岸皆山，素無水患。自松滋、鍾祥以下，地勢平衍，土性鬆浮，軍民田廬非隄壋不能捍衛，非支河港汊不能宣洩。

自乾隆五十三年，江水異常泛漲，荊州府屬江陵縣大江北岸萬城隄潰決二十二處。嘉慶七年，六節工、七節工又漫潰八十餘丈。再嘉慶元年、九年，監利縣潰決狗頭灣、程公隄、金庫垸三口，先後水推沙壓，以致江陵、監利二縣屬並潛江、沔陽、南鄉支河港汊多爲淤塞，積水在田，無路可出，如盛缽盂。頻年大雨時行，淹漬日甚，其大江南岸之松滋、公安、石首等縣亦因隄壋潰決間有積澇。

至若漢水，自乾隆五十六年後，天門、沔陽、漢川等邑隄垸即屢有漫潰。又自嘉慶元年以至十一年，上游鍾祥縣連年漫潰者，曰鐵牛垾，曰三工月隄，曰尹家廟等處；下游荊門州連年漫潰者，曰馬上一，曰小江湖，曰丁閘口等處；潛江縣連年漫潰者，曰沱埠，曰新豐，曰長一，曰義豐，曰下口門，曰楊湖上垸，曰秦家塝等處；天門縣連年漫潰者，曰倒套垸，曰五十三丈，曰北河垸，曰戴家垸，曰黃沙垸，曰岳口，曰魯上垸、下垸，曰牙旺垸，曰龍腦灣，曰寶豐垸，曰下沙垸等處；沔陽州連年漫潰者，曰楊家腦，曰姜家垸，曰楊家老臺，曰樊家灣，曰蔣家臺，曰金家垸，曰潭灣垸，曰劉天禄口，曰長團垸，曰南字號，曰大石垸，曰長字月隄等處；漢川縣連年漫潰者，曰張志口、喻家垸，曰張池口，曰泮湖口，曰劉家嘴，曰彭公垸，曰永鎮堡，曰藥師庵，曰五十三丈隄等處。以上所潰之口，自數十丈至數百丈不等，或直冲而被淹極重，或橫溢而被淹次重，或倒漾而被淹稍輕。歷經前任督撫臣奏，荷聖恩蠲緩兼施。斯時並經各地方官創築督修，而沙隨水入，水緩沙停，港汊多淤積，水更易於浸潰。其漢陽、應城、雲夢等縣，地處下游，亦不免溢漫注潰之患。此江、漢二水節年潰淹各州縣隄塏田畝之原由也。

臣飭據各該管府州並各州縣確查籌辦，陸續稟覆前來，當將各士民先後連名呈詞二百五十六起查對，稟內情形大略相同。核計荊門州被淹五十五垸，潛江縣被淹二十七垸，天門縣被淹一百一十三垸，沔陽州被淹二百四十八垸，漢川縣被淹一百二十垸，江陵縣被淹一百五十六垸，監利縣被淹一百九十二垸，總共九百二十垸。各垸大小不等，其最大者周圍二三十里，最小者周圍三四里。其積水或深二三尺至丈餘不等，或已涸出五六分、二三分不等，其全未涸者較多。該紳耆所請防堵疏消之處，議論不一，難以懸斷。臣隨於查閱各營伍時，道經被淹之州縣，即率同該地方官並傳紳耆人等，親赴各該處察看應堵應疏情形，揣度地勢，參酌輿論。其受害在上游者宜於堵，受害在下游者宜於疏。或事疏消於防堵之先，或借防堵為疏消之用。通盤籌畫，不徇一鄉一邑之私見，務期公允，總不使有此益彼損之虞。

臣查濱臨江水者，江陵、監利二縣並沔陽、潛江二州縣南鄉積淹田畝，地極低窪。嘉慶五年，雖經前撫臣高奏准開挖姚家河、黃土溝、柴林河等處，使水由豐口入江，但止能消洩上游長湖、澤口二處秋夏泛漲之水，所有各垸田積潦之水即冬春仍不能涸出。臣於三月間勘有監利縣之福田寺地方，即古之水港口，今橫堵一隄，丈量隄內杜婆廢垸，積水高於隄外白灤湖面水五尺二寸，宜開隄建石閘一座。又沔陽州所屬濱臨江水之新隄地方，即古之茅江口並前水港口，係前明大學士張居正因有關其祖墳風水築隄堵塞。今丈量新隄內河之水高於外江水一丈二尺，宜開隄建石閘一座。並籌定啟閘章程：每年十月十五日先開新隄閘，十月二十日次開福田寺閘，計可疏消積水五六尺，各垸田即可涸出十分之八九。每年三月十五日先開福田閘，不以鄰爲壑，三月二十日次開新隄閘，不使江水倒灌。至姚家河以上之積水，欲由太馬河而達於閘，必須於鄭家廢垸中開小河一道以通之。其上下兩閘間之陳河港、王家港、鄭家湖、刁子口、白公溪、嘉應港、白窪塘、何家灣、水頭港等處淤塞，亦應一律挑挖深通，俾水達洪湖，由新隄石閘入江，則江、監、潛、沔四邑數百垸積潦之田可期涸出。並將監利、沔陽二州縣境內蝦子口、白得腦、燕兒窩、關王廟、湯家河、太陽腦等處刁民楊允華等私築之土塥均行折〔拆〕[1]毀，俾無壅閼。其白鷺湖、柴林河、豐口、土金口、土地港上下各淤淺，均行挑挖深通。俾長湖、澤口二處夏秋所進之水，一由簡家口、咼都灣出青灘口入江，一由土峰口、澄沱湖出沌口入江，則嗣後該四邑之隄垸方可免泛漲沖淹之大患。其南岸之松滋、公安、石首等縣雖間有積潦，被害較輕，設法疏消尚易於爲力。惟江陵萬城隄頂沖危險處所及各縣沿江隄埝必須加築堅固，以防江水之患。

至各濱臨漢水者，自鍾祥以下沿河惟賴隄埝保障。該縣地處上游，工多險要，潰口一開，如頂灌足，下游即全遭淹沒。除從前動帑修築各隄現在尚爲穩固，其官督民修之隄頗多單薄低矮，一遇風浪，在在可危。查該縣境內隄工一萬六千七百餘丈，除飭將尹家廟加築之子埝，並中段修砌之石礙岸、裹頭、挑水石垻趕緊完報外，其餘亦當一律加

---

① 據上下文，"折毀"當爲"拆毀"。

高倍〔培〕①厚。至下游各州縣應堵之處，荊門州則有仁和官垸、鳳家
砦、王家塲、胡家口、芭芒兜、馬家口、殷家河、陳家倒口、新口、積
玉口、彭家河口，並小江湖、八字隄等十三處；潛江縣則有楊湖垸、方
家拐、青風隄等三處；京山縣則有聶家灘；天門縣則有牛蹄支河內各垸
隄垈，並龍腦灣決口；漢川縣則有張池口、永鎮堡、藥師庵等三處；雲
夢縣則有陳袁潰口、大小漏灌、黃江口、吳家口等五處，皆須修築完
善。其沔陽州之西北鄉濱臨漢水，因天門、漢川支河歷年潰口，水向內
灌，冲刷沿河隄身，所有應行修築之處更甚於他處，如潭灣垸、馬骨
垸、長團垸、馬腦垸等處各字號隄工決口長一千二百餘丈，洗塌隄身計
長五千餘丈，若不修築堅厚，則天門、漢川、沔陽三州縣終不免漫潰淹
浸之患。其應疏之處，荊門州則有楊鐵湖、鄧夾洲、麥旺嘴、張家港、
彭家河、席家口、歐陽剅、借糧湖、墙口、三汊口、幺口，並江陵縣剅
民黃緒文等私築土墙之馮家橋、鄔家橋，共十三處；潛江縣則有荊河、
當河、澤口等三處，並謝家、長安等八剅；天門縣則有牛蹄支河、縣河
等處；沔陽州則有須開復開陳公、永奠二閘，程文吾、劉天禄、蕭家三
口；漢川則有張池口、脈望嘴、邵家嘴、甘河口、滇口，並剅汊湖水出
之挂口、黃牙口，及城南之廟頭塘、腰帶河、南河渡等處；漢陽縣則有
漳河口等處。以上河道積淤，或數里，或數十里至百餘里不等。若不
一律開疏，則有路不能通暢，隄垈仍虞壅潰。此各州縣應堵應疏之情
形也。

　　惟是應堵應疏之處工程大小不一，臣擇其最關緊要而易爲力者，
如：天門、漢川所屬之牛蹄支河積淤三十餘里；漢川所屬之五十三丈垸
隄三百餘丈；沔陽州所屬之長字號、團字號、凉字號、折字號等隄缺口
二百餘丈，潭灣垸、張池口、親家灣及支河缺口十餘處；潛江、京山所
屬之楊湖垸、方家拐、聶家灘三處頂冲危險；及雲夢所屬之陳袁潰口。
先後札飭藩司籌款，共提銀二萬二千九百二十餘兩，給委員協同地方

―――――――――

　　① 據上下文，"倍厚"當爲"培厚"。

官趕緊挑挖修築完竣，聊濟目前之急。其餘工巨費繁，現當大雨時行，江、漢水漲之時，難以施工，必俟秋後水落，方可丈量估計。且積澇、積淤之區有廣狹深淺之不同，尤宜逐漸消疏堵築，分別次第辦理，斷非一年所能藏事。惟擬建福田、新隄二閘，必須預先採辦石料，乘水漲時運工，俟秋冬集匠建立，業經遴委蒙恩開復即用之。知縣方遵轍、試用從九品沈成宗二員承辦新隄石閘，降調知縣曾衍東、原任遠安縣典史易甫二員承辦福田石閘，以專責成，并飭藩司酌發銀兩，以便辦運石料。此又臣於親勘時權其緩急，分別辦理之情節也。

臣回省後復與撫臣章悉心籌商。湖北各垸田被江、漢水害，或已經二十年，或十餘年及數年不等，各農夫困苦已極，必須遴委廉幹多員，會同地方官於秋冬分段丈量確估，實心實力，趕緊妥辦，並選派安襄鄖荊道王、荊宜施道邱總理其事。俟工程報竣，臣與撫臣章親往分途驗收，務期工歸實用，費不虛糜，俾災黎咸登衽席。倘查有減工剋料情弊，即行奏參嚴辦，以爲玩視民瘼者戒。

至江、漢二水出入支河港汊，今昔情形不同，必須度其東塌西漲之高低，以爲應堵應疏之準則。如有應行開挖之處，或係民田，則估定價值，發給業主另買，以昭公允。且將來堵濬之後涸出田畝必多，仍照額徵收錢糧。倘有實在形如釜底無法疏消，不能涸出，並被河壓及隄，估不能耕種者，即委員協同地方官查明頃畝錢糧確數，另行分別奏請減則豁糧，以省有名無實之催科。惟現在未及施工，田畝尚沈水底，小民苦業多年，賦無所出，應懇皇上天恩，暫行緩徵，以紓民力，俟涸出田畝有收，再行分年帶徵。如蒙恩俞允，即行委查實在數目會奏。至各衛所軍田，坐落各州縣境內，亦有被淹頃畝，應請歸案，畫一辦理，俾免向隅。此又臣與撫臣籌商之事宜也。

再，臣於途次接據鍾祥、江陵、荊門、潛江四州縣士民等呈請開疏鍾祥縣屬之鐵牛關、獅子口等處古河，以分漢水之勢；又據天門縣士民呈請堵塞天門縣屬之牛蹄支河口門，俾口內隄垸不致漫潰各等情。臣順道親赴各該處上下履勘，查得鐵牛關、獅子口等處古河均在漢水北岸，通鍾祥縣境內鐵線溝、永隆河及天門縣城河，出漢川縣涓口，仍與漢水合流，至漢口入江。自前明築隄堵塞以來，迄今數百年，隄外河身日漸淤高，隄內田塍頗多低矮。若如所請開疏，不獨道理〔里〕[①]縣長數百餘里，工程浩大，并有礙於田廬；即就水勢而論，鍾祥地處上游，因無浸淹大患，而橫溢者爲京山，直注者爲天門，瀦聚者爲漢川，以及應城、雲夢等縣，必皆受其波及之害，是欲分漢水以固隄工，轉先引漢水以灌隄內也。該士民等或籍隸上游，或託業南岸，惟願開疏古河，則漢水北注，可免漫淹彼處田畝之虞，并省歲修隄塍之費，全不顧及北岸下游之天門、漢川等縣爲澤國，所請實不可行。至天門縣屬之牛蹄支河，原以分漢水之勢，今若遽塞其口，使漢水無從消納，必致漫潰正河之大隄。查天門從前連年被淹者，由於鍾祥隄工屢潰，而非牛蹄支河不塞之故。今鍾祥隄工潰口業已一律修築堅實，即牛蹄支河淤淺處現亦動項開疏，是害已去，而利可興。乃該士民等反以堵塞支河爲請，其意不過一經堵塞口門，可省培修支河垸隄之費，並不念及正河大隄壅決之害。所謂因噎廢食，亦不可行。總之，該士民等請開請堵之處皆在漢水北岸，而其事有適相左者，由於心存私見，昧於大局，惟知利己，不顧墼鄰，設非詳查確勘，通盤籌畫，必致爲其所誤。除明白批駁，毋許率逞私見私議，致礙全局外，合併奏明。

魏運昌上巡撫陳詵議開京山泗港書

前者憲檄開操家口、泗港，景陵進士龔廷颺等已呈十不便之議，未蒙鑒納。今憲檄有曰治水務窮其源，疏洩必求其當，運昌請以窮源之說，縷爲憲臺言之。

漾水出嶓冢，至大別，紆曲盤旋約三千里，始出濫觴耳。經漢中附庸之水二十有三，經郿、襄從流之水二十有五。自郿以上，窘束山峽，

---

① 據上下文，"道理"當爲"道里"。

勢不得放；襄陽而下，平原沙土，擴爲大川。至漢口僅衣帶，比如人身喉腹，以至於尻，狹不可增，寬不可減，由來舊矣。漢過安陸，南岸無山，故分溢而爲沙洋，爲澤口。

明萬曆間，沙洋築，而京山、天門以下苦之。北岸多山，聊屈山曰水從曰口而洩於漢，京山泗水從泗港而達於漢。相傳高季興時，築隄塞口，舊泗並注義河，而景陵以下又苦之。順逆利害，原委井然。二口不閉，或助虐以病，漢南泗水久封，忽開門以揖潛，險乎？若操家口距舊口不遠，潰隄成渠，非古河也。沙洋無端驅爲蛇龍，沮乎？

伏讀憲牌，云：士民呈稱操家口、泗港舊有河道，若以憲臺窮源求當之意，律之沙洋，不應自築，澤口不必分流，而士民顛倒是非，壑鄰自固，未見其有當也。再讀憲檄，曰：漢水之患在上流者，莫如荊門之沙洋，在下流者莫如潛、沔。真仁人恫瘝之心也，惟北亦然。

順治戊戌，鍾祥之丁公隄潰，而京山、天門、漢川、應城、雲夢、孝感、漢陽受害三分至七八分不等，建瓴而下七八百里，浸成大湖，舟艤樹杪，魚遊釜中，田廬飄蕩，骸骨蛇龍，億萬生靈流離轉徙；加以派築隄夫，疲死飢餓，皆漢水也，未聞請分南岸也。

康熙丙辰以後，一決於王家營而七城之苦三見，一決於葉家灘而七城之苦四見，其餘小水不可殫述。以害言，倍沙洋而莅潛、沔；以地言，自鍾祥而抵大江。操家、泗港正在王家營、葉家灘之間，惜未有以七城四苦上聞於憲臺者也。假令聞之，則推愛荊門、潛江、沔陽之心以及七城，而操、泗未可開矣。士民呈詞，咸謂操口、泗港舊從天門義河與上下風波諸湖經漢川之北、應城之南，由牛湖、五通口以出大江似也。豈知操、泗以下，京、天、漢、應、雲、孝境內昔以湖名者，大半已變桑田，丈量起科，輸賦朝廷，無敢隱尺寸者。一旦淪爲鉅浸，失業之民逃散遷徙，賦稅何出？況二口會通，全引漢水北注，無復涓滴南行，橫廣七八十里，左冲右突，如駭馬奔軍，所向潰墜，天門城池、官治且不能保，室廬墳墓猶其緩者，遑問義河故道哉！

伏讀憲檄，有曰委府州縣酌議，而士民無與。運昌人微官卑，固不敢爲出位之謀。然在州縣，鄰封隔壤，水道田賦，或陷於不知，或知而不敢倡言，或言之而不能盡意。畏上官之念重，則爲百姓之念輕。顧惜功名之心急，則直言規諫之風微。竊恐依樣畫壺，模棱報命，則七縣生靈庸有幸乎？伏懇暫寬州縣之議，兼采漢南漢北之詞，上而國賦，下而民生，無任懸切。

阮元荆州窖金洲考

　　荆州江陵縣南門之外、大江之中有洲，俗名窖金。乾隆五十三年，荆州萬城大隄潰，水入城。大學士阿文成公來荆州相度江勢，以爲此洲阻遏江流，故有此潰。乃於江隄外築楊林嘴石磯，冀挑江流而南之，以攻其洲之沙，今三十年矣。元來閱荆州兵兼閱江隄，計自造磯後保護北岸，誠爲有力，但不能攻窖金之沙，且沙倍多於三十年前矣。昔江流至此分爲二，一行洲南，一行洲北。今大派走北者十之七八，洲南夏秋尚通舟，冬竟涸焉。

　　議者多所策，余曰無庸也，惟堅峻兩岸隄防而已。此洲自古有之，人力不能攻也，豈近今所生，可攻而去之者耶？考北魏《水經注》曰："江水又東會沮口。又南逕〔過〕江陵縣〔南〕，縣之南懸江〔北〕有洲，號曰枚迴洲。江水至〔自〕此兩分而爲南北江。"① 據此，知此洲即古枚迴洲也。沮口今在萬城隄即古方城。宋荆南制置使趙方之子葵守方城，避諱改万，又訛爲萬。外，沮水入江之口，千古不改。枚迴洲在沮口之下、江陵之南，指地定名非此洲。而何況沈約《宋書》毛佑之擊桓元於江陵枚迴洲斬之，是晉、宋至唐皆有此洲，特今俗易其名耳。百數十年後安知江之大派不又行洲南耶？姑存予言，以詒來者。或謂荆州舊有九穴，今惟南岸虎渡口、調絃口二穴尚通，北岸郝穴等口皆塞。議開各穴口以分江流，此又不知今昔形勢之不同也。虎渡、調絃二口之水所以入洞庭湖也，春初湖水不漲，湖低於江，江水

---

① 王先謙《合校水經注》"逕"作"過"，"縣"下有"南"，"縣之南懸江"作"縣北"，"至"作"自"。

若漲，則其分入湖也尚易。若至春夏間，洞庭湖水已漲，由岳州北注於江，則此二口之水入湖甚微緩矣。若湖漲而江不甚漲之時，則虎渡之水尚且倒漾而上至公安，安能分洩哉？余於丁丑立夏後，親至調絃察其穴水平緩，竟有不流之勢矣。至於郝穴，則內低於外，更無可開之理，惟冬洩水於外，尚便利耳。

歲　修

河務工程宜未雨綢繆，不可臨渴掘井。人皆知伏秋大汛爲修防緊要之時，殊不知全在冬勘冬修。一交桃汛後，各工皆竣，入伏經秋，從容坐守，不過遇險即搶而已。若冬勘未週，春修不足，伏汛之水已長，修築之工未竣，事事措手不及，鮮有不潰敗者。縱幸而搶救保全，然所費錢糧已不知幾倍矣。每年霜降水落之後，必當於所管境內周徧巡歷，費此十日半月工夫，則全局情形皆了然心目。詢訪土人，細問長水時情形，何處出水若干尺，是否低矮，以定大隄應培尺寸。趁冬閑細細估定，次第興工，三月以前完竣。蓋春初人夫閑暇，易於僱募。土工既得，從容夯築，浸漏亦可搜尋，不致忽忙花費，工程草率矣。

估計增培土工

近年以來，河底有日高之勢，大隄增培在所不免，必須預爲估計。估計之法大約以盛漲水痕爲準，坦坡必須按收分估計。總須將舊隄草根剷除，庶得新舊合一。如舊隄有洞穴，必要挖至盡頭，再行填墊，否則雨後即成浪窩。如係沙土，加估包淤，斷不可惜小費，致貽後患。如子埝過高，須將隄頂加倍，以低子埝二尺爲度。

大汛防守長隄

治河如治兵，必先嚴其壁壘，能守而後能戰。大隄即城垣也，守隄之人夫即士卒也。有隄而無人與無隄等，有人而不能用與無人等。若不籌畫於先機，講求於平日，雖人滿長隄，心志不一，變生倉猝，茫不知所措，如驅市人而使之戰，鮮有不敗者矣。大隄地長人少，不能聲息相通，汛水未漲之時，往往人心懈怠，以爲儘可無慮，殊不思可慮即在於此。

爲地方官者當不憚煩勞，將所管境內隄堰河湖形勢平時勤加履勘，了然於心目之中，隄上隄裏居民聯絡如家人父子，一經大汛，則長隄之上棋布星羅，守望相助，如臂指之驅使從心，雖有强敵，何能撼之！所有防守事宜，逐條開列於後。

一、所管汛地自上交界起，至下交界止，必須將隄身寬窄高卑、土頭好醜、離河遠近、有無舊漏、形勢光景，細細了然於心目，一遇長水報險，胸有把握，不致張惶失措。

一、汛地綿長，查察難周，約隔三十里設立廠房一處，撥人經理，凡有應備搶險器具寬爲預備，多貯錢文，以備不虞。

一、楚省沿隄有設立隄牢、圩甲，分段稽查，日間在隄防守，夜間分班巡查，以昭愼重。

一、防守器具數目開列於後：插牌一面，上書本工地名，上距每處若干里，下距某處若干里，共長若干丈；蓑衣、笠帽足用；鐙籠兩個；須看燭簽。巡簽兩枝；火把足用；銅鑼兩面；鐵鋤、鐵鍬各兩把；元箕一二十付，連竹扁擔；榔頭兩個；夯兩架；鐵鍋兩口；棉襖、棉絮數件；麻布口袋十條。

一、隄頂、隄坡除芭根草外，凡有長草，必須割去，以清眉目。其外坡之草亦不可割，應留以禦風浪。其裏坡之草應盡割去，總要留根二三寸，以護隄身，不準連根鏟拔，轉致傷隄。

一、汛水浸淹隄身，必須日夜巡查。裏坡有無滲漏，一見潮潤即須時刻留心。倘有漏洞，一面稟知防汛官，酌看輕重辦理。

一、大隄連年水至隄根者，尚無大患。或外有民埝，多年未經汛水，一經盛漲，設民埝失事，則溜勢奔騰，直注隄身。一有滲漏，猝不及防，往往因而漫溢，其害不可勝言。必須防患於未形，以免臨時驚惶也。

一、河灘有崩坍陡岸之處，刨放大坦，以免續塌。

一、江水泛漲，於陡坡漫水之勢，設立誌樁，消長稟報，以安人心。

一、大隄高矮未必能一律相平，漫水一到隄根，即令長巡逐細測量，分段開單稟報。如普律高三尺，一兩處高一二尺者，即趕加子埝，以防水勢續長，免至臨時周章。

一、凡馬路必須於隄頂並坦上墊高一二尺，往來不致傷及隄身。

堵漏子説

大隄走漏爲至險至急之事。古人云，蟻穴泛竈，蓋不急救則害不測矣。猝然遇之，雖智勇者不能不驚心動魄。然必静以鎮之，察其形勢，施工搶救，庶不致氣沮神消，手忙腳亂。

凡有走漏之處，當先知隄身是淤是沙，離河遠近，有無順隄河形，測量隄根水深若干。見有漩窩，即是進水之門，速令人下水踹摸。一經踹著，問明窟籠大小，如係方圓洞，則用鍋叩住，令其用腳踹定，四面澆土，即可斷流。如係斜長之形，一鍋不能叩住者，應用棉襖等物細細填塞，或用口袋裝土一半，兩人擡下，隨其形象塞之，仍用散土四面澆築，亦可堵住。此外堵法也。

或臨河一面不見進水形象，無從下手，只得於裏坡搶築月埝，先以底寬一丈爲度，兩頭進土，中留一溝出水，俟月埝周身高出外灘水面二尺，然後趕緊搶堵。如水流太急，縶一小枕攔之裏面，再行澆土更爲穩當，仍須外面幫寬夯碨堅實，俟裏外水勢相平，則不進水矣。此内堵法也。如隄頂寬闊，有於走漏處隄心挖一溝，務須大坦坡，見水而止，即用棉襖等物於進水處塞之，亦可斷流。

捕獾説

獾洞、鼠穴最爲長隄之害，必須搜捕净盡，以絕其根，方無後患。獾有行住之分，行獾尚未傷及隄身，住獾洞在隄根，尤爲必不可留之物。獾性畏人驚動，其穴在隄根及廢限撐越各隄，近水草與墳墓者居多。其洞有前門，雖四五丈或七八丈，復有後門，大如麴碗。人或於前門堵拏，即從後門跳逸，堵後門即竄前門，正爲狡兔之有三窟也。其藏身之巢穴寬大如窰洞，口外有虛土一小堆，是其出入之處，蹤跡顯然可察。捕法不一，有用煙燻，有用網兜，有用繩套，其獵犬一項在取必需。有人專營此業者，令其搜捕，得其一賞錢若干。必驗洞穴，須刨挖到底，夯杵填實，飽錐爲度。再，獾之巢穴總在沙土隄穿洞者居多，因沙土細而實在，即懸空不致塌下故也。其淤土粗而不膠，若懸空易於塌卸，不可不察。

蟻洞，萬城大隄最多。樹根枯木更易生蟻。每逢汛水泛漲，内必浸漏，默誌其處，候十月間從浸漏處挖開，有小洞甚微，用篾絲通入，視其斜正，跟挖即復，其窩如蜂房。土人云，蟻不過五尺，必須搜挖盡淨，投諸河疏，或用火焚，以石灰拌土築還，方淨根株，緣蟻最畏灰也。

創築新隄

築隄之要有五：勘估宜審勢，取土宜遠，坯頭宜薄，硪工宜密，驗收宜嚴。備是五者，工必固矣。

不宜於冰雪交加之際。懼凍土凝結，凌塊難融，雖重硪不能追透者。亦不宜於夏，恐水至漫灘，無土可取。故凡大興工作，楚北非冬春不可也。估計之要必因地勢。《周禮·考工記》曰："善防者水淫之。"註曰：防所以止水不因地勢，則其土易崩。蓋必擇高阜處，不與水爭地，然後能禦水。先隄頂丈尺以次收分，須或寬五丈或三丈。兩坦按二五收，亦有三收者。其高較盛漲水痕三尺或五尺爲度，務使水平，較量確切，不可疏忽。隄成之後，再於兩坦多種笆根草，可免水溝、浪窩及風浪撞刷之患。

築隄首重土塘。稍不經心，不留土路，一雨之後積水汪洋，無土可取。故開工時，即先定取土之遠近，應計隄工每丈用土若干。如頂寬三丈，底寬十三丈，高二丈，每丈需土一百六十方，土塘以挑深五尺爲度，每丈可出土五方，必得三十二丈之土方敷工用。連原留十丈禁土，應於隄根四十二丈外挖起，逐漸退後，迨隄工告竣，尚在十丈以外。收下方惟河工有之，楚北則知收上方而不知下方也。又取土應取外灘，若外灘實在無土可取，方取內土，緣外土易生，內土則日用日少耳。

上土坯頭愈薄愈妙。宜定以限制，俾知遵循。今定每坯以虛土一尺三寸打成一尺爲式。如估高一丈五尺之隄，令其十五坯做，倘少有不敷，再加一漫足矣。每分工上多截木段，以一尺三寸爲誌，俗名謂之紗帽頭。每坯土照此高厚，以憑一律。總之，隄工堅實全仗硪工。硪工之所以得力，必得薄坯方能追到。如坯頭過厚，雖有重硪亦無能爲力。故辦理隄工，不得不認真查察坯頭也。惟兩工分界處所彼此相讓，每留成一大溝形最爲隱患，必須嚴諭各工具於連界處各交互多作兩丈。如上段於底坯多做二丈，下段即於二坯多做二丈，各自行硪，務使坯坯交互夯硪堅實，以免交界虛鬆之病。非認真查察不能破此結習。

隄之堅實全仗硪工。硪有腰子、鐙臺、片子等名，楚北惟四方硪一樣，每架應重一百觔方爲合式。但硪取其重，然其追地又在撒手。諺云："起得高，落得平，便是會打硪人。"如撒手少有不勻，則東倒西歪，不能平平落地，必有打不著之處，即不能保錐矣。有僱日記者，包方者。日記硪以日計工，其弊在偷嬾；包方硪論方計價，弊在草率；惟有論方包錐之硪爲要。隄工之至重者，莫如外坦坡，必須坯坯包邊套打，完工後再於坦坡上普面套打一遍，方能堅實至各段。應用硪多寡，總以出土計算。如夫多而硪少，必致無地上土，俗名地閑。夫少而硪多，又無地可打，俗名硪閑。二者皆至累工，必須斟酌周到。硪多添夫，夫多添硪，使硪地兩不相閑，則得之矣。再草根樹枝之類一入土內，必至漏錐。每坯應另僱日記夫一名，揀淨草根，庶無後患。試錐須辨土色，純係沙土，滲而不漏；新淤土，飽則滿飽，漏則大漏；必得兩和土，重硪套打者，錐錐滿飽，百無一失。

隄既築成，自然照估量驗收。工而得力處，則全在督工之員，隨時查察。凡築隄之大弊，首在收挖隄根。隄根挖深一尺，則隄工高處少做一尺，較別段低矮。前人有釘誌樁一法，以杜其弊，然偷挖誌樁之弊更不一而足。其實地面之新舊一目了然，認真查察，豈能少有弊混耶？

溜矬工

淤土地方創築新隄，或加幫工段，每多溜矬，最難辦理。一遇陰雨及長水之時，內外坍矬，駭人心目。須於未開工之前察其淤土深厚，有沙處則用沙填底，沙性發澀，則不能溜；無沙處購用蘆柴探試，淤深五尺則柴亦用五尺厚，追壓到老土，亦不能溜矣。惟柴爛時又有墊動，仍須加修，有用椿木釘護，內加餞樁，方不至傾倒，並於溜處腳下做一土壩壓抵更妥。

石工六則

一、估計之宜細酌也。估計石工舊有定例，石量尺寸，木較圓長，生鐵鑄錠，熟鐵爲鍋，以及一切各料，各準一定價值，多則冒費。帑金少則遺累，經手均關部駁，礙難奏銷。漕規載在分明，無容置喙，而建工之地形、水勢、機宜不可不察。機宜不在地之高窪、水之深淺，更在地之堅鬆、溜之緩急。及如截木爲樁，若地窪水深則樁長，地高水淺則樁短，固屬定矩。不知土堅溜緩，短樁亦可有濟；土鬆溜急，樁短恐難久立。萬一覺察未盡，勢必貽誤匪輕。

一、石料之宜首重也。趲運不可不速，鏨鑿不可不平。石料早齊，鏨鑿之功方得從容細緻，安砌斯穩。面石必要六面見方，丁石務要長三尺以外，順石務長二尺四五寸愈妙，寬厚均要一尺二寸，裏石亦要寬厚一尺二寸，猶須鏨鑿平正，不得多用薄窄湊算，致滋修砌不堅之弊。

一、樁木之宜圍收也。石工之根生於樁，樁視乎木。不惟木植大小關係錢多寡，而木細椿軟，石工便不經久。大頭、短稍、灣斜、朽腐之木多不適用，其中正不可不逐根圍收也。大抵生創之工，用木必多；折修之工，用木必少。總要先按原估，將該工處所查量木性堅鬆，約用一木一截或一木二截，裁算定準，然後計數圍購，自足敷用，不致糜費。務要於辦木到工，查收照估圍量。至一切汁米、石灰、鋦錠等項，務符厚估，不得剋減。觔重亦須逐一查盤秤收，方得實料實工之益。

一、打椿之宜勤察也。石工之堅與不堅，全視底椿之有力無力。截椿、打椿弊端百出。截椿短少，籤釘稀疏，此承辦之弊。或釘椿過半，私截椿頭；或先截椿尾，以圖省力，此石匠之弊。務要於截椿之時量定尺寸，椿頭各書花押，鐵箍箍打以免披頭之患。未打之先釘掀木，以免歪斜之虞。而尺寸長短，佈置疏密，務照厚估。打椿既畢，必將椿頭一律齊平，以憑鋪底，刻刻巡查，庶免遺累。

一、砌石之宜平正也。砌石塊宜收分，並預酌定明收賠。收不妨略寬分數，收分寬則坦而著實，收分窄則陡而易攲。面石務期線縫，裏石最忌墊山，墊一層曰單山，墊兩層曰重山，此匠工牢不可破之積習也。而面石砌平，鐵線籤試不入，則縫細堅牢。一不如式，難免水侵汕刷之累至。灌汁宜滿，熬汁宜濃，安置錠鋦各宜照估。熬汁濃稀，即可隨便驗視。灌汁滿否，勢須折驗方知。熬汁不濃，灌汁不滿，並鏨鑿空眼而偷減鋦錠，此皆石工第一喫緊要害之處。至襯砌河磚，更須灌汁宜滿，扁立照估，似此修建如式，自必金湯鞏固。

一、尾土之宜慎重也。石工砌成，填墊尾土，有用淨土者，有用石灰、黃土二八、三七攪和者，有用石灰粉加以米汁攪和為三合土者，其法不一。今工段綿長，錢糧浩大，三合土過費，淨土不牢，適中之道惟灰土攪搭之法。但例每石一層，填土一尺二寸，務要兩次分填，每次六寸，加土攪和，使其成一家。浸以汁水，細力緩夯，籤試不漏，再填六寸，層土層硪，總以保籤為要。但打夯既宜堅實而用力，又忌猛，猛則震動石縫，此不得不細細加工也。如是，則工不虛糜矣。

碎石工

碎石工自黎河師估用之後，兩河盛行。楚北自楊林、黑窰廠、觀音三磯拋用得力，至今估辦不絕。而對岸沙洲挺峙，逼溜之工亦非此不能抵禦。惟碎石宜估三收，拋填飽足，方不致續塌帶崩。若惜費勉強，亦遺累無窮。緣石船種種舞弊，每方不及一半。近時有砌擺成坦者，但須一五收。然逾砌則面逾寬，易於坍墊。隨坦而成者，較砌擺爲便。又有護坦而砌魚鱗甲者，可搪風浪。

開　河

楚北只有因淺而疏深之工，非引河可比，工程較易辦理。然遇有稀淤及辦不如法，因而糜爛賠累者亦復不少。必須講究得宜，方能順手耳。

估計之法總以仍循舊河形，因勢利導。蓋舊河土性挑挖容易爲功，淘刷亦易見效。口底以二收爲度，地形高窪不一，篁繩鬆緊不齊，須用竹篁逐細丈量。摇段宜短不宜長，短則一目了然，長則易於忽略，少不細心，必致舛錯。倘河形內尚有涓涓細流，當以水平爲準，較有把握也。

估計既定，即統按土方數目劃段分工。河頭築壩，攔截上游之水，必須堅固，兼妨風浪汕刷。各段看土色是淤是沙、工程難易、出土遠近，以定方價。楚北開河，非膠即稀淤，非粗即瀨沙，四種而已，並無所謂砂礓石種種難工名色。今將各沙淤開列於後。

乾淤，性堅硬，鋤挖費力，較他淤爲易辦。

嫩淤，須分深淺，次分寬窄。深一二尺者，於邊口挑挖五尺寬溝至硬地，俗名謂之抽路，須一二丈一道，使其透風易乾。若深至三五尺，寬數十丈，崖口不能站立，則札套枕，或三丈一路，或五丈一路，間格成塘，於枕邊撥挖至硬地，即跟底前進。

膠泥、油泥，其性滑，尚不致墊陷，分塘鋪板即可挑做。然亦須先挖子溝，以防陰雨。

夾沙淤，層淤層沙，厚不滿尺，淺則易爲，深則費手。其法以沙帶淤，先將沙面曬乾，人得立腳，即在河上連下層之淤一齊挖出，再於下層沙上逐層照做。萬不可在於淤上挖起，亦不可貪多接連下層。緣沙中含水，上下被淤，蓋託水不能出，其性澥。淤爲上下，沙中之水所浸，其性軟。一軟一澥易於攪合，一經攪合，淤沙不分，俗名謂之開套，人夫能立而不能行，幾至束手，受累無窮矣。

稀淤，引河遇此最難措手。開河之處遇有稀淤，惟將上下段挖深，引人填滿，亦不礙河流也。

澥沙，又名淌沙，其色黑，其性散，含水不粘。遇此等土最難爲力，緣不能抽溝空水。法於淺處用乾沙土打堆，周五六尺，高一二尺，於堆頂由内向外輪轉翻撥，俗名打井子。得一席之地即有崖口堆分數處，接連搭架木板，抽挖一層，將水撤出，再於中心打井，即做子河空水，逐層打井挑挖，雖數尺亦得成功，惟兩坦不能立腳耳。

翻沙，爲沙土中之最劣者。此挖彼長，朝挖暮生，無數小堆形如乳頭，中有小眼冒水，偶於空中冒氣，聲如爆竹。此乃上下油淤深厚，蓋託日久，一經挖去上面之土，水氣上升之故，必須用水壓之。其法於河中橫叠小埝，高二尺，寬一丈，或二丈、三丈，間格成塘，引水入塘，或挑水貯塘内，深一尺餘寸，養一晝夜，使水氣舒通。次日將塘内之水㽵撤下塘，養工於此。塘中間用木板五尺、寬五六寸者，順安雙行，中留五六寸之地，另將木板橫安，爲出土之路。人夫皆立板上，先將中心挖出，將板翻移一位，跟崖倒退，遞挖遞退，將此一層挖至河口，其冒水冒氣處漸挖漸少。再將下塘之水放貯此塘，又養二層，即將下塘照前退挖，不致束手。然遇此等工，實難爲力矣。

子河。凡挑河無論寬深，總以得底爲先。蓋底土難出，腮土易挑，而人夫開工，大都先搶頭坯面土，一經陰雨，則滿塘是水，無土可挑。故必先搶子河，有子河，即逢陰雨，尚有腮土可取，不致停工以待。子河即照原估，底寬加深一二尺，以備雨水冲墊，不至再爲費手。再，引河雖經估定，而河灘高窪不一，難保其必無舛錯。子河挑成，試放清水，如有高仰之處，立即加深，自得建瓴之勢矣。

出土。如舊河窄狹，出土即堆貯兩崖之外，以妨流洗入河。如舊河口面本寬，即挨河崖堆積，總以遠三四十丈外爲率。

治水。河裏挑河，首重治水。水去則土鬆而易挖，水存則土堅而難挑。當先挖龍溝，使水有去路，或二十丈一條，或三十丈，或用水車，或用笆斗，將水車出。此楚北弄田常有之事，非比黃河購用牛皮板片爲難也。

土方算法

填實月河形一道，週長六十三丈，絃長三十六丈，中寬十八丈，深三尺。法以絃長七五折，以中寬乘之，得知四百八十六丈，然後再以深乘之，得一千四百五十八方。

又填圓塘一箇，週圍長二百一十六丈，中徑長七十二丈，深九尺。法以徑長七十二丈自乘，得五千一百八十四丈，再以七五乘之，知得三千八百八十八丈，再以深乘之，得三萬四千九百九十二方。又一法，以週長二百一十六丈爲實，以徑長七十二丈乘之，得一千五百五十五丈二尺，以四歸歸之，再以九尺乘之，亦合三萬四千九百九十二方之數。

又填實一圓塘，週圍長一百八丈，中徑長三十六丈，深九尺。亦照前法以徑長自乘，得一千二百九十六丈，再以七五乘之，得九百七十二丈，然後以九尺乘之，得八千七百四十八方。此塘比前塘數目只減一半，而丈尺方數較前少三倍者，何故？蓋徑一圍，三四面俱加者也。

又如填實尖形水塘一箇，中長一百六十丈，橫寬九十丈，深七尺。法以中長爲實，以橫寬深乘之，對折得五萬四百方。

大凡尖形、梭形、勾股斜斜形，俱照此乘算，對折絲毫不爽。惟方者以寬乘長，不用對折。

龍泉碼用灘尺除鼻眼，五尺起圍

不登木八寸至九寸七分止，價二分。

尺木一尺至一尺四寸，每寸加銀一分。

尺四半銀八分至尺五，每寸加銀一分，應長三丈五六尺。

尺五半至尺八每寸加三分。

尺八半銀二錢五釐，至二尺五寸，每寸加銀五分。

二尺銀二錢八分，應長四丈。

二尺五寸半銀五錢八分，至三尺止，每寸加一錢，應長五丈外。

三尺銀一兩三錢，應長六丈。

三尺五分銀一兩一錢三分，至三尺五寸，每寸加銀二錢。

三尺五寸半銀二兩二錢三分，至四尺止，每寸加銀四錢。

四尺零五分銀四兩四錢三分，至四尺五寸，每寸加銀八錢。

四尺五寸半銀八兩八錢三分，至五尺，每寸加銀一兩六錢。

湖北紋銀九兌。

貫頭要看水腳貨殖。

水平式

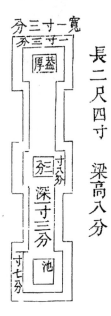

　　用木板一塊，長二尺四寸，兩頭及中間鑿爲三槽，槽係方的，名曰三池。橫闊一寸八分，縱闊一寸三分，深一寸三分。其內有通水槽一道，闊二分，深一寸三分。三池上各置蓋，周圍略小些微，能放入池內，名曰浮子。蓋上用一橫梁，高八分，錐一小眼，如菉豆大，闊長一寸七分，厚一分，蓋厚三分，三眼穿對相齊爲平，名天下平照法。外立度杆長一丈，刻定尺寸，外用柴竿夾紅紙一條，令人擎立遠五十步外，眇目視之，三眼與紅紙相射處即定尺寸若干。挨次照去，便知高低矣。其水平架用木一根，長二尺五寸，下裝鐵腳，易於入土，上用木盤，水平底上琢一圓窩，深二三分，架子盤上用圓筒，好安平穩。

三角旱平式

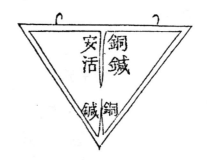

　　旱平以竹爲之，銅則重墜，不準。

丁字旱平式

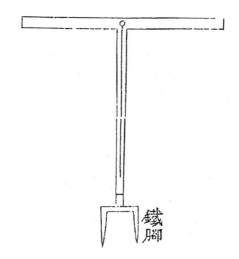

丁字平用堅木做丁字樣，中用綫挂下，尾繫小錫墜，以觀平正。

部尺式

石尺較部尺每尺大一寸五分。灘尺以篾爲之，收术用。較部尺每尺大七分。

土石例價

例價土，每方一錢二分。難工加夫二名。每名三分。

硪每方，一分八釐。因飯食昂貴加一分二釐。

罱撈土。楚北每方一錢五分。

刨坡工。每名四分，石工用。

挖築土。每方九分五釐。

碎石。每方一兩零九分三釐。

木樁徑五寸。杉木每根三錢三分。

鋸樁砍尖，每木匠一工做樁八十根。每工五分。

下樁夫，每樁一根用夫八名夯打，每名每日下樁十二根。每工四分。

條石寬厚一尺，每丈一兩五錢，每丈重一千五百觔。有運腳，上位等費。

石灰每百觔一錢。每石一丈用灰一擔，每磚一塊用灰一升。高堰例，每石用米五升，有熬汁、抬汁、灌汁、篩和築、打汁、柴費。

新磚長一尺二寸，寬五寸，厚三寸三分，每塊一分二釐。有砌做、搬運等費。

稭料。每方五十七束爲一單長，每束重十觔。

布袋。每土一方需布袋一箇，每袋用布二丈四尺，每尺照時值價銀一分二釐。

車水。每架用夫六名，每名四分。

翻沙。每方一錢二分，用倒二五收分。

倍土。隔水距隄二百七八十丈及三百餘丈，必須用船裝運，每土一方應加倍土，一方一錢二分。

挑河土。每方一錢二分，有倍夫，有稀淤。

浚河器具各圖

鐵苕帚式

約重百餘斤，長四五尺，繫船尾，放入水中，沙淤隨水冲刷，頗爲便捷。其苕身用雜木爲之，外釘鐵葉。

刮地籠

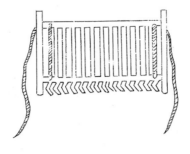

用堅木爲方架，尺寸大小不拘，中穿鐵條，短者打成鈎刀，長者打成扁扒，架上前後釘鐵圈，四穿繩上壓百觔大石一塊。雨岸或用人或用船拉，往來疏通淤沙最便。

浚河鐵篦子式

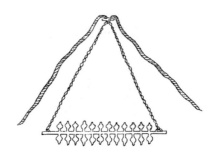

　　鐵篦重一千三百觔，前以繩牽，繫船尾，用疏淤沙。水中往來，沙隨水去，便無停阻，尾繫一船，帶拉轉身爲便。

浚河鐵蒺藜式

長三四尺形如青
菓週圍八鐵片片上
起齒兩頭盤錘一律用
鐵圈二個約重一百二

　　長三四尺，形如青菓式，週圍八鐵片，片上起齒，兩頭盤錘，一律用鐵圈，二個約重一百二十觔。

　　攻沙之法，黃河則有混江龍，今已失傳。雲梯關以上兩岸多建挑壩，束水攻沙，流急則沙不能停，自然之理。如荆、襄兩河沙洲甚多，爲害亦鉅。此洲長則彼岸崩，若築挑壩，則工繁費重。今將各圖繪列，以俟採用。

荆楚文庫

荆楚修疏指要

〔清〕胡祖翻　撰　　毛振培　點校

前　言

　　《荆楚修疏指要》爲清代胡祖翮撰。胡祖翮字伯欽，湖北宜城人，道光進士。道光年間（一八二一至一八五〇年）在湖北任職，爲當事者所推重，屢襄修防工役。時任武昌府教授熊士鵬稱其“有雋才，善經畫大計”。

　　道光辛卯年（一八三一年）以後，荆楚水患頻仍，垸無完堤，民力愈困。胡祖翮有感於歲修因循不力，挽修草率了事，修防弊端叢生，堤垸旋築旋潰，謹據己見，先撰《修防事宜》三卷，後以修防必先疏浚，復輯《水道參考》四卷，與前書相表裹。道光十八年（一八三八年），兩書合爲一編，統名《荆楚修疏指要》。《修防事宜》中有不少内容爲作者親身經歷，其首列鄂省疏河築堤之公牘，既記工程，更立章程，俾官民咸知法守；次集歲修、挽修、防汛各項事宜之章法，俱屬創見；後述方土演算、土方定價及器具定式。《水道參考》縱述湖北江、漢水道，分江考、漢考、湖考，大致皆采輯志乘及《水經》諸書而成，以明水道形勢。該書爲水利之實學，囊括水工技術、經費、管理以及江漢水道考略，具有較高的參考价值。

　　此次整理工作的底本爲同治十一年（一八七二年）湖北崇文書局刻本，其中《水道參考》中采輯《水經》諸書的内容，均根據原著，予以他校訂正。此次負責整理者爲長江水利委員會毛振培，不當之處敬請批評指正。

點校者

目　　録

水道參考

自　序

　　平天下之道，不外用人、理財兩大端。而理楚之財，則必以治江漢為要務。江漢治，隄防固，而物産多，民生遂而國賦盈，上之教澤有所施，下之風俗日益厚。如其不治，水壅則隄潰，隄潰則民災，民災則賦懸，甚至請賑借項，空縻國帑，而卒無補於民生。

　　治楚者，心懍懍乎江漢之為要務也。欲探本源，靡不持論於疏濬。謹守成憲，亦皆營情於修防。夫修疏豈可苟焉已哉！要必明乎作隄之利弊，使夫不枉費。費不苦夫，酌立一定之章程，審夫治水之支派，使來有所受，去有所歸。籌畫萬全之良策，乃得治江、治漢之要道，而令荊楚享安瀾之慶。不然，雖曰有事於江漢，何裨乎？

　　慨自道光辛卯以來，水患頻仍，垸無完隄，民力愈困，人情益詭。分修，則富戶陰卸險要，貧戶受田頂充。合修，則小戶借貧抗費，大戶恃勢隱田。更有橫形之田認修，藏頭者取巧；直號之田認修，截尾者取巧；換段換形，坐落無定，寸長尺短，灑派不均，弊端難以悉舉。兼之白水湖窠淤成高阜，仍享無隄之樂，上中下則沈於波底，終任派修之勞。事不平而力不均，歲修則因循不力，挽修則草率了事。即有督修之員，人地生疏，或事宜未嫻，或稽察不密，聽書役之侵蝕，任奸民之包攬，使費又十不值五，其旋築旋潰，雖曰天命，豈非人事哉！或曰修利隄防，每年有加無已，愈高則愈不堅。何若疏濬，以殺水勢。卒之疏非所疏，欲殺其勢，而勢終不可殺。無他，支穴未開，不能分而使之小。湖瀦未匯，不能貯而使之舒。縱有疏濬之勞，究未審乎疏濬之要也。烏乎！可余自八九年來，洞悉情弊，而形格勢禁，或欲為而不得，或為之而卒不獲底於成。每念及此，未嘗不為之撫几而三歎也。竊謂朝廷例，載土方，建官職，分水利，其鄭重隄功與水道者，原以澤國賦命之所繫耳。誠能周知我楚之利害，籌酌修疏之要圖，何難使江恬漢静，年慶屢豐，國賦不虧，民生咸遂哉！

昔有明陳應芳譔《敬止集》，以泰州人言泰州水，故所論皆確有可據。而本朝靳文襄《治河奏績》一書，論者謂皆親所閱歷之言。祖翩不敏，謬爲當事者所推重，屢襄工役。謹據管見，先譔《修防事宜》，次集《水道參考》，合爲一編，統名《荆楚修疏指要》。嗟乎！法不經親試，事未有成效，何敢筆之於書。即有志未逮者，苟非合地形水勢，熟思審處，博觀約取，又何敢妄抒己見。无平不陂，无往不復，自然之理也。江漢之爲害已極矣，窮極斯通，物極必返。當此之時，諒必有得爲而又敢爲者出乎其間，斟酌而見諸施行，以裨益國計民生。於無盡是，即遂余未遂之志也夫。

道光十八年戊戌清和月漢南胡祖翩謹識

熊　序①

　　牧民者欲濟民艱，莫急於防水患。防水患，莫急於修決隄。沔地舊以富饒稱居，江漢之間河渠多而物産萃，淵藪者日益廣，濱湖爲隄，環隄爲垸，而相耕種於其中，是亦楚之樂土也。漢隄自荆門緑麻山至潛江，延亘百三十里，名高氏隄。江隄自監利東接漢陽，長百數十里，名長官隄。自五代時已然，沔皆賴焉。既而明宏〔弘〕②治、正德間，隄防漸潰，水勢大漲，漢水常決潛江班家隄，江水常決監利車木隄，旋修旋潰，以隄防未能高堅故也。漢水決於拖船埠，而沔西北爲巨浸。江水自西流，窩抵玉沙，而沔決口百餘處。自勝國至本朝，相沿已久，歲苦水患，竊謂修築未定章程故也。胡君伯欽有儁才，善經畫大計，目擊沔地墊溺，揣形度勢，殫精竭慮，而成《修防事宜》一帙，至纖至悉，有條有紀，亦可謂言無不盡，而行無不善也。

　　自俗儒拘守章句，習趨卑陋，往往作無益之文，而廢有益之務。似可以不爲，爲之或極其佳。又似可以不存，存之而必欲其傳，傳之而必欲其久。古之人有行之者，賈讓《三策》尚矣，班固《溝洫志》抑可考焉。至若沔之童庶子《河防志》及靳文襄《治河方略》，又皆有關係乎利害者。

　　舍此而外，其果能如是焉否乎？而以予觀胡伯欽之《修防事宜》，規畫周詳，殆可傳之而必久者與！抑予更有説焉。修決隄而欲爲經久之謀，尤莫急於濬淤河而開穴口。自古水道有蓄有洩，洩則支派分而水不壅，蓄則湖瀦匯而水不溢。千數百年，漢水淤而支河塞，江水堙而穴口

---

　　① 此標題原無，本次校補。
　　② 避諱改字，後徑改，不出校勘記。

平，曷可勝數？雖有神禹，不能循古蹟而復故道。在江，惟有虎渡可注澧江而入洞庭，有郝穴可出漢口而合大江，此幸存而不可築塞者也。在漢，惟有安陸之直河可注龍鶩湖，潛江之澤口可注長湖，此殺漢水之正流而已不通者也。由張池口出漢川，由竹筒河出劉家隔，此殺漢水之支流。雖不幸皆就淤塞，而尚可疏導者也。修築與疏導并舉，又得良有司以實心行實政，勿浮報以罔上，勿靡費以侵下，且取胡伯欽《修防事宜》而圓融變通以行之，雖四海安瀾可也，夫豈但沔無墊溺之患哉？

賜進士出身即用知縣、任武昌府教授、
陞國子監博士、竟陵熊士鵬撰，時年八十有三

劉　序 ①

　　水之爲患大矣哉！邱瓊山補《大學衍義》，以除民害爲治平之要，而專主治河，良有以也。從來治水之道有二：曰疏，曰障。《禹貢》於南北條皆言導，治泛濫之水則然。至水由地中行，則盡力乎溝洫，而其外爲川，川上有路，即今之隄也。故《月令》季春修利隄防，《郊特牲》八蜡之祭，坊居其一。後世如賈讓《三策》、賈魯《二策》，皆疏障並舉。而平當乃謂，按經義治水，有決河浚川而無隄防壅塞之文，不已疏乎？

　　宇内巨川，楚得其二。江自夷陵而下，漢自樊、襄而下，併無大山連延，資隄塍爲保障者幾二千里，夏秋泛漲，率多潰決之虞。辛、壬、癸、甲以來，水患頻仍，往往數百里化爲巨浸，此胡君伯欽所以慨然有《修防事宜》之作也。念君以亮特之才，連不得志於棘闈，遂棄毛錐如敝屣，其經世利物之志，理煩治劇之能，於是書僅見一斑。然其所見者大，所慮者遠，務籌畫之必周，故語不嫌其瑣。欲智愚之共曉，故言不必甚文，得其法而善用之。隄防鞏固，年穀豐熟，爲利溥矣。顧亭林謂文字之無益於人者不可作。是書爲國賦民生計，其益不更有大焉者哉！尋以修防必先疏瀹，復輯《水道參考》，與前書相表裏，即古人疏障並舉之意。而於楚省形勢指畫最爲明確，蓋以我楚古有巨澤重湖，自荊、襄以達鄂、黃，星羅碁佈，足爲江漢游波之地，故前史所載衝決之害希見焉。自宋政和以後，江湖圍田盛於東南，而荊、襄屯兵又益廣圩田。於是昔之湖澤所餘無幾，下流壅而上流易淤，江則穴口盡堙，漢則支河半廢。怙勢者復違衆，而塞所不當塞。迄於今，水高於平田，隄互如城

　　① 此標題原無，本次校補。

郭，衝決之患無歲無之，儻不疏瀹以分殺其勢，隄防雖堅，其可恃乎？是編分別支派，指陳利弊，犁然如示諸掌，誠修防之先務，尤今日之所宜亟講者矣。

或謂疏瀹非一鄉一邑之事，而發大難興大役，惟大力者能爲之，不則徒託空言耳。雖然凡害之既極，必有除其害者出焉。誠能如瓊山所云，不惜棄地，不惜動民，毅然必行，不惑浮議，亦何事不可爲者？昔宋單鍔留心水利三十年，據所目覩，著《吳中水利》一卷，蘇子瞻嘗爲奏進。其後，夏少保原吉、周中丞忱皆師其法以成功。是書出，安知無東坡其人者爲之表章乎？又安知同時無夏、周二公其人者見諸施行乎？予老矣，無能爲也，披二書而壯志，如有萌焉，尚思拭目而覩安瀾之慶也。

道光己亥展重陽前三日通家眷姻弟劉柏才拜譔

凡　例

　　一、首列稼門先生汪制府《湖北疏河築隄》等篇，少穆先生林制府《公安、監利二縣修築隄工章程》并《防汛事宜十條》，蓋以楚本澤國，國賦民命均賴隄防。大憲既定程式，俾官民咸知法守，洵治楚之要務也。首載以昭惠民仁政。

　　一、修防隄務，朝有定例，野無師承。編內歲修、挽修、防汛諸法，俱屬創自管見。迨睹汪、林兩制府讜論，自應擱筆焚稿，但兩公所詳皆官爲之事，而非民之自爲。則凡民之自爲修防者，又不能不經營籌畫，設立章程。俾有隄務者，事宜夙嫻，一遇修防，自有定見，不至視爲畏途，而莫敢任。

　　一、江漢泛漲，每年增高，隄因之有加無已。將來年復一年，隄高垸低，必至田悉成沼，諒非開疏分洩不爲功。但弊重難返，功貴易行，支穴故道，久經堙塞，概行疏導豈易易哉？伏讀高宗純皇帝所頒聖制，從前洩水故道，擇其疏消得力、易於修復者，即爲挑復。又讀今上聖諭，相度地勢，諏訪輿情，清出支河、故道，儻查明，亟應興修。翻仰體宸衷，訪今稽古，審支穴、故道之施工易而獲效捷者，參以鄙見，繪圖附說，彙成一帙，以俟當道者之裁擇。

　　一、敘事之例，詳明爲尚。沙克什《河防通議》，凡物料、丁夫及安樁、疊掃〔埽〕[①]之法咸備。張內蘊《三吳水考》詞不甚文，而源流利弊，一一分明，固不暇效徐彥伯輩作《瓊岳篠驂》語也。是編質實縷陳，惟取明白顯易，人人共曉，文各有體，諒不至以謭陋見嗤。

---

　　① 據上下文，"掃"當爲"埽"，河工用詞。

修防事宜

卷首

汪制府湖北疏河築隄記

楚北舊稱澤國。大江由宜昌、荊州東匯洞庭，歷武昌、漢陽，出黃州而達溢浦。漢水由鄖陽、襄陽、荊門、安陸出漢陽而與江合。重湖大澤復縱橫錯綜於其間。《舊志》載，爲山者十之二，爲土田廛市者十之三，而水居其五也。捍衞則藉隄塍，宣洩則資河港。有治人，有治法，斯利溥，一不慎而害見矣。

乾隆戊申夏，江水涌發，潰缺荊州萬城隄口二十有二，奔流内注，漂没人民田廬無算。雖潰隄旋即修復，而洋洋巨浸無從出之路。迨壬子、丙辰、甲子，漢水復連年泛漲，破隄四溢，不待至大別而江漢固已合流矣。受害者江陵、監利、荊門、鍾祥、天門、潛江、京山、沔陽、漢川、漢陽諸邑爲尤甚。蓋惟水既失故道，河益淤塞，積莫能消，如注盂然。而隄塍復不循故步，畇畇沃土遂爲陽侯所有，疏築則財用繁，軍興之際，日不暇給。諸牧令又時事羽書，遂無由達之大吏。歲比不登，民困斯極，二十年於兹矣。

今中丞長白常公任臬使時，洞悉民隱，曾以疏河築隄爲議，旋以移藩陝左未果行。丙寅冬，大府桐城汪公奉命制楚，勤求治理。乃於丁卯仲春荊南鞫案後，自募小舟，攜一弁一僕，由江陵而監利而沔陽，泛長湖，窮源委，徧閱周諮。即鄉僻野老，有一言可采者，無不兼權而熟計之。閱數晝夜，而水郭山村經由殆徧。舟如蚱蜢，膝僅能容，繖蓋羽葆屏棄弗御。夾岸觀者，不知爲特命秉節之大臣，即各牧令亦不知有供頓之事。而公之孜孜不倦者，固未嘗告勞也。

　　嗣以秋季校閱營伍之便，復順道由襄陽、荊門、安陸而達漢陽，苟有關乎水道民生者無不沿波討源，審度情勢。成竹既定於胸中，勝算遂操之掌上。迺合安陸、荊門、荊州、漢陽四郡之大勢而綜計之，亦併江、漢二水之大利大害而縷分之。害在上游者，用堵築。害在下游者，用疏洩。或開支河，或濬故道，或於舊隄而培壘增高，或築新隄而京坻繼長，或建石牐，或添石工，利民而後已。間有進疑貳之說者，公曰："聖天子以全楚畀予治，予曷敢遺艱大？"乃進王觀察方山而告之曰："凡安陸、荊門、漢陽各要工，其偕胡觀察、劉太守、王刺史督各牧令往治之。"進邱觀察芙川而告之曰："凡荊州、沔陽、監利聯界各要工，其偕周太守督各牧令往治之。"進陳觀察雲柯、吳太守、景太守而告之曰："凡鳩工庀材諸條約，其操不律以讞之。"復進方伯常公而告之曰："金錢出納，其偕曉峰秦觀察綜司之。"指畫粗定，商之前中丞錢唐章公。中丞曰："予有心久矣。前以職司笉庫，不克躬形勢，未敢輕舉動。公既目見耳聞，非臆斷之也，如之何不行？"公乃手草奏章，合詞入告。惟帝曰："俞悉如所請。"復允以鹺商所捐貲濟工用。

　　公又以廉訪，華亭袁公通事理，明利弊，凡用人理財諸大端悉任之。計自丁卯之夏起工，迄戊辰秋仲竣工。其間疏河者：江陵則老關河、馮家湖、人民溝、婁家河、陳家河，凡六千七百餘丈；監利則吳家河、黃土溝、陶鶴頸、直河口、關王廟墻、上下鐵子湖、福田寺、直河、陳河港、王家港、郭家港、刁子口、白公谿，凡五千六百餘丈；天門則劉家嘴、春秋閣、馬號界、排北灘，凡一千四百餘丈；漢川則牛蹄支河、邵家嘴、青魚嘴、柘樹口、掛口、南河渡，凡八千五百餘丈；荊門則借糧湖、三汊河、幺口，凡二千餘丈。築隄者：鍾祥則頭工、三工、尹家廟、萬福寺、五工、十工，十一、十二、十三、十四、十五工，凡二千四百餘丈；京山則王家營、唐心口、聶家灘、黃付口并石岸，凡九百七十餘丈；潛江則謝家灣、聶家灘、方家拐月隄、騎馬月隄、揚湖垸，凡一千八百餘丈；天門則盧埠垸、柴頭垸、河灣垸、龍夾洲、釵子垸、蘇家畈、上下泊、魯垸、多多垸，凡二千一百餘丈，又夾洲垸、鄭家垸、河灣垸、倒套垸、鴉鵲垸、釵子垸五十三丈、一形、三形、五形，凡一千四百餘丈；漢川則五十三丈、二形、四形、六形、藥師菴、永鎮堡，凡一千八百餘丈；沔陽則潭灣垸、西毛垸、馬骨垸、長團垸、長腦垸，凡八千餘丈，又曾家溝石工凡若干丈；荆門則姚家灣、金公月隄、仙人大隄、八家口，凡二千六百餘丈，悉如式。蓋至是而江為江，漢為漢，仍以大別為合流之所，而新舊隄亦判若畫井。

公復於後先報竣時輕軒履工次，持籌握算，以次第勘。嘗面訓曰："新工內，隄不舂堅土，而飾為高厚者，是偷也。河不循丈尺，而意為淺深者，是率也。工力之用與報籍不符者，是事乾没也。悉書下，下考其合程度，而剋期藏事者，是重民命也，是亟公事也，例以懋懋賞。"公之興利除弊，知人善任有如此。又以福田寺新隄為江、監、潛、沔四邑積水出江路。長隄阻而水莫能消，被淹者數百垸。公曰："非復水港口、茅江口之舊，不能甦民困。"乃擇地建牐，依時啟閉，內以宣積潦，外以防盛漲，而疏築之能事備。

歲之秋七月，中丞常公自陝省，九月，方伯山左張公自晉省，同蒞楚。公與計事尤相得，工費告乏者復益之，奸民之設漁梁而攫利客舟者嚴懲之。治求治，安求安，而於是乎大利興，而於是乎大害去。是役也，興工者十州縣，貲用數十萬，集夫千百萬。民不擾而告功，賦不加而集事，古所稱有治人、有治法者，公實兼之。

漢陽居諸郡下游，為江、漢二水匯歸之所，忝承乏兹邑。甫九月，即與斯役奉公明命，偕僚佐以襄事。復請之郡伯毘陵劉公釐定公段，為先路之導。自太頭河、程途山、牛湖缺口，下達金牛港至蔡店鎮。竭六月之力始得竣工，為諸邑先。維時春水方生，河流湍激。不匝月，而湖水漸消，湖田可種。迨季秋而涸出者十五六，向之沈波底而無半菽可收者，今勤栽蒔矣。向之苦漂泊而無一椽可寄者，今安井竈矣。向之流離失所而飢寒莫告者，今則行者歌於塗，居者慶於室矣。一邑如此，他邑可知。一時如此，他時可知。而要非公之明決任事不及。

是夫天下之害，莫大於水，而善為治之，亦莫利於水。昔孫叔敖相楚，決期思之水，灌雩婁之野，國人賴之。是楚之害在水，而利亦在水也久矣。今築隄以衛民居，疏河以順水性，袪漫淹之患，資灌溉之功，五穀熟而民人育，既庶且富，既富且教，熙熙皞皞，樂利無疆。後之守土者，奉公成憲，歲益興修，雖百年後而有利無害，常如今日可也。恕官近省邑，日聆公論，受公訓，較諸吏之見聞最切。不揣譾陋，謹就所頒諸條目，檃括以紀其事，冀垂遠久，爲後人法，非以諛詞侈美也。

漢陽縣知縣裘行恕譔，並載入《漢陽縣志》。

汪制府驗收湖北疏河築隄工程記

今天下論築隄疏河之弊者，莫不曰虛報丈尺，偷減夫土。而所以稽查虛報偷減之弊，往往臨事茫然者，無他。不察舞弊之原，則失之浮；不立釐弊之法，則易於混；且不親身周歷，逐段勘丈，則亦不能遽自信，而使承辦之員無所欺飾於其間。

湖北江陵等州縣河道淤塞，隄塍漫潰，民間田畝被淹，自三五年、十餘年至二十年不等。仰蒙皇上軫念民艱，准將淮商捐銀五十萬兩作爲防堵疏消之用，并令工竣後親赴驗收。所以興美利而除積弊者，聖意至周極渥。

予欽承恩命，夙夜敬懍，亟思有以仰副宸衷。凡於驗收隄工時，必先派役執定畫有丈尺之高杆兩枝，立於隄之內外腳下，將杆頭長繩橫撱平正以量之，則隄之身高、面寬、腳寬各若干，是否與估冊相符，立時俱見。至隄身陡削，易致沖刷，必以二五收分爲準，復將繩自隄腳直撱至隄頂以量之，則躺腰之弊亦見。又將繩自隄面橫撱至兩邊以量之，則窪頂之弊亦見。甚至隄身之高不及原估尺寸，轉將隄腳旁挖深，以冒爲高者，然距隄腳十數丈外尚有未挖之處，形跡可驗，一經與新挖之坎較量高低，則挖深冒高之弊亦見。至築隄向例，以土一尺爲一層，必得層土夯硪，連環套打，始能融結堅實。而欲驗其結實，則以錐試不漏爲度。今用數尺長鐵錐，飭役於隄頂、隄腰釘下，拔起成孔，即以壺水灌之，土鬆者水即不能久注，則雜用沙土及不加夯硪之弊亦見。又如低薄舊隄迎溜頂沖，必須加高培厚者，往往將原有舊隄挳高爲矮，挳寬爲窄，以爲加培冒銷地步。然舊隄必有草根盤結深固，擇一二處飭役挖見草根計算，則挳矮挳窄之弊亦見。又如危險舊隄又漫潰缺口處所，必須退後挽築新月隄者，其新月兩頭必連舊隄謂之搭腦。往往不按舊隄斜坡扣除新隄搭腦土方之半，一經飭役丈量計算，則掩舊爲新之弊亦見。又有挳報取土在數十丈及百丈以外，每土方浮開倍夫一二三名者，若遽令刪除，不足以折服其心。隨查明取土坑坎，飭役眼同丈量虛實，不能稍混，則挳遠取土浮加倍夫之弊亦見。又新築隄塍處所，間有原舊土坑、新衝水潭，必須填築以爲隄基者，往往因此虛報坑潭，希冀朦混。除隄外尚有餘存故迹可憑，應准開報土方外，其稱壓在隄下不可見者，即於環觀百姓内擇其土著樸實之人問明，則挳無爲有之弊亦見。至於驗收挑挖淤河之工，必查其原估面寬若干丈，底寬若干丈，以長繩一條接其丈數，加以紅線數條上繫於繩下，臨於河面、河底，用兩役各執繩頭於兩岸前行，則面底寬窄之弊不能混也。其估挑河工共深若干尺，則飭役執定畫有丈尺之高杆，下靠河底，上憑前項，長繩以量之，則淺深偷減之弊不能混也。甚至河底、河面如式開挖，而河岸半腰形如鼓肚，一經水刷必卸成淤，飭役即於鼓肚處抽挖三四寸寬小溝一道，俾與上下相平，然後量計，即知其少挖土若干方，則兩岸鼓肚之弊不能混也。又或估挑於河之初，往往將原有舊河挳廣爲狹，挳深爲淺，并將浮面草木刨除，以爲挑挖冒銷地步。然草木雖刨而根株猶在，萌芽復生，據此駁詰，并將新挖未有萌芽之處指出，起訖比較分明，即無可置辯，則其挳狹挳淺之弊不能混也。又或於工頭工尾如式開挖，其中間段落有漸高漸低巧爲偷減者，飭令先行放水鋪塘，以數寸爲度，不得過尺，俟水面一平而底之高者立見，則間段偷減之弊不能混也。又挑河淤土往往就近拋棄灘岸之旁，必致水來衝卸復淤此，可一望而知，飭令集夫搬運河岸之上，則圖省人工就近拋土之弊不能混也。

以上皆各州縣築隄疏河之弊。予當驗收時，即於承辦官所呈工段清册内記明其虚報尺寸者，即扣除不准開銷，其偷減夫工、硪工者，則勒限嚴飭補足。至所築隄工及所開河工，各長若干丈尺顯而易見，本難弊混，亦復飭役執步弓於輿前，按步丈量，高聲數報，尚與估册相符。嗟乎！此次疏築之功，蓋僅工段之長，尚無弊混耳。使非奉有親赴驗收之旨，恐工段之長亦將與高、寬、深而同滋弊混也。且非舞弊之原察之詳，釐弊之法立之密，并於工竣時僅照向例委勘而不親赴驗收，恐報銷時亦惟有任其欺飾而無憑駁詰也。於戲！積淹至二十年之久，役夫至千百萬之多，若猶費徒虚糜，工無實效，其何以挽小民沈淪之苦，而副聖主興利除弊之心耶？故記之，以告後之念切民瘼者。

林制府公安、監利二縣修築隄工章程十條

一、經費宜歸實用也。查隄工積弊，每因發給銀兩，有層層之侵扣，估造核銷有處處之使費，以致工程偷減，銀數浮開。今欲力清其源端，自本司衙門爲始。現在所發銀兩，親自查看，封貼印花，悉照庫平庫色給發。如解到工次驗有絲毫短少，以及銀色低潮，許領辦之員稟請查究，另行兌換給發。司書儻敢索費，亦許指稟究治，不得扶同隱匿，一併干咎。至工次易錢，務照時價據實開報。所發夫工錢文一律足數，不得剋扣分文，如違嚴究。

一、工次大小委員宜分別捐給薪水也。查委員辦理官工，歷係自備資斧。在自愛之員，原不藉端需索。而有工之州縣，因詣關地主，率皆供給夫馬飯食。其始以爲無幾，積而計之，爲數漸多，遂不免於經費之內設法開銷。而委員得受供應，亦即有不便頂真之處。以此陋習相沿，大於要工，有礙此次工程。責成署公安縣焦令、署監利縣唐令分領承辦，務使工歸實用，不許稍事虚糜。所有大小委員薪水，應由本司與荆州道府捐廉給發，不使該縣供給，以免藉口賠累。今議候補知府一員督修全功，每月應給薪水銀一百兩。其幫修之佐雜十員，每員每日給銀一兩。自到工之日起，支至工竣爲止。房飯輿從一切在內，該縣毋庸代爲

豫備。至該縣所派在工之書役、弓正，亦應由縣捐給飯食，毋令枵腹從事。儻委員及該縣家人暨隨從、書役人等，有敢向夫頭勒索規費、侵扣工錢者，即先枷號工次示衆，仍分別責革，從重懲辦。

一、經費宜按工程分數陸續給發也。此次借支帑項幾及十萬兩，業由司庫全數支放，委員解荆，統交府庫收貯。應於開工時先發十分之三，以便招集人夫，置買器具，并取具該夫頭認狀及附近舖戶保結。俟做得三分工程每發十分之三，七分工程又發十分之三，仍留一分，俟做完驗發，以防逃避。

一、幫修之佐雜委員，宜明定功過，以憑懲勸也。查委員赴工，必須潔己奉公，實心任事，不辭勞苦，不避怨嫌，方能有禆工程，無負委任。此次所委十員到工之後，各即分派工段，責令幫修。每段工長之處，更應分出字號，以便稽查。每號約在十丈左右，每員應修幾號，先行酌派一次。頭次修完，再派二次，勿使錯雜混淆，有名無實。該員等果否勤奮妥善，應由荆州道府暨督修鄭守并公、監二縣時刻稽查，核明功過。今由司發給功過簿二本，分置公、監工次，令將某員某日幫修，某某字號，第幾坯至第幾坯，共有工程幾分，如何做法，於各該員名下逐日填註，以憑督工大員覆驗抽查。如查有偷安懶惰，稽察不周，即行記過，至三次以上者撤委。儻或串通偷減、勒索、侵肥，以及縱容家人驗擾滋事，立即撤回參辦。若能格外出力，亦於簿內隨時隨事據實登載，工竣將簿呈繳，并由道府分別等第，移送到司，以憑詳請鼓勵。

一、取土須在遠處，以免隄腳空虛也。查定例，築隄取土，須離隄腳二十丈以外。此指工竣之後而言。若開工插方之時，必須嚴約夫頭，先於四五十丈外豎立標杆，插鍬挑起，迨後漸退漸近，於勢爲順，隄成時方符二十丈外之限。若先行貪近，必致後來路斷，無處取土，侵腳礙隄，貽害匪細。現在估有倍夫及翻沙工價，原因取土較遠，刨沙取淤，是以加給錢文。如敢不照標杵〔杆〕[①]挑挖，只就近地偷取，或將浮沙

---

① 據上下文，"標杵"當爲"標杆"。

充數，致有滲漏，以及挖人墳冢、住屋，借端勒索滋事者，除將該夫匠枷責外，夫頭併干嚴處。

一、鋪土行硪須逐層驗試，以防偷減也。查築隄以二五收分，底頂相配，須於鋪底時先行量準丈尺，間段插樁，使其一律寬闊。不得任將隄腳收小，偷底短鋪，致成陡立。仍於未鋪底之先，按照原估寬長丈尺，將地面排築堅實，套打重硪，免致根腳浮鬆，謂之盤底。然後加上底坯，嚴督夫工，鋪踩平勻，不得結塊成團，彼鬆此密。每上一坯鬆土，只許一尺二寸，打成實土八寸。監工員役須多截木簽，作爲尺寸定式，不許上土過厚。至每層行硪，總須連環套打三徧，以硪花爲驗。硪夫須選擇能手，起得高，落得平，便無鬆勁。若以湊數，撒手不勻，落土不實，必有打不著處，即不能飽錐。總在承辦之員專派妥丁，監視硪工，仍親身逐層察驗，不可任其遮蓋。現頒驗票式樣，交幫修各員刊印，帶工以爲查驗之據。每驗完一坯，將票填明，給夫頭收執，按日彙繳。如未掣有第一坯驗票，不許遽上第二坯。併責成督修大員隨時週查，錐試如有滲漏，即責令翻築，不得稍存遷就。至頂底固應如式，而坦坡尤應肥滿，不許折腰、瘦坡。其試驗之法，只將丈杆平放坡上，杆下無縫即是肥滿，有縫即是瘦減，無難立辨。將來收工時，逐段丈量頂坦，兼行錐試。如有偷減草率，不獨將承辦之員參處罰賠，併將委員嚴參示儆。

一、分段處所尤須留心察看也。查夫匠心多懶惰，每於兩段分工交界之處，彼此退縮，不肯跨越一步，中間留出溝形，統俟工完填補，以致不相膠黏，最爲隱患。須於施工之時嚴諭夫頭，各就交界處所交互多做一丈。如上段於第一坯多做一丈，下段即於第二坯多做一丈。均各隨手行硪，務使坯坯互築，融成一片，以免虛鬆爲要。

一、領工須防浮濫也。查起工時各夫頭紛紛認領，意在求多。須先查明該夫頭名下可集散夫若干，每日可做土方若干，所領某段幾日可以做完。取具限狀，果能依限完工，方許再領別段，不得任其貪多妄領，致貽後累。所有在工人夫，惟大雨大雪之時暫許避歇，一經稍霽，仍即上隄，不得以小有風雨藉口停工，致干枷責。如能奮力趕做，先期報竣，驗明併無草率，另當酌賞酒肉花紅。儻不能調度散失，以致宕延貽誤，即將該夫頭枷示工次不貸。

一、丈宜核明也。委員量驗工段，應照部尺較準。多做白木丈杆，劃明烙號，杆之兩頭各釘小橫木一塊。所有在工員役，各令分執，如敢偷改短小，即行嚴究。併另作十丈籤繩，每丈以紅絨爲隔，工長之處便可擒量。其鐵錐式樣，上圓中方下銳，長以三尺爲度。便入土深透，一直拔起，不任緩緩按轉，將土磨光。或用純鋼線錐，亦可得力。併須用清水灌試，以防水中和藥之弊。

一、善後宜豫籌也。查隄成之後，承辦之員例有十年保固，不可稍存大意。其頂衝處所，尚須擇要捐拋碎石，以資攩護。併於兩坦撒種巴根草子，即可長發。坦外多植柳株、蘆葦，禁民採伐，庶藉抵禦風浪，可免撞刷之患。

以上十條，祇就本司所見，議擬章程。其有未備之處，隨時酌議增添。係林少穆先生任藩司時所刊發。

附開驗工票據式樣 [1]

隄工逐段分層鋪土行硪驗明票據	公安監利縣某處（如許劉周張詹李之類或對築或挽月）。隄工第　段　字第　號工，長　丈　尺，高　丈　尺，面寬　丈　尺，底寬　丈　尺。現築第　坯。驗明實係淤土，鋪踩平勻，將鬆土一尺二寸打成實土八寸，行硪三徧。業經試錐灌水，并無滲漏，亦無瘦坡情弊。如覆驗不能飽錐如式，除將夫匠責處罰令翻築外，原驗之員願甘參咎。
	道光　　年　月　日刻　委員　　　驗報畫押

① 底本目錄作“附驗工票式”。

林制府防汛事宜十條

一、設窩舖。凡臨水頂沖最爲險要之處，必須多聚人夫，多積料物。然非築立房屋，則人夫無所棲止，料物無所堆貯，豈能露處？巡防該州縣，應擇適中最要處所，報明建蓋窩舖。計所轄各段正隄共需窩舖幾座，每座所僱人夫約以三名爲度，合兩三舖再派家丁一人往來稽查。仍按段豎立寬闊牌簽一枝，大書丁役人夫姓名，以憑點驗。

一、製擡篷。窩舖不能多設，既設即難遷移。自應添製擡篷，乃可隨時搬動。其篷以木爲之，上蓋篾席，中有板舖，可睡二人，兩頭俱有木槓伸出，可以擡走。該縣境內須設幾架，應令斟酌稟辦。

一、積土牛。汛漲猝至，臨時無土，每致束手。該縣某處工所現有土牛幾垛，應量明高寬丈尺，逐一開摺稟明，其有殘缺者，即須添補。若無，則須挑土積起，即以所僱人役爲之。每一土牛高約四尺，長二丈，頂寬二尺，底寬一丈。每日一夫，應挑土幾擔，幾夫可積一土牛，按夫按日核定挑積，報候點驗。其無土之處，挑堆瓦矴，亦屬可用。總須按垛造報，以憑點驗。

一、備物料。石塊、方圓大小不拘，多多益善，下俱做此。磚塊、木樁、板片、木橛、草束、柴把、葦把、樹枝、繩纜、草簾、油簍、麻袋，簍內、袋內貯沙、貯土或貯瓦矴，俱不拘。破爛棉絮、破鍋、破鋼、以扣泉眼。硬煤、蘆蓆、火把、油燭。

一、儲器具。石碾、木夯、鐵鋤、鐵掀、糞箕、木桶、成擔。扁桶、路燈、燈架、手燈、雨傘、箬笠、蓑衣、草鞋、銅鑼、木梆。

以上料物、器具兩條，均須遵照所開之件，逐一預備。其整壯者，核報實數。即零星細碎者，亦須報明約數，以憑查考。

一、境內工段最要幾處、次要幾處，某處派丁役幾名，通隄統共若干，歸於汛委何員管束。先即核定人數，造冊詳明候驗。

一、防汛之人，每名每日飯食，連油燭總須一百文。挑土者視其難易、遠近，酌予加增，不得少發。

一、修工時監修之董事人等，大汛時責令如所修工段隨同印汛委員住隄防護，業經藩司詳明，出示曉諭在案。該州縣應即隨時督率，務使認真防守。遇有險工，協力搶護，以期衆擎易舉，化險爲平。不得聽其陽奉陰違，推諉躲避。

一、此段有險，上下段及對岸夫役均須趕往幫搶，並橋〔攜〕①帶料物協濟。如明知應往幫搶，而坐視不理者，查明枷責。

一、各屬所配軍流徒犯及有案竊匪，如可收作夫役，使之挑積土牛，給予飯錢，以免逃脫復犯，較之充警更爲一舉兩得，似屬可行。應飭各該州縣督率汛員，查明境內此種人犯共有幾名，分別安插，以資役使，仍造册報候點驗。

以上十條就本部堂意想所及，通行飭辦。如有未能周備及須斟酌變通之處，各抒所見，酌辦、稟覆可也。

附安陸太守周公介夫覆稟節略②

憲札十條之外，卑府管見所及，亦擬有二條上供採擇，伏候鈞酌。

查隄工向來舊章，隄面不准搭蓋房屋，恐滋踐踏。近因歷年荒歉被水，窮民無從安止，多於隄上暫作棲遲。始則建棚，旋因蓋屋，或圖樹藝，以作小商，各有生涯，漸臻康樂。既不准其外出，亦未便迫以遷移。尚多安分之家，絕少惰游之習。惟享清平之福，居不租之地，並無力役之征，未免過於安逸。應請於防汛時先期示諭，餘令隄長、隄役屆期督令前來，共操畚築，幫同搶護。儻有不遵，即予驅逐。

又，隄坡不准種植竹林。以竹林深密之處，即爲獾洞之所由藏，害隄乘人不覺，捕捉甚難。民慮於搜捕時必多芟伐，往往諱匿不言，疏防實屬難免。卑府一面督縣示禁外，應請憲檄通飭種樹之家，無論隄內隄外蓄植，總需離隄三四丈。其已經蔓衍隄坡者，先令其自行砍伐，搬運

---

① 據上下文，"橋帶"當爲"攜帶"。
② 底本目錄作"周太守覆稟節略"。

回歸。如不遵禁令，有意玩延，即官爲督伐，罰令充公，留爲隄防之用。庶人知儆畏，用不託虛，亦一舉兩得之道。

至憲札以在配軍流徒各犯，撥遣赴隄應用，俾有執役，免其逃亡，遷地爲良。自是因利乘便，誠爲善舉。惟人類不齊，應予區別。其有身家資本，可於配所自謀生理。固無庸撥赴者，其好勇鬥很，以及積匪滑賊，不敢一概調遣，且恐在隄乘間脫逃，別滋事端。本管官勢必推諉，藉免處分。看役亦必推諉，藉免科罪。應令各該縣督率汛員，擇其健壯、安分、可以力作者，撥赴隄所，給與工食，以資役使。如有地方情形不一，或應略爲變通，亦即各抒所見，星馳稟辦。

卷一

歲修事宜引

歲修者，垸民分修之汛隄每歲必修也。垸各有隄，隄各有汛，官吏稽察，圩頭催修，按汛加幫，原期高寬堅固，一律如式，偶有偷減，譬之千尺之繩而朽數寸，未有不從此處而斷者。億萬衆軀命所關，其可苟且欺隱，自誤而且誤人乎！先聖繫《易》於既濟之卦曰："君子以思患而豫防之。"天下事圖之於已然，不若防之於未然也。輯《歲修事宜》。

歲修事宜十一條

一、歲修隄工，每垸設立圩頭，或分總輪充，或按田派頂。其分總輪充者，如本年該總已經承充之户，下屆輪到該總，自應另舉前次未經承充者承充。其按田派頂者，如當差田有九分，圩差應認十分之九；當差田僅一分，圩差應認十分之一。照册開報，自無不妥。乃近日圩差，不論派之應否，祇論人之强弱。開報時，每多衿富躲閃，貧户充當。在畏勢而充當者，其人必懦懦，則公隄宜修者，不能收合修之費；私隄抗修者，不敢報抗修之人。在鬮[①]營而充當者，其人必猾猾，則斂費包修，移形換段，弊竇叢生，一遇汛漲，隄險無力設辦防護，竟致坐困。及至潰決，袒護影射，又不據册指報口户，遺誤修復。有隄防者，圩頭一

---

① "鬮"同"鑽"。

差，務以應充之人承充，則修防得力，何至遺誤？

一、歲修隄工，其於按汛分修。各垸遵照魚鱗細冊查明上中下則，派隄同例，水鄉減半，白水以下免隄。即以田冊號頭次第編成隄冊，坐落定，而灑派均，高下險易，自無隱漏、飛栽、挪移、偏累矣。若昔本上中而今爲湖野，向稱荒塝而近成膏腴，則應淤沈抵修，以均民力。遇有單薄刾險，除富戶照汛加修免幫外，凡屬貧戶垸業，必須各念衣食估工協幫。至於富戶，畏難惜工，寄田貧戶，屬頂險隄，不惟義，不協幫，並宜公禀有司，斷令田隄仍歸原業。甚或刾險之隄，衿富恃強，夯派貧弱，以及同冊一號之田，賣屬數家，隄界未清，豪強歲據高厚，懦弱代加刾險，均宜根究釐正。如二家田共一冊，其直分者，以田頂腦之寬窄定隄之多寡。其橫分者，以田連界之前後定隄之上下。推之三四五家皆然，自有坐落矣。

一、歲修隄工，其於通力合修。各垸查明全隄丈尺，加幫工程大小，照冊按畝起派。夫費原期斟酌，估計工費相符。一遇奸猾抗欠隱畝，加幫各工必致偷減。加幫減一分工力，由抗隱多一分弊端。抗隱多一分弊端，即抵禦減一分工效。經費不敷，盛漲難禦。是隄雖壞於盛漲猝臨之時，實壞於抗欠隱畝之日。自誤誤人，咎實難逭。

一、歲修隄工最爲緊要。歲修力，則隄日堅。隄日堅，則水就下。水就下，則河益深通，自無淤塞、壅遏等患，而隄防永固。若歲修不力，上游潰，則中途淤塞。中途潰，則下游淤塞。河道不通，水勢壅遏，一潰之後，數年難保，利害豈淺鮮哉！

每遇歲修，必須較量上年隄邊水痕，以爲準則。如隄高水痕一尺者，加高二尺；隄高水痕二尺者，加高一尺，總以高出上年水痕三尺爲度。如河面過寬，浪湧必高，更須高出水痕四五尺不等。又在相勢加修隄面，幫寬須以一丈爲準，鋪腳須較隄身刾高丈尺，按二五收分撐幫。不然腰躺腳窄，陡立堪虞。挑土之夫又須踩腳築起，鏟土要碎，尺土行碪一徧，加幫老隄非比挽修新隄，故云尺土徧碪。不致浮土鬆堆，方免瀰漫、滲漏、坍塌等弊。

一、歲修隄工，凡遇迎溜頂衝與隄腳刾險之處，或撐幫內腳，則審隄外左右斜坡式樣，削其外邊崩坎，勿留懸岸，帶崩正隄。或另行趲挽，則審坅內高阜地勢，退後挽月，勿恃老隄猶存，偷減硪鑲，以致水泛浸漏，不勝抵禦。

一、歲修隄工，必先詳審上年浸漏之處。或繫腳空乾裂，或繫樹槐朽壞，或繫獾穴蟻洞，務必量其淺深，開巷夯硪，閉塞堅實，使無再浸。儻不留心，必致遺誤。

一、歲修取土，必須離隄二十弓。挽修取土，離隄二十丈，歲修須土不多，離隄不必太遠，故云二十弓。隄外無土可挖，方取隄內。靠隄挖土，損傷隄腳，必致遺誤。即或幸免，日後加面幫腳，又須枉費補坑。至若田戶阻土，居奇勒價，是在有司嚴禁察究，不得專責汛戶誤修。

一、隄身最忌刨種。隄不刨種，牛踏馬踐，草皮堅結。若刨種土鬆，隄身已損，兼以一望蒙茸，浸漏難察，必致遺誤。

一、隄面、隄腳起造房屋，均礙歲修。每年河水增高約三五寸不等，屋在隄面，礙難加高；屋在隄腳，礙難撐寬，務令搬遷，勿致礙修。又有廁屋、糞窖、私剟，不加嚴禁，恐致浸漏。樹木、竹林尤忌栽蓄，汛漲時風急樹搖，有損隄身，竹根穿隄，浸漏難覺。即已伐之竹木，槐根朽壞，大坑小孔，隄受暗傷，更致遺誤。凡遇隄間竹樹，定須挖槐拔根，切勿徇延。

一、隄邊最忌泓[①]潭。平時內腳浸融，臨汛外腳浪洗，內外受敵，鮮不致誤。且泓潭近隄，一有坍裂，取土維艱，務必洩水填泓，以實隄腳。又有隄外高灘，隄內深泓，平時妄恃外灘，每多玩忽。及至汛漲，外灘淹沒，泓最堪虞，必須預爲撐腳，切勿延誤。

一、歲修隄務，必須冬令工竣。開春詳察雨溜、溝缺、鬆土、下陷之處，概行填補。併視坅內有無餘土，以及土之遠近，分別修築土牛。如坅土遠而且無，必於隄面外邊多修土牛，身長一丈，面寬二尺，腳寬八尺，斜高四尺。相隔一丈即修一座，以備臨汛加幫等用。

---

① 泓：底本因避諱缺末筆。

挽修事宜引

挽修者，隄已潰而修復之也。既未搶築於潰決之際，水落土見，鳩衆挽修，當思一勞而永逸也。曷言乎一勞永逸也？凡修決隄，必先設立章程，講究利弊，或守經，或達權，審時勢以制宜，期工費之相當，乃能一勞而永逸也。雖然言及此，而爲之心悸矣。防於未然者，利甚普；救於已然者，害已見。挽修之法，惟願百年不用，不可一日無備，是則余纂輯之意也夫。

挽修事宜十一條

一、修復口隄宜有經權也。汚屬隄務，官爲督催，民按汛修。一有疎虞，自應隄户修築，以專責任。若工程過大，凡在利害與共之處，又宜各念衣食，通力合作。蓋專責隄户力不能勝，必致規避延誤，觀望帑項。國家經費有常，方隅何能徧及。坐以待斃，曷若衆擎易舉，賦命兩益，猶有友助遺風。

一、協修口隄宜分輕重也。隄户縱難修復，必須選擇領修。首事酌報催頭，公估工程須費若干，先量口户、家財，不計田畝，從重派費，以服衆心。然後酌議協幫，分別派費，遵照魚鱗細册，清造田畝滾單，著令催頭照單按催。花户親投完納，首事收錢給券。票用聯貳，縫鈐官印，一爲執照，一爲存查，費毋遺漏，亦毋苛徵，實係辦工良法。彼挨户勸捐，任意高下，以及鄉户互報田畝，里書照糧清田，均難秉公。至不派費而派夫，似可杜餂漁等弊，一遇坳大工鉅，派夫亦難盡妥。

一、挽修口隄宜相地勢也。相形挽月，先須細心詳察。挽月太遠，隄長工大，有失撙節估計之意。挽月太近，泓深地險，又恐浪洗風淘，背面受敵。總以因地之宜，順水之勢，適中踩形，毋過直，毋急鉤，微微灣抱，形如半月，接頭尤加寬厚，方合隄式。

一、挽修月隄宜審築泓也。有口必有泓，修復宜先築泓不待言矣。

但泓有淤未淤，水有流不流。泓已不流，底又未淤，宜照兩頭形勢，插立標竿，徑用船隻運土，傍竿填平水面，接連兩頭，一律興修。若泓係流水，或截源，或塞流，務期水死，亦如前法填築。萬一泓難死水，祇可傍泓去水，一邊插立槍障，攔土下墜，令土不致隨水流去。如泓底淤深，瀧凍難以載土，務備竹竿夾稭梗爲枙，厚約尺餘，寬照底腳，橫浮泓面，四角用樁套以草環，運土枙上。枙壓平水，再加稭枙，又載以土。探淤泥之淺深，用稭枙載土層累。上加泓腳，填硬淤泥。旁壅仍照硬底運土，如法填築，斷無崩裂、坍塌等弊。

一、月隄泓腳宜聽自撐也。遇泓不拘淺深，依照前法，運土填築，腳聽自撐。土坍不遠，腳已穩固。若用槍障逼立成腳，意在土不坍開，可以損費。不知腳係逼立，土重難勝，築隄未半，槍障立斷，隄必中裂，水浸夾縫，受驚枉費，甚至誤公。

一、修隄取土宜明利弊也。先量土場，分派土段，招集夫頭，領棚運土。每棚用老練人持板點數，挑土百擔書一"百"字，勿許混淆。禁革小筬淺擔，依照運土定法，量路遠近評價。每日收場，夫頭領錢，散給每夫，內扣頭錢三文，不准夫頭多取。此法極其便捷。隔水用船運土，亦視每船裝土擔數若干，照船計數，法亦如前，均以擔數訂價，則無厚凌浮土、畏多夯硪等弊。若薑包隄段，不惟高擡土價，易至吃虧。且隄經薑包，散夫添減均聽夫頭，急公不能自由；修不如式，半途又難更換，以至受其盤算，或停工加價，或天雨長支，支錢過多，甚至驀逃。更有一種猾徒，趁有月色，夜半挑運厚凌浮土，及至天明，鏟之不勻，硪之不堅，見水浸漏。以及分廣包修，接頭多有偷減硪鏟。包在土夫，又多浮土鬆堆，遇水滲漏坍裂，均可痛恨。至以所挖土場，計方評價，亦屬妥當。但防土夫擡腳、戴帽、加肩、凹心、斜角等弊。取土以方訂價，土場內必留土椎，較量尺寸，扣算方數。土夫每伺照工乏人時，多用鍬鋤將土椎擡起，腳另填高，攔椎於上，是謂擡腳。土夫將所留土椎毛頭鏟光，另加毛塊於椎上，是謂戴帽。土場高阜非一日所能挖盡，每日量椎尺寸，扣計方數，椎上必留痕跡，土夫每將已量之椎痕加培增高，是謂加肩。土場留椎，土夫傍椎挖深，四旁挖淺，是謂凹心。所挖土場，四角挖進，四正挺出，是謂斜角。至貪挖地面，整砌坑邊，寬蓄埠頭，多留土椎，尤其顯然者也。攮腳、戴帽、加肩，時時稽察，即難作弊。惟斜角、凹心等弊，必於收工時相度所挖坑形，先量寬長弓數，次用長繩交加撙平坑面，以土尺較量挖深之處低繩若干扣算，方不爲所愚弄。

一、修隄鋪腳宜審寬窄也。先量老隄阧高，預算新挽之隄，較高出上年水痕三尺之隄更高尺餘。較量既碻，按算阧高鋪腳。如阧高二丈，面寬二丈五尺，鋪腳二十五弓。阧高一丈五尺，面寬一丈，鋪腳一十七弓。築隄每層高一尺，內外腳俱縮二尺五寸，故爲二五收分。鋪腳寬過二五，斜勢平坦，夫工過費。隄無式樣，不及二五，不惟面難收足，亦且隄身陡立，難保穩固。故築隄必先審腳。

一、修隄行硪宜知變易也。沔俗硪皆日工，每一架硪八人共夯，工資貴至千文，賤亦八九百文。硪夫唱歌呼號，每日夯硪不過十一二次，每次不過二十八九下，多至三十一二下。石硪闊長方尺，所夯地面約計不滿四箇。隄長六七十丈，須硪數十架。硪多而夯少，費糜而工誤。道光十四年，師娘垸挽修月隄，力改陋習。以尺土夯硪二徧，正夯一徧，斜夯一徧。照所夯丈尺鈐蓋灰印，計方扣錢。酌夯一箇地面，給錢十五文。每架硪能夯八九十箇地面，每夫獲錢一百五六十文不等。硪夫亦願論箇，不願日工，唱歌呼號不禁自止。隄長六十餘丈，祇須硪七八架即可够用。硪少而夯多，不但損費，且能趕快，趕快則出力大，出力大則舉硪高，舉硪高則夯地重，夯地重則土自堅，錐試飽滿，不期而然。諺云"作隄無巧，硪好是寶"，此之謂也。

又有十二人共夯一硪，法以長繩穿硪孔，連環飛打，快而省力，所夯地面更多。按方扣錢，價不加多，較八人獲錢無異。至監修夫役，偷減硪工，僞許飽錐，弊在串通硪夫。間選寬長五硪地面，先將前後左右四硪夯堅，後夯中，一硪二三下，試水即能飽錐。又有堅硬涸土，法在潤水夯硪，方能堅實。硪夫希圖省工，多稱涸土不能飽錐，謬指一硪之地夯打，置前後左右不硪，中結旁鬆，試錐即滲。昧者不究硪不得法，反究土色不佳，爲所欺罔，此等弊寶均所應悉。

一、修隄鏟土宜知棄取也。沔俗鏟土皆用鍬，鏟夫非老即幼，工資頗廉。土有硬砟，屢鏟不碎，溼砟黏鍬不脫。照工人來，隻手敷衍；照工人去，取巧偷閑。甚至領有鏟票即行逃去，晚間又來領錢。隄長六七十丈，鏟夫動以百計，相沿已久，習而不察。

師娘垸挽修月隄，鏟夫革鍬，概用鐵鋤。鋤較鍬重，非壯丁不能運，老弱不革自去。硬砟一夯即碎，溼砟一夯即融。鏟夫舉鋤，無遠不見，隻手不能運動，又難偷閑。每夫給有鏟票，一日三查，加蓋圖章，晨蓋辰查，午蓋午查，晚蓋戌查。一次未蓋，不能給錢。領票之後，又難潛逃。隄長六十餘丈，鏟夫不及三十名，工資雖昂，强于廉予鏟夫，固宜棄鍬而取鋤也。

一、修隄收工宜整邊也。隄修寬大，邊不整飭，雨溜成漕，浪洗崩缺，隄身漸損，故整邊決不可少。但須照二五收分，量杆牽繩，斜鏟夯砟，外邊四徧，內邊二徧，每徧按方扣錢，較平面減價三分之一。邊砟用力小而且快，價即減半，砟夫亦不吃虧。若不用石砟而用木杆，施工既多，邊不整齊。不如將石砟四角原耳以長繩四股易兩耳，五人立上首縮長繩，三人在下首帶砟耳，挨次夯打，事逸功倍，併且價廉。故整邊必用石砟。

一、修隄功竣宜善後也。新挽之隄善後無法，恐致損傷。隄內有泓，開溝消洩，勿令泓水常聚。隄外有潭，障以蘆蓆、草轎等物，釘以竹鑹，劈竹為之，橫長一尺，直長一尺八寸，其形似攀。以搪風浪。隄坡徧栽盤根草及蘆葦，日久盤結堅固，方資抵禦，均為善後良法。

分修合防論

隄照汛修，亦照汛防，此定例也。議防於今日，其能無變乎？楚號澤國，環隄為垸。其名咨部者，為官垸；藏在官垸腹中者，為子垸。官垸照田派隄，分修分防，固所以專責任。子垸田無汛隄，免修因以免防，非所以均民力。蓋專責防於有隄之田，力寡而任難勝；兼責防於無隄之田，力衆而功易見。即如沔屬南北大興一垸，所包官垸、子垸册載八十有三，計畝一十三萬三千零。查其周圍河隄共二萬四百一十餘丈，每畝分別上、中、下則，照例派隄。多者盈尺，少者數寸。無何，腹中免修。認隄者未及其半，勞逸已屬不均。猶照汛防，而不協防，無怪防之者少，而不知隄之宜防者之多也。

隄固分修，汛不合防，事有不宜，理亦未當。更宜變者，近日惡習。每遇水漲，借搶險爲名，鳴鑼聚衆，號曰遊夫，不備筅鍬，專持刀斧，沿途尋釁，無從究詰。大業隄户望而畏縮，垸差圩長忍辱莫伸，官不能制，吏不敢問，任其肆行，無所不至。以此云防，非徒無益，而又害之，此變之尤宜早變也。

夫楚之隄防雖繁，習俗縱壞，誠能因事制宜，相地立法，俾有隄者均忘其勞，無隄者不獨處於逸，同心協力，遇險即防，則友助成風，强暴自化，又何虞江襄沖决爲患？信乎！議防於今日，其能無變乎？輯《防汛事宜》。

防汛事宜十條

一、防汛宜先籌畫也。每年九月，開報垸役、圩頭，催理修防，自有定例。然垸役、圩頭能查有隄之户，不查無隄之人。如沔通城大興等垸，周圍遼闊，派有河隄者少，未派河隄者多。更當公舉垸長數人，經理修防各務，預查未派河隄之大業畝數，夫頭名目註册編號備案。十月，督令圩頭按汛催修。次年三月，齊集大業畝費，存貯公所。臨汛催令汛户防汛，並約夫頭協防，籌畫預定，臨時不至周章。

一、防汛宜謹汛户也。每次歲修，公估高寬丈尺，加修工竣，結稟驗收，不准草率。及至汛漲，按照所修汛位，日夜防守，自盡其力，不得恃有協防，稍爲懈怠。儻有違誤，仍惟汛户是究。

一、防汛宜明紀律也。向來防險，均係烏合，名爲遊夫。欲除其弊，必清其源。垸長經理防汛，預將垸内所包子垸未經派提之户，以田多者爲夫頭，田少者爲散夫，每夫頭統領散夫若干名。汛漲時，夫頭執旗一面，書明某垸某號，帶斧一把，預備斫槍。散夫腰繫木牌，書明某夫頭領，各帶鍬、筬、扁擔，聞傳即應，聽候照冊清點，分段防守。同屬一區之派，有河隄各垸，聞某垸隄險，准圩頭照腹內子垸各夫頭領散夫例協防。則夫有統屬，人非烏合，從前滋事惡習不禁自止。夫頭臨汛不到，事後按冊察究。汛過，夫頭照圩頭例開報更換。

一、防汛宜均民力也。凡屬同區，利害與共，水漲均宜協防。小戶或充夫頭，或出散夫，各盡其力。大業動輒數百畝，甚至一二千畝，按照小戶派夫，固難猝辦，若僅隨意出夫，不拘多寡，又恐難服衆心。不派夫而派費，酌家三百畝以上，概列大業，每年三月內按畝輸錢十文，費不加多。防汛時，槍障、飯食等用有賴，則力均而心平，又何險之難禦？

一、防汛宜分段落也。夫冊既定，畝費已集，垸長數人分段防守，清查夫頭號數，就近各統若干。一遇汛漲，沿河有隄各戶照汛謹防，垸長督催，圩頭分巡防護。偶有浸漏、崩裂，傳知所統各夫頭，執旗率夫協防。飯食、柴草、槍障等項，又有公費接濟。夫費兩足，隄何難防？即有險要大工，知會鄰近垸長，約夫并防，夫愈廣，費愈多，防於何有？

一、防汛宜相形勢也。沔屬平衍，土最浮鬆，水性又硬，若遇迎流頂沖與急溜埽腳，防護維艱，務要相勢立法。

其有外腳崩裂，腳外水淺，須外下槍障，填以茅包，內邊撐幫隄腳；腳外水深，槍障難下，外搪浪把，內亦撐幫隄腳。又有內腳崩裂，隄有外灘，則外下槍障，填以茅包，運土築平隄面，內邊下船，撐住頭尾，中艙用樁下定，運土填實，尤須船長方能得力；隄無外灘，內仍下船，如法撐住，較有外灘之處格外撐幫寬厚。總宜速辦，切勿延誤。

更有汛發過猛，較上年水痕高過三尺，隄有土牛，即將牛身鏟平一半，接連成垠；隄無土牛，速加子垠，均須碴杵堅實，方資抵禦。隄有坑眼浸漏，隄外見水漩窩便是進水之路。即令水手探去，或用鐵鍋扣住洞眼，或以茅包、棉絮等項填塞，或用布袋裝豆塞之，再加撐幫，方免遺誤。外邊不見水路，務在隄中開巷夯硪，開巷以見水路爲止；隄若寬厚，即挖深七八尺亦無妨礙，衹要層土層硪，築堅平巷，浸漏自止。若不趁早開巷，隄漸浸融瀧涷，事已危極，惟有多備長大船隻，滿下裹腳，用椿夯定，運土填實，傍腳加幫寬厚，亦能搶護。

又有汛隄歲幫浮土，老隄稍存，草皮猶在，尚不浸漏。老隄崩盡，浮土隨即崩裂。當此之時，内外有灘，或用槍障、船隻、茅包、棉絮等項尚可搶護。若地勢阣險，措手無策，鮮不潰決？有隄防者防於已然，不若防於未然之爲愈也。加幫歲修可不慎哉！

一、汛潰搶口宜審水勢也。垸隄失防，汛户搶築，責有難辭。但民遭水淹，終歲失望，既苦衣食無出，又責即時搶築，務須細審水勢漲落，分別辦理，以恤民隱。方其水已平定，察地勢之險夷，度槍木之大小，相勢設法。用槍一排，則槍木橫列勿太密，勿過疎，如行伍之分佈。用槍二排，則兩槍相距勿過遠，勿太近，如掎角之相援。槍若一排，則槍後盡用支槍。槍有二排，則頭排用支槍，次排不必支槍。統計槍木若干，預爲辦齊。又量口之寬窄淺深，備辦障篾、線麻、茅包等項應該若干。障以竹篙、稭梗紮成爲上，曬篁、柴簾次之。茅包以稻草包土，和水些微，杵結腰纏草繩三道，每箇約重五十斤爲度。仍俟天氣晴明，多集夫工，先下槍，次楪〔搪〕障①，先填淺泓，後築深泓。交口時，運土鎮壓茅包，厚僅尺餘，無致土重槍障難勝，並令槍後一齊填土，保穩槍障，勿令歪卸。築口已固，即以保槍之土爲新隄外腳，量算阣高面寬各丈尺，鋪腳應寬若干，運土出水，層土層硪，庶保無虞。若水未平定，天不晴明，潰口之處其流已急，恐汛又發，人力豈能與爭。心無定見，築室道謀，口衆我寡，勢必急行槍〔搶〕築②，不惟槍障難下，即或下槍楪〔搪〕障，交口時，槍障不斷即拔，枉竭民力，無益於

---

① 據上下文，"楪障"當爲"搪障"。下同。

② 據上下文，"槍築"當爲"搶築"。

事。甚至水涸土現，反致修復無力，遺害更大。不如從容以俟水定也。

一、汛潰搶口宜觀時節也。每年三大汛：桃花汛、伏汛、秋汛。清明節前十八日入桃汛，霜降節出秋汛。凡此七月之中，皆爲汛發之日，隄防責重，豈容疎忽致失？不幸潰決，自宜埝長督同圩長、汛戶，迅速搶築，勿令成災。然必相時辦理：潰在春夏，口築水消，補種秋禾，公私有賴，一也；斜築潰口，水灌未盈，高阜尚可幸免，鄰埝亦可保全，二也；週圍隄身不受風浪淘洗，免致損壞，三也；民得平土而居，房屋不致倒塌，四也；水不渟潴，波濤不興，墳墓不受漂蕩，五也。有此五者，搶口可稍緩哉！若七八月間，潰淹禾苗半已成熟，埝水不久自涸。與其備槍障集夫工立時搶築，使費十不值五，不若水涸土現修復，猶損民力也。

一、汛過宜清交盤也。三汛既過，齊集埝長，公同算明本年集費若干，使費若干。經費有餘，交盤下屆埝長結領收貯。經費若虧，仍於搶險各埝，著圩頭按畝收費還項，不得虧累埝長，免致應允之人畏累規避，廢弛要工。

一、埝長宜慎選擇也。圩頭公同選擇，無論紳耆，舉報諳練老成之人充當埝長。人不公正，難免徇庇。人不精明，難免糜濫。人不殷實，難免侵蝕。三者缺一，不能辦公，反以誤公。

卷二

土方定價論

作隄之弊，設遇虛報丈尺，偷減夫工，誠能親爲稽查，如法丈量，猶不難澈底澄清。惟土方價值求其不失於刻，不失於濫，而適得其平爲最難。

部例原有定價，辦公尚須變通。苟失之刻，則傷夫而夫難聚；失之濫，則糜費而費易竭，二者誤公，其弊一也。夫取土作隄，遠近不同，水陸各異。兼之天時有晴雨，地勢有陡夷，食貨有貴賤，夫工有暇否，價值實難定確。不立一公平之法以爲程，安望夫不枉費，費不苦夫？茲酌以土砝定方，鍬鋤定擔，行步定夫，則一觀土砝之大小，而方數已明；一查鍬鋤之多寡，而擔數已確；一量行步之遠近，而夫數已見。區以水陸，別以晴雨，判以陡夷，參以食貨貴賤，審以鄉村閑否，隨時酌定，何患土價之不平乎？今創立運土定法凡十二則，附修隄土方、加幫汛隄各算法，車水取土法，及砝式、弓式。

陸路運土法

估計土方之法，必以每把鍬鋤，鍬不及挖鋤。取土若干擔，合挑夫行路若干步，酌定價值，乃能公平。上等土夫，每把鍬出土七百擔，中等出土六百擔，下等出土五百擔，不及五百擔者，乃不堪用之土夫。凡夫行路三十步爲一挑，俗云二十四步一挑，大謬。三步恰合一弓。諺云："不緊不鬆，三步一弓。"陡坎三步倍作二弓。丈量行路弓數，定爲兩挖幾挑。如路長三十弓，兩挖三挑；路長四十弓，兩挖四挑；路長五十弓，兩挖五挑。路愈長，挑愈多，以此類推。總要以兩挖幾挑科算，切無以一挖幾挑起算，吃虧於不覺也。

陸路方土算法

假如取土走路計長四十弓，現挖土場計長二十弓，所用鍬鋤計十把。問該挑夫若干人？取土若干方？每方定價若干錢？答曰："挑夫二十五人，取土二十五方，每方價錢一百四十文。"法將走路四十弓不折，現挖土場二十弓折中十弓，共長五十弓。三十步爲一挑，恰合十弓，五十弓爲五挑。以兩把鍬供五挑，則知十把鍬供挑夫二十五人。每挑中等土砣二百擔够一方，即以下等土夫每把鍬出土五百擔，十把鍬出土五千擔，計算則知取土二十五方。每夫工資酌錢一百文，合鍬挑共三十五人，該工資錢三千五百文，以錢爲實，以方土爲法，用二歸五除除之，則知每方價錢一百四十文。工資酌給百文，祇以下等土夫出土計算，一遇上中土夫出力趕挑，獲錢豈僅百文。以此立法，所以別優劣，示鼓勵也。

陸路點板 [①] 算法

運土不以方定價，而用點板，即以前法酌定每百擔該若干錢，其法更捷。

假如取土走路計長六十弓，現挖土場計長二十弓，所用鍬鋤計十四把。問每百擔該訂價若干錢？答曰："每百擔價錢九十文。"法將走路六十弓不折，現挖土場二十弓折中十弓，共長七十弓。十弓爲一挑，七十弓則兩把鍬，該挑夫七人。十四把鍬，該挑夫四十九人，合挑鍬六十三人。每把鍬出土五百擔，十四把鍬出土七千擔。以夫六十三人爲實，

---

① 板：底本目錄作"土"。

酌給工資，若非整數，仍須以錢爲實，不能以夫。以土七千擔爲法，用七歸歸之，則知每百擔價錢九十文。

隔水運土法

土場隔水，須船運載。除兩岸仍以兩挖幾挑之法科算外，其水面以相隔三十槳之遙用划船一隻，前後土船便能魚貫而行，首尾相應，不空鍬，不空挑，不空船矣。儻遇生手，不能一律如式，只可減挑，不可減鍬，尤不可減船。蓋鍬減則挑空，船減則挑、鍬兩空。

隔水方土算法

假如土場隔水一里，岸上取土走路二十弓，現挑土場十弓，所用鍬鋤二十五把。問該土船若干隻？挑夫若干人？掀土拾篾若干人？取土若干方？每方訂價若干錢？答曰："土船二十五隻，挑夫三十八人，掀土八人，拾篾六人，取土六十二方五分，每方價錢二百三文。"

法將水路一里作三百六十弓，每一槳作一弓，隔水三十槳用船一隻，三百六十槳須划船十二隻方能接運。每船載土二十五擔，往返二十回不過五百擔。以二十五把鍬出土一萬二千五百擔分運，則知划船二十五隻。走路二十弓不折，土場十弓折作五弓，共長二十五弓。十弓作一挑，長二十五弓路短增弓科算論詳後。作三挑，兩把鍬供三挑，則知二十五把鍬共挑夫三十八人。掀土三船共一夫，則知掀土夫八人。拾篾四船共一夫，則知拾篾夫六人。又將二十五把鍬所取土擔以二百擔作一方，則知六十二方五分。再以船二十五隻倍作五十人，合挑夫、鍬夫、掀土、拾篾共一百二十七人，每夫酌給工資一百文，共該錢十二千七百文。以錢爲實，以方爲方〔法〕[1]，用六歸二五除除之，則知每方價錢二百三文。

———————

[1] 據上下文，"以方爲方"當爲"以方爲法"。

隔水點板^① 算法

假如土場隔水一里，土船二十五隻，岸上取土走路二十弓，現挖土場十弓，鍬鋤二十五把，挑夫三十八人，掀土夫八人，拾筅夫六人。問每百擔該訂價若干錢？答曰："每百擔價錢一百二文。"法仍照前，以一百二十七人爲實，以土一萬二千五百擔爲法，用一歸二五除除之，則知每百擔價錢一百二文。

區別三等土方並行路增長不及十弓品價^②

方土價分三等：旱方價錢每方若干，泥方加半，澇方加倍。雨夜急公，價同澇方。前列土方品價，起例三十弓所推，皆弓口整數，未及增長。不滿十弓者，設有路長三十一二弓或三十四五弓，又當如何訂價？按路長十弓定夫一名，酌價百文，均以兩挖取土千擔科算。則路長一弓訂價，應千擔增錢十文，百擔增錢一文，十擔增錢一毫。如路長三十弓，兩挖三挑，原擬百擔給錢五十文。長至三十一弓，應給錢五十一文；三十二弓應給錢五十二文。累至四十弓，則與路長四十弓，兩挖四挑，百擔給錢六十文恰合。餘可類推。

區別水陸夫弓^③

陸路取土，走路長一里，兩把鍬挖，必須挑夫三十六人，方能接運，合挑鍬共三十八人，取土一千擔，以二百擔作一方，得土五方。以人爲實，以方爲法，是每方須錢七百六十文，乃能一夫獲錢百文。水路一里，岸上走路二十弓。以隔水一里作三百六十槳，用划船十二隻，每

---

① 板：底本目録作"土"。
② 並行路增長不及十弓品價：底本目録作"並路長不及十弓定價法"。
③ 弓：底本目録作"工"。

船載土二十五擔，各運二十回，每日運土共六千擔。以十二隻船並船夫作二十四人，掀土四人，拾筤三人，岸上兩挖三挑，鍬夫十二人，挑夫十八人，合共六十一人。取土六千擔，以二百擔作一方，得土三十方。以人爲實，以方爲法，每方祇須錢二百四文，每夫即能分錢百文。竊思陸路一里，取土五方，須夫三十八人；水路一里，岸上走路還有二十弓，取土三十方，僅須夫六十一人，其工迥殊，何也？蓋水路三十槳一船，一船祇作二夫，十二船祇作二十四夫，合鍬夫、挑夫、拾筤、掀土共六十一人，往返一里，每一次運土三百擔。陸路三十六人，合鍬夫共三十八人，往返一里，每一次運土三十六擔。是水路運土一次，較陸路即多二百六十四擔，工資迥殊，此之故耳。

區別水陸器具

土以筤盛，筤以繫運，其繫利用藤纏，不宜長繩。長繩土筤，祇利防汛。但藤繫忌短，短則載土不多，準以一尺八寸爲度。陸路每夫一名，備筤一二擔，即可够用。水路每夫一名，必備土筤六擔，方可接運。若水夫土筤不多，不惟挑鍬兩空，並致船空。辦公者勿徒以水夫較步擔便捷，竟置器具而不爲，酌量品價也。

土砝定式

土砝長六寸，寬五寸，厚五寸，每擔一頭三塊，每方該土一百一十一擔。若寬四寸，厚四寸，長仍六寸，每擔一頭三塊，每方該一百七十三擔。寬厚各四寸，長僅五寸，每擔一頭三塊，每方該二百八擔。如長五寸，寬三寸，厚三寸，每擔一頭三塊，每方該三百四十二擔。寬厚各三寸，長祇四寸，每擔一頭三塊，每方該四百二十七擔。儻砝長四寸，寬厚各三寸，每擔一頭二塊，必須六百四十一擔乃够一方。故挑土筤擔必須斟酌。

土�算法 [①]

按溼土砝，長闊高各一寸，重三兩；乾土砝，長闊高各一寸，重二兩四錢定式所擬上等土砝，每擔溼土重一百六十八斤零，乾土重一百三十五斤。若非包工，決無如此土擔。至以一百七十三擔成方，每擔溼砝一百八斤，乾砝八十六斤零。諺云寸土十八擔者，是酌以二百擔爲一方。每擔溼砝九十三斤零，乾砝七十四斤。以此點板，土夫並不吃虧。

《山法全書》或用寶斗量土，平口稱其輕重，每斗七斤爲下，十斤爲首，如其中平，厥斤爲九。或用土方一寸一塊稱之，重三四兩，重五七兩不等。據此則辨土輕重，又有山澤各異者。

假如土砝長四寸，寬三寸，厚三寸，每擔一頭三塊。問每方該土若干擔？答曰："四百二十七擔。"法將土皮方一丈爲實，先以長四寸，用四歸歸之，得二十五塊。接以寬三寸，用三因三一乘乘之，得八百二十七塊半。又以厚三寸，用三因一乘乘之，得二千五百六十五塊。每擔一頭三塊，以六歸歸之，則知每方該四百二十七擔。餘可類推。

按：此等土擔，溼砝重四十斤，乾砝僅三十二斤，況不及此等者乎。

路短增弓科算

走路三步一弓，三十步十弓。法以十弓作一挑起算，走路愈長，土夫愈利。若僅長一二十弓，或不及十弓，不能概以十弓作一挑科算。路長二十弓者須作三挑，路長十弓者須作二挑，增弓科算，土夫乃不吃虧。何也？走路短，起肩卸肩多，未免贍遲。陸路運土，法以兩挖三挑起例，而不言兩挖一二挑者，以此。

---

① 此標題原無，據底本目錄補。

修隄土方算法

凡土橫一丈，直一丈，深五寸，爲一箇。橫一丈，直一丈，深一尺，爲一方。橫一丈，直一丈，深二尺五寸，爲一圈。沔屬五方，惟南方取土以圈訂價，餘皆以方訂價，間有以箇訂價。各雖不一，總以兩把鍬鋤出土一千擔，合三十步爲一挑。酌量土場走路遠近訂價，總無不合。

假如挽修隄長一百一十七丈，陡高二丈，面寬三弓，腳寬二十三弓。問該土若干方？答曰："一萬五千二百一十方。"法將面寬三弓，腳寬二十三弓，合爲二十六弓，以五因乘之，得十三弓，再以五因乘之，得六方五分。一有以二十六弓用五因乘之，得十三弓，以四歸歸之，得三方二分五釐。接以隄長若干弓乘之，此爲弓與弓乘。一有以二十六弓用五因乘之，得十三弓，以二因乘之，得二十六弓，以四歸歸之，得六方五分。接以隄長若干丈乘之，此爲丈與丈乘。又有以面寬三弓作一丈五尺，腳寬二十三弓作十一丈五尺，合爲十三丈，以五因乘之，得六方五分。更有不用五因，直以二十六弓用四歸歸之，得六方五分，尤捷。又將陡高二丈以二因乘之，得一百三十方。又將長一百一十七丈以一因一七乘乘之，得一萬五千二百一十方。

假如隄長、陡高、隄面、隄腳丈尺如前，問該土若干圈？答曰："六千八十四圈。"法將面寬三弓，腳寬二十三弓，合爲二十六弓，以四歸除之，得六方五分。再以深二尺五寸用二歸五除除之，得六方五分。又將陡高二丈以二因乘之，得五十二圈。又將隄長一百一十七丈以一因一七乘乘之，得六千八十四圈。

加幫汛隄算法

凡估加幫老隄，以木杆二枝畫明丈尺寸分，杆頭貫以長繩，豎於内外隄腳。平搉長繩，以量陡高；斜搉長繩，以量斜高。又以土尺照册弓較準，名爲土尺。立於舊隄原腳下，較量估幫斜搉之繩與原腳相距若干；如估幫一弓，用尺離估幫新腳尖無縮進一弓，即原腳下豎尺比較。再以土尺立於原隄面下若干，如估幫一弓，以尺立於舊隄面下一弓，豎尺比較。較量估幫斜撬之繩與立尺之處相距若干，則面腳斜厚立明。即以斜高斜厚合隄長若干，扣算方土工程，分毫明確。凡幫寬一弓，斜厚二尺，祇以斜厚計算。

假如隄長一丈，陡高一丈，斜高四弓五分，今議腳幫一弓，面尖無。問該土若干方？答曰：「二方五分。」法將腳幫一弓恰合斜厚二尺，合面尖無撬作斜厚一尺。再將幫寬腳下豎起木杆，用繩自杆腳上撬至面尖無，量該斜高五弓五分，即合原斜高四弓五分，共十弓。撬作五弓爲實，以長一丈用二因乘之，得十弓。再以四歸歸之，得二方五分。

假如隄長一丈，陡高一丈，斜高五弓五分，今議面腳俱幫一弓。問該土若干方？答曰：「五方五分。」法將木杆離隄原腳一弓直豎一枝，又將木杆一枝橫攔隄面推出隄邊一弓，貫繩自橫杆頭撬至直杆腳下，量幫斜高五弓五分，與原斜高等。即以五弓五分爲實，以長一丈用二因乘之，得十一弓。用四歸歸之，得土二方七分五釐。再以面腳俱幫一弓恰合斜厚二尺，用二因乘之，得土五方五分。

假如隄長一丈，面寬一丈，陡高一丈，內外斜高四弓五分，今議內外腳幫二弓，面幫一弓，加高二尺，隄面仍寬一丈。問該土若干方？答曰：「十八方。」法將木杆離隄原腳二弓直豎一枝，又將木杆一枝橫攔隄面推出隄邊一弓，貫繩自橫杆頭撬至直杆腳下，量該斜高六弓五分，即合原斜高四弓五分，共十一弓。撬作五弓五分爲實，又以長一丈用二因乘之，得十一弓。以四歸歸之，得土二方七分五釐。即將腳幫二弓恰合斜厚四尺，面幫一弓恰合斜厚二尺，共六尺。撬作三尺以三因乘之，得土八方二分五釐。又以內外幫用二因乘之，得土十六方五分。接以原面寬一丈合內外各幫一弓，共寬四弓，並新隄面一丈，共六弓。撬作三弓用四歸歸之，得土七分五釐。以加高二尺用二因乘之，得土一方五分，則知加幫共土十八方。

假如挑隄一形東寬五弓三分，西寬五弓，南寬七弓，北寬七弓四分，高三尺。問該方面若干箇？答曰：「五十五箇六分二釐。」法將東西折作五弓一分五釐，南北折作七弓二分，積弓三十七弓零八釐爲實。用流歸法積田一分五釐四毫五絲，再用六因二徧，或用三六因乘一徧，合問。又法將積弓三十七弓零八釐爲實，用四歸六因各一徧，合問，更爲捷便。

假如有隄腳寬東十二弓，西十一弓，面寬東西各二弓，陡高一丈三尺，長四弓五分。問該若干方土？答曰："九十八方七分一釐八毫七絲五忽。"法將腳寬東十二弓，西十一弓，折作十一弓五分，加面寬二弓，共十三弓五分，折半得六弓七分五釐，以四歸之，得土面一方六分八釐七毫五絲。以陡高一丈三尺乘之，每隄一弓，得土二十一方九分三釐七毫五絲。又以長弓四弓五分乘之，合問。

假如隄腳東十弓，西八弓，面寬東西各二弓，陡高一丈一尺，長六弓。問該若干方土？答曰："九十方零七分五釐。"法將腳寬東十弓，西八弓，折作九弓，加面寬二弓，共十一弓，折半得五弓五分，以四歸之，得土面一方三分七釐五毫。以陡高一丈一尺乘之，每隄一弓，得土十五方一分二釐五毫。又以長六弓乘之，合問。

車水取土法

土場爲沙所佔，取沙先鎮泓底，次乃取土築隄，人所共知。又有被水没者，儻水不過深，作垠成圈，運以車即水車。戽，即摻斗。水涸土現，每方加錢不多，甚勿以水没土場，廢修坐誤也。

翩挽修十一外垸月隄，天雨時作，河水又漲，內外土場俱没。探其淹没較淺之處，周圍作垠，用四架梁車踏水取土。酌以每畝地面涸水一寸，工資二十文，涸水一尺，工資二百文。不數日，其地水涸，取土深至一二尺。加幫朱耳垸南隄，其垸外畈皆水。遇有天雨，一望無涯，取土水陸俱艱。垸內坑潭，可以運船。又苦垸田皆沙，每年加幫無土，以沙塞責，致隄俗名沙口，汛漲極險無比。翩探外畈水底淤泥，未及一尺以下皆土。傍隄挽越垠成溝，就陡高三尺，腳寬四尺，面寬二尺。如挽水田界垠不使滲漏，用摻斗摻涸垠内之水，再開横溝疏洩，餘水傍垠相勢鑿池渟蓄，用二架梁車踏出垠外。遇有天雨，酌增大車協踏，其土自涸。多備夫役趕修，二旬功竣。巍然土隄，鄉人稱快，較往年經費尤廉。

摻斗運法有二：水深三四尺者，用弔摻；深一二尺者，用扞摻。二人以繩對搴者，名弔摻。一人持柄紮架獨摻者，名扞摻。在人臨時酌用。每畝地面水深一尺，祇須摻斗一把，不日即涸。因思一畝之地面方六十，用車取水，給錢二百文。灑派六十方，無論取土深至二尺，每方加錢不及二文。即取土祇深一尺，每方加錢亦不及四文。摻斗較車工資更減，豈可畏難致誤耶。

硪 式

硪土以方訂價，硪夫圖佔地面，硪必長闊。總之硪選青石，高準五寸，自不能過於長闊。沈氏丹甫云："青石長、闊、高各一寸，重三兩。則長闊一寸，高五寸，重十五兩。長闊一尺，高五寸，計重九十三斤十二兩。長闊一尺一寸，高五寸，計重一百十三斤七兩。長闊一尺二寸，高五寸，計重一百三十五斤。"再加長闊，自難運動，故硪選青石，高準五寸，不必較論長闊。

又有不用石硪而用鐵硪，鐵較青石更重。沈氏丹甫云："鐵長、闊、高各一寸，重六兩。則鐵硪高三寸，長闊一尺，計一百一十二斤八兩。"又不可以石硪式樣拘也。

弓 式

弓有册弓、京弓二號。以册弓較準，京弓每弓短册弓一尺一寸。以京弓較準，册弓每弓長京弓一尺四寸。諺所云"不緊不鬆，三步一弓"，乃册弓，非京弓也。

水道参考

卷首

聖制附論略

乾隆五十三年七月奉上諭："據阿桂奏前往荆州查勘應否改〔建〕^①
城垣，摺內稱，向熟悉該處情形之人留心訪問，聞得荆州府治對岸一帶
向有洩水之路八處，近惟虎渡一處現在尚可洩水，其餘七處俱久在淹
廢。江水分洩之路既少，又沙市對岸有地名窖金洲，向來衹係南岸小
灘，近來沙勢增長，日漸寬闊，江流爲其所逼，漸次北趨，所謂南長北
坍，以致府城瀕江隄岸多被冲塌，屢致淹浸。其故或由於此等語，已於
摺內批示。荆州爲古來重鎮，城猶是城，江猶是江，何以從古俱未聞被
冲之事，而本朝百餘年來亦未聞此事。乃十年之間四十四、六及本年俱
被淹浸，而此次江水竟至冲入城內。朕即疑必因江水或有遷徙，密邇城
垣，頂冲受患所致。今據阿桂查詢，荆州對岸洩水之路竟有七處堙塞，
而窖金洲小灘近復沙勢增長寬闊，以致水流漸次北趨，府城瀕江，隄岸
多被冲塌淹浸。觀現在被水情形，則阿桂所言竟是，該處受病有由，已
非一朝一夕之故，而地方官之漫不經心已可概見。現在阿桂到彼尚需時
日，著傳諭舒常到彼，先將荆州對岸一帶親加履勘，是否實係該處洩水
之路漸就淤塞，窖金洲沙勢增長逼江北趨，即行查明，據實具圖，貼説
覆奏，不得因失查於前，又復迴護於後。阿桂到彼，亦即行詳悉查明覆
奏。又據阿桂奏，荆州城垣一切佈置規模由來已久，不便徑議更張。即
當查看地勢，或於府城瀕江處所建鸛觜、石壩之類逼溜南趨，將窖金沙
灘漸次冲刷等語，所見甚是。荆州城垣若需移建，則衙署、倉廒、監獄

---

① 據《荆州萬城堤志》，"改"下有"建"字。

等項概需搬移，所費不資。況該處素稱富庶，人民世居其地，亦不免安土重遷。朕意若府城可以無需移建，自以不移爲是。昨已降旨阿桂，到彼務宜與舒常察看情形，悉心籌酌。若該處文武衙署並倉廠等項，不過稍爲浸溼，房間基址未動，尚易收拾，而商賈、居民不致蕩析，自可無庸將城垣移建。即當於瀕江處所酌建石壩，逼溜南趨。再將從前洩水故道，擇其疏消得力易於修復者即爲挑復。並將窖金灘上挑挖引河，俾府城不受水頂沖，自可長期鞏固。阿桂歷經委任，諳悉形勢，務與舒常酌籌盡善，因利乘便，妥爲辦理，總期一勞永逸，方爲全善。將此由六百里傳諭知之。欽此。"

欽奉上諭："御史朱逵吉奏，湖北連年被水，必有致患之由，著體察情形，遴委明幹大員，相度地勢，諮訪輿情，清出支河故道。儻查明亟應興修，趁此水落歸槽之際，擇要興工，以工代賑，庶於水利民生兩有裨益。"

軍機大臣爲欽奉上諭事，字寄湖廣總督訥、湖北巡撫尹、湖南巡撫吳。

道光十三年十月初四日奉上諭："據御史朱逵吉奏，湖北連年被水，必有致患之由。該省之水，江漢爲大，欲治江漢之水，以疏通支河爲要，而隄防次之。近日支河淤塞，諸湖受水之區，其洲渚亦多被民間侵佔，以致水無所容，江水橫決爲災。請疏江水支河，使匯於洞庭湖；疏漢水支河，使北匯於三臺等湖；並疏江漢之支河，使分匯於雲夢七澤之間，隄防自可漸固，水患亦可稍息。聞前任總督盧曾議開濬支河，委員查勘已有端緒，因經費未裕，未及奏辦，有案有稽等語。洞庭湖界北、南二省，爲眾水聚會之地，江漢支流有所匯歸，自不致衝決爲患。該御史所奏開濬支河，以工代賑，亦屬一舉兩得之計。盧前在湖廣總督任內，是否委員查勘，因經費不充，未及辦理。著訥、尹、吳體察情形，遴委明幹大員，相度地勢，諮訪輿情，清出支河故道。儻查明亟應興修，即在該督等前請撥鄰省銀二十五萬兩內，趁此水落歸槽之際，擇要興工，以工代賑，庶於水利民生兩有裨益。該御史原摺著抄給閱看，將此各諭令知之。欽此。"

遵旨寄信前來，外抄原奏一紙，內開稽查。

興平倉陝西道監察御史朱逵吉奏為敬陳湖北水利事宜，請疏濬支河，以工代賑事。竊思湖北省連年被水，我皇上軫念災區，撫卹散賑，蠲緩錢漕，並修建隄工，歲費帑銀鉅億。其民間自行興辦之工，借項興修，攤徵還款者，亦不下數十萬。聖恩周浹，加惠靡遺。該省赤子，宜蒙袵席之安矣。乃本年又據總督訥等奏報，被淹二十九屬，其黃梅、漢川、公安等處被災尤重，請撥鄰省銀二十五萬兩賑濟。仰荷皇仁允准，勅部速議，立見施行，窮黎自可均沾實惠。惟思該省連年被水，必有致患之由。臣謹稽之舊牘，證以志書，參之聞見，知湖北之水，江漢為大。欲治江漢之水，以疏通支河為第一要策，而隄防次之。夫千里百里之隄，咫尺不堅，前功盡廢，則疏導之功尤亟矣。查江水自巴東入楚境，歷歸州等九州縣，入湖南境，匯於洞庭湖，復入湖北境，與漢水會於漢口。漢水自鄖陽入楚境，歷均州等十三州縣，至漢口與江水合。江漢上游受渠甚多，非隄防不為固，其下游各有支河，以資宣洩。

溯查乾隆五十三年至嘉慶十三年中間，江漢屢溢，淹浸田廬。總督汪志伊任內請建新隄、福田諸閘，以時啟閉，並請疏通支河，以洩盛漲。厥後隄防漸固，水患稍息，著有明效，尚有成案可稽。聞近歲以來，沙漲浸增，支河益形淤塞，以致橫流衝決，雖有隄防，難資捍禦。查江水南岸有采穴、虎渡、楊林市、宋穴、調絃諸口，皆可疏江水以達洞庭。洞庭廣八百里，容水無限。湖水增長一寸，即可減江水四五尺。江水勢減，則江陵、公安、石首、監利、華容等處俱可安枕。漢水北岸有操家口及鍾祥縣之鐵牛關、獅子口等處古河，並天門縣之牛蹄支河俱可疏。漢水使之北流匯於三臺、龍骨諸大湖，其地曠衍，足以容納漢水。漢水紆緩，可免逆流衝決之憂，然後與江水會，不至助江爲暴。又潛江縣北垸之大澤口，支港縱橫交錯，即江北之雲夢，其間有白泥、赤野、斧頭等湖，其名難以概舉，皆有支港以通江漢。聞近日支河固多陞塞，而諸湖受水之區，其洲渚亦被民間侵佔，以致數千里之漢水直行達江，江不能受，倒溢爲災，勢所必致。爲今之計，惟有疏江水支河，使南匯於洞庭湖；疏漢水支河，使北匯於三臺等湖；並疏江漢之支河，使分匯於雲夢七澤之間，然後隄防可得而固，水患可得而息。所謂禦險必藉隄防，經久必資疏濬也。聞前任總督盧曾建議開濬支河，委員查勘，已有端緒。旋因經費未裕，未及奏辦，亦有案牘可稽。

現蒙聖主撥帑施恩，著加賑濟。臣愚以爲，若開濬支河，以工代賑，實爲一勞永逸、一舉兩得之計。應請勅下該督撫，體察情形。如果切於事理，一面詳查災户，亟行賑卹；一面遴委明幹大員，相度地勢，諮訪輿情，清出支河故道，趁此水落歸槽之際，擇要興工。該處百姓自必踴躍歡忻而來赴役，如此則災黎既資餬口，補救目前，且水既分消，隄防永固，從此歲收可冀屢熟。如水未盡涸復，此時難以施工，亦須即早勘估，定議奏請，剋期興辦。再查開濬之役，必須實力疏通，恐非一歲所能竣事，自應接續辦理，非寬籌經費難與圖成。然水利既修，地方可期豐稔，不特正供無缺，即隄垸歲修之費，亦可大加節省。諺云："湖廣熟，天下足。"江漢乂安，該省自資利賴，將見東南各省含哺熙熙，並沐鴻慈於無既矣。臣愚昧之見是否可採，伏乞皇上聖鑒。謹奏。

道光十三年十月十四日准咨

卷一

荊楚水道論

余督修師娘、湯腦各工，謬集《修防事宜》，兩溪熊先生光贈弁言，謂修決隄爲經久之計，尤莫急於濬淤河而開穴口，誠哉是言也。然疏導一舉，撮其大概而不合江漢之全局，深究其利弊，恐分消得力、宜於開疏者，仍有籌畫未備之慮，故指陳水道形勢於左。

北條之水河爲大，南條之水江漢爲大。江漢治，而楚畢治矣，故治楚必先江漢。夫江漢之水，合則勢大，莫若分而使之小。近則相侵，莫若離而使之遠。急則愈猛，莫若渟而瀦焉使之緩。

當堯之時，洪水泛濫。導江自岷山東至于澧，過九江北東入海。導漢自嶓冢過三澨，至于大別，南入江。考其疆域，按其里程，岷山導江，嶓冢導漢，其間相距千餘里，均有大山延亘，足資障衛，自無漫溢之患。入楚荊、安，而地已平，亦至荊、安，而流已近。平則易泛，恐其勢大而善潰。近則易虐，恐其勢迫而相侵。禹順自然之性，分而導之，以澧爲岷江正流，而沱乃江北之分派。以三澨爲漢水正流，而潛乃漢南之分支。其爲支分派別也，孰非殺其勢而使之小。且江在漢之南，至荊導之愈南。漢在江之北，至安導之愈北。江漢導之日益遠，兩不相迫，而勢已舒。加之南有洞庭、青草、赤沙，北有龍骨、三臺、汋漢諸大湖渟而蓄之，以緩其流，紆徐而匯於大別之南，故雖湘、資、沅、澧橫截於南，溠、溳、富、臼合流於北，自能廣爲容納，不至相助爲暴。而濱江臨漢築土爲隄，漑田其中，俱享樂利之福，從未有歲苦水患。

如近今者，慨自前明正德、嘉靖以來，修防失策，隄塍漸壞，上游潰則中途淤，中途潰則下游淤，水道壅遏，遂致橫溢。淺見者不開疏以宣流，修防以禦險而竟妄肆堵築，致令江漢形移。江移北，易沱爲正流，與漢南近。漢移南，濱潛爲正流，與江北鄰。而且澤口支分之漢，直抵監利城北，去江僅二三里許，以千百年樂土之區，江阻於前，漢淩於後，上溢則江、監、鍾、京爲大壑，下決則荊、潛、天、沔陽川成巨津。在堵築移形之初，蓄流有湖潴，洩流有支穴，尚不免水患頻仍。況今湖潴淤，流以狹而益急；支穴塞，勢以合而益猛，沖決之患其能已乎！

且夫水也者，地之血氣，支派分如筋脈之通流，湖潴匯如胃腑之渟蓄，營衛配經絡運行不息，則體自舒泰，江漢何獨不然？所慮者九穴十三口故道難尋，豐樂、新灘等口淤朦殆盡。爲今之計，惟有南疏松滋之采穴，石首之調弦，與虎渡匯於洞庭。北流江陵之郝穴，由白湖而達沌口，分派以殺江勢，不令急趨。而遏漢水之下流，漢則先疏竹筒河，出劉家隔、牛角灣，出風門；繼開鐵牛關、泗港等河，導漢北潴三臺諸湖，分洩湏口、五通口，以緩漢流，不令猝合而助江水之橫溢。並於支穴中相其高阜，修隄以禦之，順其低窪以疏濬之。俾注之湖澤，不令壅塞而漫浸，則大者分之使小，近者離之使遠，急者貯之使緩。江恬漢靜，有不允享安瀾之慶者哉！

江考穴口九江附

江者，共也，諸水流入其中所公共也。江有如是之入，必有如是之出。治江所由出，不治其所由入，則源不治。治江所由入，不治其所由出，則委不治。治其所由出，不治衆委之中分江流而後合於一委之所出，則委仍不治。輯《江考》。

《禹貢》：岷山導江，東別爲沱。又東至于澧，過九江，至于東陵，東迤北會于匯，東爲中江，入于海。

《地理今釋》：江水出今四川松潘衛北西蕃界，源有三支。正支自浪架嶺岷山之隨地異名者。南流，東支自弓槓口至漳臘營合正支，西支自殺虎塘至黃勝關合正支。南經茂州、威州、汶川縣以至灌縣離堆，歧爲數十股，滂沱南下，左抱成都府，西環崇慶州，衆流以次會於新津縣南。又南行，逕眉州、嘉定州，至敘州府東南合金沙江。折而東北流至重慶州，嘉陵江、涪江自北來合流入之。又東北經夔州府巫山縣入湖廣界，東流至彝陵州，彝陵州即今宜昌府。東南流至枝江縣，又東流至荊州府，折而南流至石首縣，又東流至監利縣，又南流至岳州府，折而東北流至武昌府與漢江合。又東流至黃州府，又東南流入江西界，至湖口縣與南江合。即贛江。又東北流入江南界，經江寧府至揚州府通州入海。

　　李穆堂《江源考》節略，《禹貢》言岷山導江，猶導河積石，止就神禹施工之地言之。江源不始於岷山，猶河源不始於積石也。昔人嘗有以北金沙江爲江源者，其源在西番境內，莫得其詳。後蒙聖祖頒賜《方輿路程圖》，則北金沙江源委井然。既開方以計里，又測極以準度，其法爲古來所未有。按《圖》考之，岷江與金沙江會合於四川之敘州，自發源至此僅一千八百餘里。若北金沙江則發源於西番之阿克達母，必搤至敘州府與岷江合，自發源至此已六千九百餘里，較岷江之源遠三四倍。按河源在崑崙之陰，江源在崑崙之陽而微偏西二百餘里。又有一源名鴉礲江，亦發源崑崙之陽而微偏東二百餘里，自發源至敘州共行五千里，較岷江之源亦幾至三倍，而水勢盛大亦倍於岷江。以源之遠論，當主金沙江。以源之大論，當主鴉礲江，然不如金沙爲確。蓋金沙較鴉礲又遠千九百里，源遠則流無不盛者。若岷江，則斷斷不指爲江源也。

　　《水道提綱》：大江源出岷山。其最遠之西南源直在河源之西者，曰金沙江，曰鴉礲江，皆曲折數千里，始與馬湖水會入江，其爲大江真源乎？

　　《水道提綱》：岷江自敘州府東東北流至巫山縣，屬夔州府。徑一千四百餘里。自夔府始東南流至巴陵，凡一千二百里。自巴陵東北流至南湖水口，在江夏東。徑五百數十里。

　　《禹貢》：岷山之陽，至于衡山，過九江，至于敷淺原。《蔡傳》：

此南條江漢南境之山也。

《宜昌府志》：大江自四川夔州府巫山縣流入巴東縣界，又東入歸州界，又東入長陽縣界，又東入東湖縣界，又東入荆州府宜都縣界。

《荆州府志》：大江自宜昌府東湖縣流入宜都縣界，又東南入枝江縣界，又東至松滋縣界，又東至江陵縣界，又東南至公安縣界，又東南至石首縣界，又東入監利縣界，南岸與湖南岳州府華容、巴陵、臨湘三縣分界，又東入漢陽府沔陽州界。

《沔陽州志》：大江自荆州府監利縣流入，與湖南岳州府臨湘縣、武昌府嘉魚縣分界，東北流入漢陽縣界。

《漢陽縣志》：大江自沔陽州東北流入漢陽縣界，與武昌府江夏縣分界，又東北會漢水入黄陂縣，又東入黄州府黄岡縣界。

《黄州府志》：大江自漢陽府黄陂縣流入黄岡縣界，與武昌府武昌縣分界。東南流入蘄水縣界，與武昌府大冶縣分界。又東南流入蘄州界，與武昌府興國州分界。又東南流入廣濟縣界，與江西九江府瑞昌縣分界。又東流入黄梅縣界，與九江府德化縣分界。又東流入安徽安慶府宿松縣界。

《恩施縣志》：夷水在縣北，源出縣西北羅鍋堰。

《方輿紀要》：清江在長陽縣東南十三里，源出貴州思州界，經四川黔、彭間，流經建始縣入縣境，又東北經宜都縣流入大江。本名夷水，其水清澈，因目爲清江。

《施南府志》：清江自四川酉陽州屬之黔江，經石矼廳，過白楊渡，入利川縣界。至磁洞伏流三十里，至七藥山紅鶴花壩復出，東南流至龍潭，三渡河水自西南注之。至馬橋屯，平溝河水自西南注之。又伏流數十里，復出爲雪照河，馬谿水自東南注之。又伏流三十里，至恩施縣之木撫村復出，新田谿水自北流注之。徑馬寨村，乾坪谿水自西南流注之。又十里，落業壩谿水自北流注之。又十五里，壓松谿水自西南流注之。又十里，帶河水自北流注之。又十五里，鹽水谿水自西南流注之。又五里，盤龍谿水自東北流注之。至府城北繞而東，通潮谿水自東流注之。又繞城東而南，藥谿水自西南流注之，麒麟谿水自西流注之，巴公谿水自西南流注之。入峽口五里，洗爵谿水自北流注之。又十里，天橋河水自南流注之。又十五里，金銀谿水自南流注之。又五里，爲長沙河，復入峽至芒藥坪，忠建河水自南流注之。又二十里爲風水河，又五里爲銀潭河。又五里，南陵渡水自北流注之。又五里，東遶村水自南流注之。又十里，爲忠建渡口。又十里，紅蘭谿水自東南流注之。至新渡壩，過施州塘，入建始縣境，尹家村水自南流注之。又三里，眠羊口水自北流注之。又三十里，入宜昌府巴東縣境，爲九龍潭，野三河水西北流注之。又十五里，支井河水自北流注之。又二十里，四渡河水自北流注之。又三十里，至長樂縣之監井，朗亭水自北流注之。又六十里，爲曾顏口，高家堰水自北流注之。至荊州府宜都縣之清江觜入大江。

《宜都縣志》：清江口在縣北十五里。

《恩施縣志》：紅蘭谿在縣東班鳩崖下，北流入清江。

《施南府志》：巴公谿在恩施縣南七里，谿有二源：一出藥山，一出城南三十里鼓樓山，合於翠濤山下，至城南二里入清江。

《施南府志》：朝貢水在恩施縣東，源出宣恩縣萬里山，北流入清江。

《長陽縣志》：桃符山在縣西南一百五十里，長陽谿源出此。

《水經注》：長陽谿水西南潛穴，〔穴〕在射堂村東六七里，谷中有石穴〔清泉〕潰流三十餘〔許〕步復入穴，即長陽之源也[1]。其水重源顯發，北流注於夷水。

《巴東縣志》：東瀼谿在縣西十里，源出紫陽山。又西瀼谿在縣西二十里，源出孫家巖，俱流入大江。

《入蜀記》：夔人謂出澗之流通江者曰瀼。居人分其左右，謂之瀼東、瀼西。

---

① 王先謙《合校水經注》"潛穴"下有"穴"，"石穴"下有"清泉"，"三十餘步"作"三十許步"。

《歸州志》：香谿在州東十里，源出興山縣寧都，南流入江。其入江處謂之香谿口，一名昭君谿。

《方輿紀要》：香谿在興山縣東南一里，即縣前河也。

《寰宇記》：興山縣有香谿，即王昭君所遊處。

《入蜀記》：香谿源出昭君村，水味美甚，載在《水品》，色碧如黛，令人可愛。

《漢書·地理志》：房陵，東〔淮〕山，睢〔淮〕水所出，〔東至中盧入沔。〕①

《房縣志》：沮水源出縣界，東流入保康縣，又東南流入襄陽府南漳縣界，一名睢水，今名大市河。

《南漳縣志》：沮水在縣西南，自鄖陽府保康縣流入，又南流入荆門州之遠安縣界，今名潮水河。

《荆州府志》：沮水入遠安縣，南流至當陽縣合溶市，合漳水至江陵入大江。其入江處謂之兩河口，即沮口也。

《南漳縣志》：荆山在縣西八十里，山有馮家嶺，漳水所出。

《十道山川考》：《山海經》：荆山，漳水出焉，而東南流注於睢。睢與沮同。《禹貢》：荆及衡陽維荆州即此山，卞和得玉之處。

《當陽縣志》：漳水自襄陽府南漳縣南流逕縣東，又南合於沮水。

《一統志》：沮水舊分二支，一支自江陵入江，一支自枝江入江。枝江之流，明萬曆二十五年因沮水泛溢，甃墻塞之。沮水遂徑從江陵入江，其塞處謂之瓦剅河。

《水經》：油水出武陵孱陵縣西界，又東北入江。《注》：縣有白石山，油水所出，東逕其縣西，與洈水合。逕公安縣西，又北流注於大江。

《公安縣志》：油水在縣西，自松滋縣流入，一名白石水，今名

---

① 《漢書·地理志》“東山”作“淮山”，“睢水”作“淮水”，“所出”下有“東至中盧入沔”。

油河。

《水經注》：江水南逕江陵縣南。縣江〔北〕^①有洲，號曰枚迴洲，江水至此兩分爲南北江。

《寰宇記》：百里洲首派别，南爲外江，北爲内江。

《一統志》：王晦叔云，枝江百里洲，夾江、沱之間，其與江分處謂之上沱，與江合處謂之下沱。蓋南江在古時爲岷江之正流。江陵西南二十里有虎渡口，南江從此東南注於澧水，而北江則沱水也。其後反以南爲沱，北爲江水矣。

按：虎渡口今名太平口。

《枝江縣志》：百里洲在縣東，接江陵縣界。

《江陵縣志》：枚迴洲在縣西南六十里。

《水利考》：當陽縣境之沱江，即沮、漳二水下流。蓋水合勢盛，故有沱江之名。

《一統志》：湘水自廣西全州流至黃沙河，入永州府東安縣境，百七十里至石期市，入零陵縣境。又東流七十里，至湘口合瀟水，北流百四十里入祁陽縣境。又東北入衡州府常寧縣界。又東北入衡陽縣界，又東北入衡山縣界，自衡山縣流入長沙府湘潭縣境，共二百八十里至湘潭縣城。又北流四十里入善化縣境，七十里入長沙縣境，一百里入湘陰縣境。又四十里至湘陰縣南門，繞西門又百三十里會青草湖，入岳州府巴陵界。

《明統志》：湘江源出廣西興安縣海揚〔陽〕山，西北流至分水嵒〔嶺〕分爲二派^②：曰離水，流而南；曰湘水，流而北，由靈渠與灌水會。湘，猶相也，言有所合。至永州與瀟水合，曰瀟湘。至衡陽與烝水合，曰烝湘。至沅州與沅水合，曰沅湘。會衆流以達洞庭。

《明史·地理志》：蘆洪江源出東安縣北，經城東下流入湘。

---

① 王先謙《合校水經注》"縣江"作"縣北"。

② 《四庫全書·明一統志》"海揚山"作"海陽山"，"分水嵒"作"分水嶺"。

《一統志》：石期江在東安縣東南四十里，源出零陵縣黃華嶺，東北流至石期市入湘。

《明統志》：舜源水在寧遠縣南與泡、瀟二水合流，至零陵縣入湘。

《明史·地理志》：舜源水與泡、瀟合處爲三江口。

《一統志》：應水在東安縣北，東至零陵縣界入湘。

《一統志》：桂水源出藍山縣南，東北流徑嘉禾縣，又東北入桂陽州界，合春水入湘。

《一統志》：春水在常寧縣東，今名菱源河，自桂陽州流入，逕常寧縣東北折而西，逕盟山及風仙山北入湘。

《舊志》：歸水在常寧縣東，合菱源河入湘。

《一統志》：桂水源出桂嶺，北流至大陽谿，與瀟水合。

《一統志》：瀟水在道州北，源出瀟山，東流入營水。宋祝穆以爲源出九疑山者乃冷水，非瀟水也。

《一統志》：營水源出寧遠縣南，西流逕江華縣東，又北流逕道州東，又北流至零陵縣西入湘水。自道州以上今謂之泡水，自道州以下今謂之瀟水。

《一統志》：龍遙水在道州西北，源出遙山，南流入瀟水。

《一統志》：下泬水在道州西北七十里，源出上泬山，東流十里與上泬水合，入瀟水。

《册説》：賢水在零陵縣南六十里。

《册説》：賢水東入瀟水。

《明統志》：湘水在零陵城北十里，流至湘口與瀟水合。

《一統志》：白江水在祁陽縣東六十里，有二源皆出寧遠縣界，至兩江口合流。又北與零陵之黃谿合爲三江口，亦曰小三江，又北五里入湘。

《韓文考異》：湘水出全州，瀟水出道州，至永州合而爲一，以入洞庭。

《明史·地理志》：永水源出零陵縣西南之永山，北流入於湘江。

《一統志》：泠水在寧遠縣南，今謂之瀟水。

《水經注》：泠水南出九疑山，西北入營水。

《明史·地理志》：祁陽縣北有祁水，源出寶慶府邵陽縣，東北流入於湘。

《一統志》：吳水在常寧縣西，源出永州府祁陽縣，北流逕常縣界入湘水。

《一統志》：宜水在常寧縣西，一名宜谿水。

《水經注》：宜谿水出湘東郡之新寧縣西北，注於湘。

《舊志》：小白水在常寧南，西流入湘。

《常寧縣志》：東江水源出天倉巖，亦名源石水，逶迤而北，繞縣治北，一名北河，會西江水入湘。

《一統志》：斜陂水在衡陽縣東二十里，北流入湘。

《一統志》：上橫水在衡陽縣北三十里，源出岣嶁峰，曲折六十里會湘水。又有白露江亦入湘。

《一統志》：烝水在衡陽縣北二里，自寶慶府邵陽縣流入，東北入湘。烝，古作承。

《一統志》：梁江水在衡陽縣西百里，源出寶慶府邵陽縣，北流入烝。

《一統志》：演陂水在衡陽縣西百里，源出金蘭鄉，東①北入烝。

《一統志》：耒江源出桂陽縣南耒山，西北流入興寧縣界，又西北入郴州界，又北入永興縣界，又北入衡州府耒陽縣界。一名耒水。

《輿地廣記》：耒水西北過耒陽縣，又北至衡陽入湘。

《明史·地理志》：郴水合桂陽之耒水入於湘。

《一統志》：馬口潭在衡陽縣東北〔清泉縣東北〕②，有來馬水至小

---

① 《四庫全書·大清一統志》"金蘭鄉"下無"東"。

② 《四庫全書·大清一統志》無"衡陽縣東北"，後句的"清泉縣東北"移至此。

江口入耒水，匯爲潭，深不可測，名馬口潭。又石鼓潭在清泉縣東北石鼓山下，即烝湘合流處。

《明史·地理志》：攸水自江西安福縣下流，至衡山縣入於湘水。

《漢書·地理志》：茶陵泥水西入湘，行七百里。

《輿地廣記》：洣水即今之茶水是也。

《水經》：洣水出茶陵縣上鄉，西北過其縣西。又西北過攸縣南。又西北過陰山縣南，又西北入於湘。

《一統志》：永樂江即小江，在安仁縣南，自郴州永興縣流入，又西北徑縣南，又西北流徑衡山縣東義塘江北，合洣水入於湘。一名小江水。

《明統志》：雲秋水經雲秋山下東北流徑酃縣東，折而北流，合洣水入於湘。

《舊志》：興樂江在衡山縣三都受衡陽諸小谿水，入於湘。宋張栻《南嶽唱酬詩序略》：乾道丁亥十有一月，與晦菴聯騎渡興樂江，宿霧盡卷，諸峰玉立，心目暢快。

《舊志》：白果河在衡山縣西北八十里，衡山之陰，即涓水發源處。衡山諸泉皆匯入此河，徑花石入長沙府湘潭縣，爲易俗河。

《一統志》：涓水在湘潭縣西，一名易俗河，源出衡山縣祝融峰之虎跑泉，流徑縣西，東十五里，東北入湘。

《一統志》：渌江源出江西萍鄉縣西，流入醴陵縣界，又西流入湘潭縣東南入湘水。一名澴水，又名渌江水。

《一統志》：漣水自寶慶府邵陽縣徑湘潭縣西南注於湘，一名湘鄉河。

《舊志》：湘鄉河在湘潭縣西十五里，發源漣水，出寶慶府邵陽縣之龍山、安化縣之珍漣山，經湘鄉縣下流，合縣境石潭、雲湖二水入湘。

《明史·地理志》：瀏〔陽〕①水在長沙縣北五里，西流入湘，謂之瀏口。

《一統志》：烏江在寧鄉縣南十里，源出湘鄉縣豐山，東北流至縣界，入溈江。

《一統志》：溈江在寧鄉縣西百五十里，源出大溈山，東北流入長沙縣界，名新康河，又東北入湘。

《舊志》：新康河在長沙縣西北五十里，源出寧鄉縣溈水，由玉潭江歷善化縣注於湘。

《一統志》：羅陂水在寧鄉縣東四十里，東北流合新康河入湘。

《一統志》：靖港在長沙縣西北五十里，自寧鄉縣流至縣界，東北入湘。

《一統志》：喬口河在長沙縣西北九十里，自益陽縣流至長沙縣界入湘江，即高口水也。

《舊志》：汨水在湘陰縣北七十里。

《一統志》：汨水自岳州府平江縣流入，西注湘水，亦名汨羅江。

《明史·地理志》：湘陰縣西北有湘水，〔北〕②達青草湖，謂之湘口。

《一統志》：雙港在臨湘縣東六十里，受中方、土城二港水，出桃林，徑逾西井，過灌子口入洞庭。

《一統志》：游港在巴陵縣東北〔一百〕③四十里，自臨湘縣龍窖山發源，西流入界，經三江觜會沙港、新牆河水入洞庭湖。

《一統志》：新牆河在巴陵縣南六十里，源出臨湘縣相思山，至灌口會洞庭。其上流名乾沙港，在縣東百二十里，西南至縣少東三江觜，會游港而西爲牆河，又西入洞庭爲新牆河口，亦名灌口。

---

① 《明史·地理志》"瀏"下有"陽"。
② 《明史·地理志》"西北有湘水，達青草湖"作"西有湘水，北達青草湖"。
③ 《四庫全書·大清一統志》"北"作"一百"。

《明统志》：濱江^①有二源：一出辰州府溆浦縣，一出寶慶府新寧縣，至武岡州合流東下，徑寶慶府境，又五百餘里至益陽縣前，過常德府沅江縣入洞庭湖。

《明统志》：資水源出靖州綏寧縣，《禹貢》九江孔殷，資其一也。

《一统志》：巫水源出城步縣巫山，分東西二派，東流者北至武岡州界入資江，西流者至會同縣入洪江。

《一统志》：覓水在邵陽縣西北，源出覓水洞，東南入資水。

《舊志》：敷谿在益陽縣西南二百二十里，與善谿相對，源出寶慶府新化縣界，徑安化縣前，北流入資江。

《一统志》：白水谿在益陽縣西南二百里流出雲膚山下，又東北入資。

《一统志》：桃花江在益陽縣南六十里，北流入資江。

《元和志》：益水源出益陽縣東南益山，東北流入資水。縣在益水之陽，因名。

《明统志》：邵河在安化縣西，源出靖州綏寧縣澗谷，由寶慶府新化縣至安化縣界下益陽縣入洞庭湖。

《一统志》：湛谿在安化縣東北，源出燕子巖下，東南流合善谿入邵河〔資江〕^②。

《舊志》：善谿在安化縣北百二十五里，相傳善卷隱此，因名。

《一统志》：善谿源出常德府武陵縣，南流入資江。

《水經》：資水又東與沅水入〔合〕^③於湖中，東北入於江。

《水經注》：湖即洞庭湖也，所入之處謂之益陽江口。

《一统志》：資水在沅江縣西南，自長沙府益陽縣流入，又北流入洞庭湖。其支流自縣南瓦石磯分流，東流至長沙府湘陰縣界入湘水。

《一统志》：芷水在龍陽縣西。

---

① "濱江"即資水。
② 《四庫全書·大清一統志》"邵河"作"資江"。
③ 王先謙《合校水經注》"入"作"合"。

《方輿勝覽》：芷水即資水之別派，兩岸多生杜蘅、白芷，故名。

《一統志》：沅水自貴州天柱縣流入靖州會同縣界，自會同縣東北流入沅州府黔陽縣界，又東北入辰州府辰谿縣界，又北流入瀘谿縣界，又東北流入沅陵縣界，又東北流入常德府桃源縣界，又東流入武陵縣界，又東流入龍陽縣界，又東流入沅江縣界，入洞庭湖。

《辰州府志》：沅水在黔陽縣境名清江，亦名黔江。自靖州會同縣流入至託口與郎江合，又東至黔陽縣西與無水合，又東徑城南至黔陽縣東與洪江合，又東北入辰州府辰谿縣界與漵水合。

《靖州志》：郎江源出貴州錦屏縣湖耳山，至黔陽縣托口入沅。

《明史·地理志》：靖州東有渠水，下流合會同縣之郎江而入沅水。

《一統志》：無水自貴州玉屏縣東流入沅州界，又東南流至黔陽縣城西入沅水。一曰巫水，亦曰潕水，又曰舞水，一作灄水，五谿之一。

《輿地紀勝》：巫、無、撫、舞、潕，一水五名，聲之變耳。

《明史·地理志》：沅州西有舞水，即無水也，流入於沅水。

《一統志》：洪江自綏寧縣流入辰州府黔陽縣界，入沅江。一名熊谿，又名雄谿。

《一統志》：漵水在漵浦縣南，古名序水。序亦作敘，亦名序谿，又名雙龍江，亦曰漵川。源出縣東南頓家山，西北流入辰谿縣南。

《明史·地理志》：漵浦縣西有漵水，下流入沅水。

《明史·地理志》：白水河一名酉谿，源出四川忠建司南將軍山，西南流，車東河自容美司來合，流入散毛司南，又東南入永順司西南，下流入沅陵縣界。

《一統志》：酉水在沅陵縣西北，自永順府永順縣流入，合會谿入沅水。一名酉谿，又名北河。

《一統志》：夷水在沅陵縣東。

《水經注》：夷水南出夷山，北流注沅。

《一統志》：辰水一名錦水，亦名辰谿，又名錦江。自貴州銅仁縣東南流入鳳凰營及沅州麻陽縣界，又東北流入辰谿縣西南入沅水，武陵五谿之一也。沅陵縣東亦有辰水，與此名同實異。

《舊志》：辰水在沅陵縣東二里，發源三嵋山，南流入沅水。

《一統志》：桃花谿源出桃源縣南桃源山，北流入沅水。

《一統志》：潛水一名麻河，一名從河。有二源：一自澧州安鄉縣流入，一出月山東南流至武陵縣城北，合漸水入沅。

《一統志》：枉水在武陵縣南，一名滄谿，源出金霞山，東北流徑善德山入沅水。《元和志》：本名枉山，刺史樊子蓋以善卷嘗居此，改名善德。

《方輿勝覽》：枉水源出武陵縣南蒼山，名曰枉渚，善卷所居。《明統志》：大酉山在沅陵縣西北，山巔有善卷墓。《方輿勝覽》：小酉山，堯時善卷、唐張果，皆嘗隱居於內。

《明史·地理志》：武陵縣南有沅水、朗水流入焉，謂之朗口。

《一統志》：漸水在武陵縣北，源出梁山，流入龍陽縣西北入沅水。一名澹水，一名鼎水，亦謂之鼎江。

《明史·地理志》：龍陽縣東北有鼎水，東北流入沅水，謂之鼎口。

《渠陽邊防攷》：湖北上游有五谿，《水經注》以爲雄谿、樠谿、酉谿、潕谿、辰谿是也。土俗雄作熊，樠作郎，潕作武。今攷諸地志、雜書，蓋其源有出於酉陽石隄蠻界，流經辰州府城西爲北江者，名酉谿；有出於銅仁蠻界，流經麻陽縣城南爲錦江者，名辰谿；有從湖南界城步縣巫水出，流經關峽而下爲若水洪江者，名雄谿；有出自鎮遠界，流經沅州城西而下爲盈口竹寨江者，名潕谿；有出於靖州西南黎平府，流爲亮寨江者，名樠谿。此五谿也，俱各下入於沅。大抵沅爲五谿正派，首先受樠，次受雄，又次受辰，最後受酉，而通稱之曰沅。世傳春秋時，楚子滅巴，巴子兄弟五人流入五谿，各爲一谿之長。至秦昭襄王伐楚取其地，總謂之五谿蠻。故自來五谿之間頗與巴渝同俗，如隋《地理志》所云者，至今猶然。杜甫詩"水散巴渝下五谿"，又可見五谿本與巴渝錯壤也。又世傳樠、潕、雄、辰、酉五谿之外，別有龍谿、敘谿、桂谿，姑勿論也。惟五谿之名，酈道元以爲土俗，灄作武，謂是一水耳。攷之他書及《一統志》，則瀘谿縣西別有武谿，且有武山，谿自山出，即今鎮算蠻界之間，二水合流而下，至瀘谿縣治前，入於沅江者是也，故五谿水驛置於此。然此谿去灄水絕遠，原委各異，豈《水經注》亦或未免有差誤耶？

《方輿勝覽》：九谿：曰郎，曰灄，曰雄，曰辰，曰龍，曰潕，曰武，曰桂，曰酉，而雄谿其一也。

《沅江縣志》：沅水至縣西南與湘水合，流入洞庭，謂之沅湘，三湘之一也。

《岳州府志》：三湘浦在巴陵縣西南四十五里，以湘水合瀟水亦曰瀟湘，合烝水亦曰烝湘，合沅水亦曰沅湘，故曰三湘也。

《水經》：澧水出武陵充縣西厤山，東過其縣南。又東過零陽縣之北，又東過作唐縣北。又東至長沙縣下雋縣西北，東入於江。按漢之武陵郡即今之永順府，而澧州之安福即兩漢屬武陵之充縣，澧州之慈利即兩漢屬武陵之零陽，澧州之安鄉即兩漢屬武陵之作唐。

《舊志》：厤山在桑植縣西北百五十里，澧水發源處。

《舊志》：澧水自永順府桑植縣界苦竹河入永定縣，東過城南，至潭口入慈利縣。按：桑植，漢時武陵充縣地。

《一統志》：澧水東北流徑慈利縣，又東北流徑石門縣，又東北流徑澧州南，又東南流徑安鄉縣，又東流入岳州府華容縣界，入洞庭湖。

《舊志》：澧水有九：茹、溫、婁、渫、黃、涔、澹、道，並澧爲九。

《舊志》：茹水在澧州東六里，九澧之一。

《一統志》：溫泉水在慈利縣西。

《水經注》：溫泉水出〔發〕北山石穴中，長三十丈，冬夏沸涌常若湯焉，〔溫水〕南流注於澧水 ①。

_____

① 王先謙《合校水經注》"溫泉水出"作"溫泉水發"，"若湯焉"下有"溫水"。

《明史·地理志》：溇水源出四川巫山縣，東流合諸豀水至慈利縣西匯於澧水，亦曰後江。

《水經注》：溹水出建平郡，東徑溹陽縣〔南〕①，左合黃水，又東注澧水，謂之溹口。

《一統志》：溹水在石門縣西北，九澧之一。

《舊志》：澧水在石門縣會溹水。

《水經注》：黃水出零陽西，北連巫山，〔黃水〕②北流注於溹水。

《舊志》：涔水在澧州東北，九澧之一。

《舊志》：澹水在澧州西三十里，九澧之一。

《舊志》：道水在澧州東南二十里，九澧之一，發源慈利縣，入澧州境，至關下山入澧，曰道口。

《岳陽風土記》：澧水注於洞庭，謂之澧口。

《尚書蔡傳》：《禹貢》九江，即今之洞庭也。《水經》言九江在長沙下雋西北，今岳陽巴陵縣，即楚之巴陵、虞之下雋也。沅水、漸水、元水、辰水、潕水、酉水、澧水、資水、湘水，皆合於洞庭，意以是名九江也。

《一統志》：按以洞庭爲《禹貢》之九江，始於宋渤海胡氏、曾氏，而折衷於朱子，近世多主其說。但九水中元水之元字乃无字之譌。无水在今辰州府下流入洞庭湖。

《岳陽風土記》：澧、鼎、沅、湘，合諸蠻黔南之水匯爲洞庭，至巴陵與荊江合而東。《水經》云："湖水廣五百里，日月出沒其中。"大抵湖上舟行，雖泝流而遇順風，加之人力，自旦及暮可二百里。岳陽西到華容，過大穴漠、汴湖，一日程。又西到澧州及鼎州，江口皆通大穴漠、赤沙，三日程。南至沅江，過赤鼻山湖，四日程。又東至湘江，過磊石青草湖，兩日程。

---

① 王先謙《合校水經注》"溹陽縣"下有"南"。
② 王先謙《合校水經注》"巫山"下有"黃水"。

唐白居易《自蜀江至洞庭湖口》詩：江從西南來，浩浩無旦夕。長波逐若瀉，連山鑾如劈。千年不壅潰，萬姓無墊溺。不爾民爲魚，大哉禹之績！導岷既艱遠，距海無咫尺。胡爲不訖功，餘水斯委積。洞庭與青草，大小兩相敵。混合萬丈深，森茫千里白。每歲秋夏時，浩大吞七澤。水族窟穴多，農人土地窄。我今尚嗟歎，禹豈不愛惜？邈未究其由，想古觀遺迹。疑此苗人頑，恃險不終役。帝亦無奈何，留患與今昔。水流天地內，如身有血脈。滯則爲疽疣，治之在鍼石。安得禹復生，爲唐水官伯。手提倚天劍，重來親指畫。疏河似翦紙，決壅同裂帛。滲作膏腴田，蹋平魚鼈宅。龍宮變閭里，水府生禾麥。坐添百萬戶，書我司徒籍。

《一統志》：郝穴、虎渡爲大江南北岸分洩要口。明嘉靖初，築塞郝穴，大江遂溢。

《公安縣志》：江水自虎渡口支分，由江陵縣之彌陀寺李家口入縣境，過三穴橋至黃金口，又分爲二，一由港口渡泅水口南入洞庭，一由流橋蒿港合吳達河諸水至箭子谿入洞庭。

《公安縣志》：虎渡口入縣東北境爲東西港，又東南流八十里至四水口，又四十里至三汊河分爲二，一南出安鄉縣景港河，一西流通縣南百里牛浪湖，入松滋界谿河。

《一統志》：三汊河在澧州東北，上承虎渡河，自湖北公安縣南流至州東北入涔水，一名牛浪河。

《一統志》：泗水口在澧州東北七十里，接湖北公安縣界，東爲安鄉縣之景港河，北連荊江。

《舊志》：後江在安鄉縣東，自虎渡口由湖北公安縣分流，徑石首縣至安鄉東景港，過枯樹塘、岳州府華容縣界入洞庭，其西北合澧水者爲後小江。

《一統志》：景港河在安鄉縣東，自湖北公安縣四水口分流至安鄉縣界靈石湖南，徑大田邨東，又右會東田湖水而南爲景港渡，分二流。一西南流爲中澌港，又南爲南澌港而南入澧；其東一支入岳州府華容縣界，亦入澧。《禹貢》導江所謂"東至于澧"是也。

《江陵縣志》：虎渡口在縣西南二十里龍洲南岸，大江徑此分流，南至公安縣界東西港口會孫黃河、便河之水，東過焦圻一箭河，至港口入洞庭。即《禹貢》所云"東至于澧"也。

按：江陵縣東南十五里沙市河，亦名龍門河，俗名便河，與此便河有別。

《石首縣志》：大江支流自調弦口分流，徑焦山下入湖南岳州府華容縣境，注洞庭湖。

《一統志》：焦圻河在華容縣西，接湖北石首縣焦山河，南流入洞庭，亦名紫港湖。

《明史·地理志》：〔大江在西北〕。洞庭湖上納湘、澧下合沅江〔二水，自西南來合〕，謂之三江口。①

《元和志》：巴陵城對三江口，岷江爲西江，澧江爲中江，湘江爲南江。

《一統志》：荆江口在巴陵縣北洞庭水入江處也，亦名西江口，又名三江口。

《宋書·五行志》：鶴穴口一名郝穴口，大江經此分流，東北入紅馬湖。

《荆州府志》：獐捕穴在鶴穴上，九穴之一也。元大德間重開六穴口，江陵則鶴穴，監利則赤穴，石首則宋穴、楊林、調弦、小岳，而獐捕不與焉。松滋有采穴，潛江有里社穴，合諸穴而爲九。《通志》：獐捕一名章卜。

《石首縣志》：宋穴口在縣東三十里。調弦穴口在縣東六十里，岸上有調弦亭，水溢則洩入監利縣界，又東十里有朱家套。楊林穴口在縣西三十里，相近有白沙套，又三十里有西湖口，水通澧州安鄉縣，入洞

---

① 《明史·地理志》"洞庭湖"前有"大江在西北"，"下合沅江"作"二水，自西南來合"。"三江口"之"三江"非指沅、湘、澧三江，爲大江、湘、澧三江。

庭湖。小岳穴口在縣西北十五里，大江北岸，水溢時通柳子口。柳子口在縣北六十里，水泛時通漢、沔。

《監利縣志》：元大德間趙通議開赤剝穴，江流以殺。迨明初，此穴已堙。

《監利縣志》：尺八口在縣東南九十里，上通大江，下通夏水。志書，虎渡口、油河口、柳子口、羅堰口，合九穴爲十三口，今羅堰口不可考。

按：尺八口即赤剝口。

《沔陽州志》：復車河在州南一百八十里，大江自茅埠分流，灌黃蓬之東爲河，徑牛埠三灣，東出新灘口。又一支自三灣徑斗湖入陽明湖。

《蒲折〔圻〕縣志》[①]：新谿河在縣西南四十里，古名大嶓水，今名新店河，亦稱新店湖。發源港口望湘橋及龍橋諸泉，折而西入馬蹏湖，由黃蓋湖出石頭口入江。

《武昌府志》：陸水一名雋水，源出通城縣上雋鄉，東北流遶城西，經縣治北合秀水，又東北徑柘橋入崇陽縣界，名崇陽河。至縣西南會桃谿，又遶城東會大東港，徑壺頭山及崇陽洪入蒲圻縣界，名蒲圻河。自縣東南洪下灘，西北流至縣城東南會荊港，繞城東過浮橋，又西北流入嘉魚縣界，至縣西南七十里陸谿口入江。

《武昌府志》：塗水源出咸寧縣東南鐘臺山，曰咸河，又名西河。北流至縣南金燈山下，名淦川。又合官埠、赤港二水，又西北入江夏縣界，匯爲斧頭湖，北流至金口入江。

《水經注》：沌水上承沌陽縣之〔太〕白湖[②]，東南流爲沌水，徑沌陽縣南注於江，謂之沌口。

《武昌縣志》：樊港源出咸寧縣界東四十里石燕泉，北流爲高家河，入武昌界，又北徑金牛鎮，爲金牛港，匯爲梁子湖。又北爲樊港，經樊

---

① "蒲折縣志"當爲"蒲圻縣志"。

② 王先謙《合校水經注》"白湖"作"太白湖"。

山下而北入江，爲樊口。

《武昌縣志》：樊口在縣西北五里。

《武昌縣志》：五丈口在縣東。

《大冶縣志》：潯源口在縣東南。

《興國州志》：富水在州西十里，亦名長河。河有二源，俱出興山縣界。南源爲寶石河，源出九宮山；北流即通羊港，由州西北一百三十里雞口港入境，俱東流至楊新渡合流，名陽辛河。東流繞州城南納境内諸湖水，出富池口入江。《通山縣志》：通羊港在縣南五里，源出靈泉山，爲富水之源。

《孝感縣志》：馬谿河在縣東南六十里，一名界河，源出縣東北界滑石衝，南流匯漒川河、斗山河、蒲湖諸水，南入澴河。

《孝感縣志》：澴河在縣北，自河南汝寧府信陽州天磨池入境，徑九里關黃茅嶺南流，遶三里城，徑新店會清風澗水爲雙河口。又徑二郎畈至觀音崖，楊谿水注之，又合小河谿折而西流，右會黃沙河爲兩河口。南流徑九子墩遶南義陽城，名晏家河。又會淮水、磨陂水，至縣北六十里分流爲二。其東流徑縣東北五十里者名澴河，下流合於西河。其南流者爲白沙河，又南徑縣西名西河，至縣西南二水仍合。又會老鸛潭支流及朱思湖、後河之水遶縣治南而東流，會董家湖、羊馬湖水，至縣東五十里竹子港復外流爲東山淪河。又東會馬谿河，入黃陂縣界爲藤子港河，會縣河之水，東流徑牛湖至縣南四十里五通口入江。

《湖北通志》：古澴河自應山縣流徑縣西界，《寰宇記》"澴水在縣西十五里，自應山縣流入"是也。今土人以澴河上流爲黃沙河，以信陽州流入者爲澴河，則與古異。

《黃陂縣志》：縣河源出黃州府黃安縣仙居山，至縣南分二流。一東流繞縣南二里名東湖，徑武湖出沙口入江。一西流至縣南小河口會藤子港，出五通口入江。

《黃陂縣志》：五通口在縣南四十里，上接藤子港入江。

《黃陂縣志》：沙口在縣東南五十里，即武湖入江處，《水經注》所謂武口也，亦曰沙武口、沙汱口、沙蕪口。

《麻城縣志》：舉水源出縣東北黃櫱山，西南流入黃岡縣西三十里入江。在麻城名歧亭河，《寰宇記》：歧亭河在麻城縣西北八十里。入黃岡縣界謂之舊州河，《寰宇記》：舊州河在黃岡縣西北一百十二里。其入江處謂之三江口。

《黃岡縣志》：三江口在縣西北三十里。

《羅田縣志》：鹽淮山在縣東北一百五十里，巴水所出。

《黃岡縣志》：巴水源出羅田縣北，南流入蘄水縣界，又東南流入黃岡入江，今謂之巴河。

《蘄水縣志》：希水源出安徽六安州英山縣，西南入羅田縣界爲英山河，又西南入縣西南蘭谿鎮入江。

《蘄州志》：蘄河發源於四流山，四流山在州北，接安徽英山縣界。過查家山爲龍井河，至白雲山爲蘄河，至龍峰而注於大江，謂之挂口。

《黃梅縣志》：雙城河源出大葉山，南流爲雙城小河，至舒城山河合長安湖入濯港，東流爲黃連牫，出急水入大江。

卷二

漢考 三澨支河附

南條之水，江爲主，漢爲輔。漢爲江之輔，即爲衆支河之主，衆支河又爲漢之輔也。欲治漢者，有事於漢而不細審乎漢之輔而并治之，雖欲漢治，終不可得而治也。明乎此，可與治漢矣，輯《漢考》。

《禹貢》：嶓冢導漾，東流爲漢。又東爲滄浪之水，過三澨，至于大別，南入于江。東匯澤爲彭蠡，東爲北江，入于海。《均州志》：滄浪水在州北三十里。

《地理今釋》：漾水出今陝西漢中府寧羌州北嶓冢山，東至漢中府南鄭縣，南爲漢水，亦名東漢水。東流至白河縣入湖廣界，又東流經鄖縣至均州，又東南流歷光化、穀城二縣，至襄陽縣東津灣折而南流，經鍾祥縣至潛江縣大澤口復東流，經漢川縣至漢陽縣漢口合岷江。常璩曰：漢水有兩源，東源即《禹貢》所謂嶓冢導漾者，其西源出隴西嶓冢山，會泉始源曰沔，徑葭萌入漢。

《水道提綱》：漢水自源至鄖西界已一千三百餘里，自鄖西界至漢口又一千六百餘里，源流共三千里。

《禹貢》：導嶓冢，至于荆山、內方，至于大別。《蔡傳》：此南條江漢北境之山也。

按：蔡九峰云，漢發源嶓冢，至武都爲漢。《漢志》：東漢水受氐道水，一名沔，過江夏謂之夏水入江，故又名夏口。《水經》：沔水南至江夏沙羨縣北，南入於江。《注》：庚仲邕曰，夏口一〔亦〕[①]曰沔

----

① 王先謙《合校水經注》"一曰"作"亦曰"。

口。《圖經》：漢水至江夏安陸縣又名沔。《通鑑》：梁武帝築漢口城以守魯山。蓋夏口、沔口、漢口，名有三而實則一也。自孫權築城於黃鵠山東北，以夏口爲名，於是夏口之稱移於江南，而漢水所出專爲沔口。故何尚之謂夏口在荆州之中，正對沔口，通接梁、雍，是謂要津也。後人或疑沔、漢爲二，故《湖廣通志》於漢水之外別書沔水，注之曰在縣西三十里，又書沌水曰在縣西南四十里。夫縣西南三十里止一沌水出江耳，安從得沔水乎？又安得四十里外之沌水乎？其謬甚矣！再《荆州府志》，監利縣隄防下有龐公渡，即中夏口，是夏水之首、江之沱也。自龐公渡塞，而夏水遂不與漢沔合。此自言中夏口非《漢志》《水經》所言之夏口也。

《鄖西縣志》：甲水在鐵鶻嶺下，自陝西興安府白河縣界流至鄖西縣界入漢，一名吉水，亦稱夾河。鐵鶻嶺在縣西北，接陝西商州山陽縣界。

《鄖陽府志》：夾河源出秦嶺，徑豐陽關入上津縣境，繞縣西而南，順流一百三十里入漢。

《寰宇記》：堵水源出金州平利縣界黃平源嶺下。

《鄖縣志》：堵水源出竹谿縣西，東流徑縣南，又東徑竹山縣界，又東北徑房縣界，又東北至府城西三十里入漢。一名庸水，一名武陵水，俗名陡河。

《鄖縣志》：堵河口在縣西六十里堵水入漢處。

《鄖縣志》：神定河在縣東南二十里，源出縣南六十里十堰店，北渡入漢。

《光化縣志》：均水在縣西北，自河南南陽府淅川縣流入均州界，又南流至光化縣界入漢，名小江河。

《均州志》：浪河在州東南九十里，出太和山，東北流入漢。

《鄖陽府志》：筑水一名南梘河，一名高梘河，出房縣楊子山，流至穀城縣入漢。《一統志》：鄖陽府境唯堵、筑二水爲大，諸水皆入其中。合府之水隨地易名，其實皆二水所經耳。

《房縣志》：滴水巖在縣東二百里，汎水所出。

《水經注》：汜水東徑汜陽縣今穀城縣。故城南，又東流注於沔，謂之汜口。

《襄陽縣志》：濁水在縣北，自河南南陽府新野縣流入縣界，名白河，亦名宛水。

《水經注》：濁水東徑鄧塞又東流注於淯，〔淯水又南逕鄧塞東，南入於沔。〕①

《山海經》：攻離之山，淯水出焉，南流注於漢。

《襄陽縣志》：淯水在縣東北，自河南南陽府唐縣流入縣界，名唐河。南流與蜀水合，名唐白河，又南入於漢。一名泌河。

《襄陽縣志》：清河在縣東北十里，南流入唐白河。

《襄陽縣志》：白水源出棗陽縣東六十里大阜山，西南流，名滾河，至襄陽界，西流入唐白河。

《一統志》：按：此白水爲光武所興之地，而濁水一名白河，因此水合昆水即名滾河，而濁水之名白河反著矣。

《鍾祥縣志》：敖水源出縣東北黃仙洞山，西流徑縣北十五里直注於漢，故名直河，又名池河。

《宜城縣志》：鄢水在縣西南，源出南漳縣西康狼山，東流入宜城縣南入漢。鄢一作漹，亦名夷水，又名蠻水，今名蠻河。

《安陸府志》：權水源出荆門州西蒙山，徑太子岡爲曹將軍港，徑內方山流徑古權城，又東入漢。《鍾祥縣志》：章山在縣西南，按荆門州界即內方山，一名馬良山。

《鍾祥縣志》：臼水在縣東南，接京山縣界，今名臼成河，源出聊屈山，西流合寨子河注於漢水。其入漢處謂之臼口。

《京山縣志》：小河口在縣西南，漢水支流也。小河徑穴口寺、高家洪、楊家灣、紫金潭，又東爲南河，又東南徑拖船埠、鯉魚觜，又東

---

① 王先謙《合校水經注》“濁水”下無“東徑鄧塞又”，“注於淯”下有“淯水又南逕鄧塞東，南入於沔”。

南徑青山，又東南至天門縣爲魚薪河，又東南入漢。

《潛江縣志》：泗港在縣西北四十里。

《史記索隱》：竟陵有三參水，俗云是三澨水。

《寰宇記》：澨水至竟陵界名汊水。

《天門縣志》：三澨水在縣南三十里。

《京山縣志》：七寶山在縣南五十里，有黑龍洞，澨水出焉。

《安陸府志》：澨水發源京山縣潼泉山在縣西南四十里。仙女洞，在縣南三十里。名司馬河，會南河流入天門縣界，又東南流，名魚薪河，亦名西江水。《一統志》：陸羽歌："不羨黃金罍，不羨白玉杯，不羨朝入省，不羨暮入臺。千羨萬羨西江水，會向竟陵城下來。"《石莊集》胡承諾《西江水》詩："水從城下過，泉出山中好。通得柘巾稱，兼總三澨道。我讀萬羨歌，千秋寄懷抱。"合楊水河、巾水河，東流爲汊河，繞縣城南謂之義河，又東流爲漢川之竹筒河。

《京山縣志》：石家河在縣南，源出空山洞如意寺甘家衝，南流爲雙河口，爲雷澤潭，徑白土苑又東南爲石家河。此一澨也。空山洞在縣南二十里。

《京山縣志》：司馬河在縣南，源出仙女洞，山泉匯爲河，西南得倒灌谿水，又南徑纂子山得卓錫泉，又南爲龍泉菴水，又南過磨石山屈而西流爲司馬河。此一澨也。

《京由〔山〕縣志》[①]：馬谿河在縣南，源出黑龍洞趙橫寺，迴而東流，南徑馬頭山臨谿寺，又東南爲官橋河，又東南爲馬谿河。此一澨也。

《方輿紀要》：澨水流入天門縣東界，注於蒿臺湖。

《舊通志》：京山縣臼、澨二水至竟陵縣八字腦分爲二流：一爲田二河，在漢川縣西南九十里，至張池口入漢；一爲竹筒河，在漢川縣西七十里，東流至北觜，曲折北流二十里，名金帶河，西通德安府應城縣三臺、龍骨等湖，又東流會重石湖，又東流南通安漢湖，又東徑漢川縣

---

① "京由縣志"當爲"京山縣志"。

北二十里爲楊子港，至漢川縣東北會鄖水入漢。

《漢川縣志》：牛角灣在縣西一百里，明隆慶初濬之。

《漢川縣志》：竹筒河在縣西七十里，明隆慶間巡撫劉慤濬之。

《安陸府志》：潛水今名蘆洑河。自漢江分流爲排沙度，又南徑縣城東爲潛江縣河，又南爲總口，又南爲許家口，又東至沔陽州柏口至柳口會漕河，又東播爲蔞蒿河，又東合夏水是爲正流。一支自縣河分流爲洛江河，東入沔陽州界。又一支自總口分流爲馬丹河，西通直路河。宋置潛江縣，以此得名。

按：漢水由蘆洑頭分流排沙渡，自排沙渡潰，潛、景淹，波及沔西北隅。順治五年，沔協潛修排沙渡。七年，景、沔又築排沙渡，名旗鼓隄。康熙五年，分守荊西副使議請濬旗鼓隄，以殺水勢。允之，更名旗鼓隄爲通順河。

《潛江縣志》：夜汊河在縣西南，分漢水西南流，謂之大澤口，亦謂策口，又西南過雙雁，又西南爲直路河，入荊州府江陵縣界，亦通監利縣。一支自雙雁西出荽芭河，歷周家磯，又西流至要口分南北汊。南汊入江陵縣境，北汊入荊門州境。又一支自周家磯南流爲浩子口，下流入江陵、監利境。

《潛江縣志》：大澤口在縣北十五里。

《江陵縣志》：丫角廟河在縣東七十里，自漢江分流入安陸府潛江縣界夜叉口，至丫角廟入境分二派。一流入瓦子長湖，一南流匯水諸湖入監利縣界，又東五里爲浩子口河。

《安陸府志》：沱水在潛江縣南，自荊州府江陵縣郝穴口分江水，東北徑三湖至潛江縣南二里爲馬市潭，潭北五里有沱埠淵合蘆洑河。

《省通志》：漢至潛江，水道有三。自潛江西南上流十五里夜澤口，漢水從此分流爲入荊之要路，合太湖諸湖縈九真山達沌口而入江者爲一道。其由潛之張接港過景陵黑牛渡，至沔陽仙桃鎮下注於漢川縣得漳水，至漢陽府之大別山而入江者爲一道。其由潛之張接港分入蘆洑河，距沔南蓮子口合復池諸湖，而總匯於九真太白諸湖者爲一道。

《天門縣志》：牛蹏口在縣西南三十五里。

《沔陽州志》：方弘履《水道志略》：接漢水之經襄、郢而下者，潛當其衝，沔受其委，潛爲喉，沔爲腹，分三支而入沔，以入於江。其一支由潛之張接港過沔北仙桃鎮抵漢川，合溳水至大別山漢口而入江。其一支繞縣城灌輸於沔西湖，於班灣總口折而南分一支爲小河，歷拖船埠北口順流而下，由土地港而瀉於洪湖。其一支由夜澤口入梅家觜，過監利之新溝觜、周老觜，達沔之土地港河，與前班灣小河之水直下者相匯，同注於洪湖，經黃蓬山至鍋底灣，歷平放出新灘口而入江。中間支流爲湖爲河者錯綜連綴，蜿蜒透迤，皆以新灘口爲之咽，吐納衆流而總歸於江。其由西湖者，一小支環沔城出柳口，與班灣下流之水合；一小支走紅廟諸湖澤中，北達黃荊口注於仙鎮之河，復迴旋於長墻口，注周家坊而瀉於赤野湖；又城河一小支經接陽曲折奔赴，抵沙湖趨返灣放於九真白湖，出沌口而入江。以上皆襄、漢之水南入於江之總道也。

按：漢水經仙鎮分支過長墻口出沌口入江。道光二年，仙鎮下十里之鳳凰頸崩斷成口，支河由口徑長墻口出沌，而仙鎮數里分支之河遂堙。

《京山縣志》：富水在縣東北，今名富河，源出大洪山，東南流入德安府應城縣界。

《水經注》：富水合章水東入於溳。

《隨州志》：溠水源出栲栳山，東南合魯城河，又經唐縣鎮引驪驪陂之水，又東流過安居鎮西，又東南入溳水。

《水經注》：溳水出蔡陽縣東南大洪山陰，東北流合石水，又東均水注之，又屈而東南流。溠水流注於溳，又會於支水，又徑隨縣南隨城山北，而東南流，又南徑石巖山北，《安陸縣志》：石巖山在縣南十里。又東南流而右會富水。

《漢陽縣志》：溳水自德安府雲夢縣界東南流入漢川縣界，又東南流入漢陽縣界入漢，其入漢之處名溳口。

《秦志》：水自竟陵乾灘鎮入漢川縣田二河，經張池口、兩河口循縣治下涢口，然後經蔡店臨嶂山郭師口北出大別山後東入於江者，漢之正流也。又有自孝感安河出者，有自雲夢苟河出者，有自應城五龍河出者，有自天門皁角河出者，有經田二河、沈下湖出者，有經迴流灣及南河金剛腦出者，此在涢口以上，小水出漢者也。有自豬龍潭經漢陽三汊會臼水，又經東西二至山過陳門湖下蔡店者，此漢之別流，分於涢口之上，合於涢口之下，而復於漢者也。

《漢陽縣水利考略》：郡城與武昌對峙，大江環抱東南，漢水合灄水、汊水、沌水，與大江會於郡北。漲則瀰漫於諸湖，爲卑窪田土之害。按：縣舊有襄陽口，在漢口北岸十里許，即古漢水正道。漢水從黃金口入排沙口，東北轉折環抱牯牛洲，至鵝公口又西南轉，北至郭師口，對岸曰襄陽口，約長四十里，然後下漢口。明成化初，於排沙口下，郭師口上，直通一道，約長十里，漢水徑從此下，而古道遂淤。且漢口雖爲漢水瀉流之地，但爲江水洶湧橫截其口，流不能洩，復逆折而上，故太白、新灘、馬影、蒲潭、沌口、刀環等湖易以泛溢，故從來未設隄防。

卷三

湖考 雲夢澤附

凡水之源遠流長者，其勢每大而難防，不引而置之寬闊之地以爲
游波之所，則源之來也必驟，流之承也必壅，欲其宣暢安瀾，得乎？江
漢之源，其來數千里，奔流橫溢，當有以紆迴而渟滀之，則湖尚焉。余
觀荆楚所轄，除高阜各州縣無事於湖以備瀦澇外，其武、漢、黄、岳、
常、澧諸郡之有湖者，星羅碁佈，互相灌輸，時吐時納，均爲水利所
關。荆、安地始平衍，水易泛溢，求紆其勢而緩其流，尤資湖瀦。集
《湖考》。

武昌府

江夏縣：梁子湖在縣東，分屬武昌、大冶二縣，由武昌縣樊口入
江。南湖在縣南望山門外，周二十里，外與江通。又有明月湖、斧頭
湖，西南有清寧湖通黄家湖、湯孫湖、賽湖之水，出鮎魚口入江。又有
魯湖通斧頭湖，會嘉魚、咸寧諸水，至金口入江。又有金沙湖，東北有
余家湖，其南爲郭鄭湖，下流入江。白洋湖一名白楊湖，西北流徑青山
磯北入江。

武昌縣：車湖一名東湖，在縣東二十里，西窪湖在縣東三十里，五
丈湖在縣南，俱由五丈口入江。梁子湖、浮石湖在縣南，大草湖、炭門
湖在縣西南，蚌舟湖、杯湖在縣西，磧磯湖在縣西北。

嘉魚縣：太平湖在縣南，相接者有長湖、楊汊等二十處，皆匯流至
石頭口入江。岳公湖在縣東，龜湖在縣西南，由陸口入江。黄蓋湖在縣

西南，分屬蒲圻縣及湖南岳州府臨湘縣，由石頭清江口入江。蕁湖在縣西，分屬蒲圻縣，西保湖、致思湖、大彭湖皆在縣東北界。

蒲圻縣：馬蹻湖由黃蓋湖出石頭口入江。龍坑湖在縣西，大羅湖在縣西北，由嘉魚石頭口入江。相近有羅湖、活湖、松栢湖、左荆湖、柳山湖、楊林湖，俱由蒲圻湖南岸入江。蒲圻湖在縣西北，湖多蒲草，因此名縣。盤石湖在縣西北，由嘉魚石頭口入江。相近有郎當湖、接里湖、梅湖、錦湖、沙陽湖、螺蛳港湖，俱由蒲圻湖北岸入江。西良湖在城東北，分屬咸寧縣，東接塗水，北匯斧頭湖。

咸寧縣：宿曹湖一名後湖，與紫潭湖通塗水。谷口湖在縣西北，其東爲關陽湖，與紫潭湖相接。紫潭湖、天井湖在縣西北，其東爲黃塘湖，接江夏縣界。

崇陽縣：戴家湖在縣南，入陸水。長湖在縣西南，泉湖在縣西。

興國州：明湖、綱湖在州東南，塘湖、門枋湖由綱湖入長湖，富池湖在州東，入江處名富池口。戎湖在州東南，匯石田湖等水入長湖。舒婆湖在州東南，夾節湖入長湖。州南有常湖，北入長湖，西南有時湖、排港等水匯入長湖。州西有沫湖，南入長湖。北有歐家湖，東南入長湖。漳源湖在州北，合大冶縣諸水，徑下游湖出漳源口入江。海口湖在州東北六十里，源出州西諸山，至黃穎口入江。

大冶縣：華家湖在縣東，自黃石港入江。磁湖在縣東，自勝陽港入江。金湖在縣南，由漳源口入江。

通山縣：高湖在縣東南。

通城縣：無湖。

漢陽府

漢陽縣：應馬湖、牛湖、貓兒湖、桑臺湖、鸂鵜湖、柏水湖，以上縣北之湖也。馬家湖、墨水湖、太子湖、官湖、一名天鵝湖，周環數十里。南湖、刀環湖，以上縣西南之湖也。太白湖一名九真湖，周圍二百餘里，潛水自西北來注之。西湖、李老湖、沙湖諸水匯焉，沱水自南來注之。直步、陽明、黃蓬諸湖匯焉，東南泄於沌口出江。水漲與新灘、馬影、蒲潭等湖合而爲一，冬涸始分。

漢川縣：橫湖、江西湖、小松湖、許家湖在縣東，白石湖在縣東南，殷莊湖、卻月湖在縣南，汈汊湖、沈下湖在縣西，瓜子湖、五湖、清水湖、重石湖在縣西北。三臺湖在縣西北接應城界。大松湖、安漢湖在縣北，一名岡子湖。

孝感縣：界湖、黃、孝二邑界水也。東湖、即董家湖也。羊馬湖在縣東南。蒲湖俗名野豬湖，在縣東。白水湖、黃臺湖、龍坑湖在板橋坂注泉湖，在縣西南。七里湖在縣西。

黃陂縣：武湖在縣東南周四十五里，東通大江，亦名黃漢湖，即武口水也。洋漫湖、石子湖、後湖在縣西南，俱南流分注灄口。牛湖在縣西南，東通大江，其支流西南入漢陽界。

沔陽州：太白湖在州東北，半屬漢陽縣。上洪湖在州東南，又南爲下洪湖，皆通黃蓬湖。黃蓬湖、馬骨湖、白鷺湖在州東南。平湖、陽名湖、罨湖在州東。直步湖在州南。角兒湖、三陽湖、百石湖一名白石湖。在州西。復池湖在州北。

黃州府

黃岡縣：白塘湖、沙湖、灄湖在縣東，鮑湖、安仁湖在縣西北，鷗子湖、舊州長河湖在縣北，後湖在縣東北。

蘄水縣：皁泥湖在縣南，黃草湖、陽歷湖、後湖、灄湖一作折湖。俱在縣西南，黃河湖、望天湖在縣西。

麻城縣：牛陂湖在縣東，南湖在縣南，官湖在縣西。

蘄州：諸家湖在州東，一名雨湖，東通廣濟縣馬口湖入江。蓮市湖、俗名沿市湖。赤東湖在州北，由挂口港入江。白池湖在州西北。

廣濟縣：天津湖在幽居寺，頂武山湖在縣南，與黃泥湖下東湖口，徑樊嚕城南與壋塘湖會。西爲廣野湖，其下爲連城湖，馬口湖亦在縣南。

黃梅縣：小源湖在縣東南，其東爲大源湖。楊柳湖在縣西南，接太白湖，徑白湖渡至清江鎮入江。相近有長安等湖，俱東通楊林湖。

黃安縣、羅田縣：無湖。

德安府

雲夢縣：紫雲湖、石羊湖、百丈湖、王漢湖在縣東，其南爲龍陽湖，又南爲龍湖，互相委輸，南達溳水。羅陂湖、龍鬚湖在縣東南。

應城縣：三臺湖在縣南三十里，上接五龍湖。龍骨湖在縣西南四十里，上接三臺湖，南亦接漢川縣界。

安陸縣、隨州、應山：無湖。

安陸府

鍾祥縣：蘆洑長湖在縣南一百二十里，相近有赤馬、野豬湖。龍鶩湖在縣南三十里，水溢通漢江，又名龍母湖。

潛江縣：後子湖在縣東，抱頭湖在縣東南，唐林湖、果老湖在縣南，陸家垸湖、枝江湖、平灘湖在縣西南，青陽湖在縣西北，太平湖在縣北。白湖在縣西南，有東白、西白、北白三湖。

天門縣：東湖在縣東門外。華巖湖在縣東南，上漲湖在縣東南七十里，又二十里爲下漲湖。南湖在縣南門外。西湖在縣西門外，青山湖在縣西十里，又西十里有熨斗湖。北湖在縣北門外，風波湖在縣北十里，南通義河，北通柳家河。蒿臺湖在縣北七十里，一名楊桑湖，上承溾水，下通三臺湖。三臺湖在縣東北九十里接應城界，沈湖在縣東南九十里，羅家湖在縣南十五里。

京山縣：無湖。

襄陽府

襄陽縣：洄湖在縣東南，襄陽湖在縣南，檀谿、鴨湖在縣西。

宜城縣：楊柳湖在縣東南，天鵝湖在縣西，稴皮湖在縣西北，磨珠湖在縣北。

穀城縣：丁家湖在縣東南。

光化縣：百頃湖、茨湖在縣東南，樊家湖在縣南。

均州、南漳縣、棗陽縣：無湖。

荆門直隸州

荆門州：小江湖、藻湖、後港，諸陂澤水東流入焉。喬母湖、蒿臺湖、借糧湖、寺汊湖、長湖、藤湖，俱在州東南。

當陽縣：天津湖在縣東南，沮、漳合流匯而爲湖。又有滋泥湖、菜湖、走馬湖。

遠安縣：無湖。

荆州府

江陵縣：城東有三湖，廣數十里，倚北湖、倚南湖、廖臺湖皆其一隅。王湖在縣東，瓦子湖亦在縣東，一名長湖，上通大漕河，水面空闊，無風亦瀾，匯三湖之水以達沔。相近有象湖、豉湖、紅馬湖，在縣東一百里，上承三湖，下入白螺，春夏水漲，浩淼無際。白鷺湖、夾湖、潭子湖在縣東南。南湖、礠臺湖、蝦蟇湖、百子湖、外塘湖在縣南。大金湖在縣西南。西湖一在縣西十里，一在松滋縣東南。赤湖在縣東北周五十里，與瓦子相連，一名太白湖。

公安縣：重白湖在縣東。縣南有蒲家湖、烏泥湖、牛浪湖。縣西南有斗隗湖、軍湖。白水湖在縣西北，相近有貴湖、紀湖。神油湖在縣北。白蓮湖、蓮花湖在縣東北，又有陸遜、王茂二湖。桂湖在縣北。

石首縣：鶴巢湖、平湖、萬乘湖、披甲湖、冷水湖俱在縣東。上津湖在縣東南，曹屯湖在縣西南，又縣西有張屯湖。

監利縣：蔣師湖在縣東南，江湖在縣西，西北有蓮頭湖。縣北有化邱湖、天井湖、離湖。縣東北有白灘湖。白螺湖在縣西北，與江陵接壤，受府西諸湖水。

松滋縣：邱家湖、馬谿湖、豆花湖、張柏湖在縣東。三岡湖在縣東南，又有黃家湖、唐林湖、蝦子湖、大口湖、大耳湖，水漲則合，水落則分。又有西湖，闊可十里。

枝江縣：孫家湖、滄灘湖在縣北。

宜都縣：無湖。

宜昌府

東湖縣：東湖在縣東。

歸州、長陽縣、興山縣、巴東縣、長樂縣、鶴峰州：無湖。

施南府

宣恩縣：瑪瑙湖在縣南。

咸豐縣：萬頃湖在縣西南一百八十里，接四川酉陽州彭水縣界。

恩施縣、來鳳縣、利川縣、建始縣：無湖。

鄖陽府

鄖陽房縣、竹山縣、竹谿縣、保康縣、鄖西縣：俱無湖。

長沙府

長沙縣：板石湖在縣西三十里，又西五里有石家湖，又五里有月池湖。西北鵝羊山有鵝羊湖。縣境有板石、楊家、黃道、鵝羊、大塞、松林、石家、蘇廖、沈家、月池、巴茅、楊柳、泉坑、齊家、朱家、大源、馬場、史家、唐家、李家、南渡、清水、順頭、大鶴、小鶴，凡二十五湖。又碧浪湖在縣北。

善化縣：瓜洲湖在縣西二十五里，又西湖在縣西七十里，南湖在縣南，一名東湖。

湘陰縣：激頭湖在縣東三十里。青草湖在縣北百里，南連湘水，北過洞庭，周迴二百里，日月出沒其中，湖南有青草山，故因以爲名。洋沙湖在縣西南一里，自縣南龜山北入白水江。東湖一名澄鮮湖，折而西南名秀水，又西徑城南會西湖水入湘江。菱湖在縣西南六十里，西接喬江，下達湘水，互爲吐納。又縣西九十里有被湖、裹湖。鶴龍湖在縣西北十五里，舊名學糧湖，以廩餼所資而名。後江湖在縣西北三十里，又有後湖在縣北屈潭後。又縣西北六十里有大障湖。又古湖、瀧湖、石湖、白塘、新塘等湖俱在縣北。

瀏陽縣：賀家湖在縣東二里。

湘潭縣：雲湖在縣西六十里，舊名沿湖。涓湖在縣西七十里。松湖在縣東北。

寧鄉縣：神山湖在縣西五十五里接丁家湖。東滄湖在縣西南十里，周十餘里，又有黃浦湖與東滄湖相接。又清湖在縣南門外，爛泥湖岸北即益陽縣界，東坏湖在縣南，接湘潭縣界。

益陽縣：鳳凰湖在縣東四十里，爛泥湖在縣東五十里，茶湖在縣東七十五里，相近有東湖。金花湖在縣西三里。馬良湖在縣北三里，俗名五常湖。大汾湖在縣東南七十里。又白泥湖在縣東北四十里。

茶陵州：龍化湖在州西南十里，今涸溢不時。

醴陵縣、湘鄉縣、攸縣、安化縣：無湖。

衡州府

衡陽縣：西湖在縣西。東湖在縣西六十里，通烝水。三湖在縣西九十里。

清泉縣：衡陽縣東二十里有酃湖，周二十里，深八尺，湛然綠色，土人取以釀酒，其味醇美，名酃綠酒。

安仁縣：三角湖在縣南十里，又潭湖在縣北三十里，藥湖在縣東南四十里。

耒陽縣：東湖在耒水之東，又西湖在耒水之西。

常寧縣：煙竹湖在縣東三十里，琉璃湖在縣東四十里，又四十三里有砂磧湖，又四十五里有龍泉湖。倒湖在縣南一里，又湄水湖在縣南五里。鵝湖在縣西一里。

衡山縣、酃縣：無湖。

永州府

零陵縣：東湖在東山之西。

道州：石魚湖在州東。

祁陽縣、東安縣、寧遠縣、永明縣、江華縣、新田縣：無湖。

寶慶府

邵陽縣、新化縣、武岡州、新寧縣、城步縣：俱無湖。

岳州府

巴陵縣：紫港湖在縣西。滃湖在縣南，一名翁湖。其東隅名角子湖，一名鴿子湖，又閣子湖，本角子湖語譌，以其在洞庭之角，故謂之角子湖。古冢湖在縣南五十里。又白石湖在縣北五里，翟家湖在縣北七里，後湖在縣北十里，魚苗羊湖在縣北五十里。微湖在縣東南，西流注於江，謂之麋湖口。楓橋湖在縣東南五里，斗子湖在縣東南，號小西湖。洞庭湖在縣西南，宋儒以爲《禹貢》九江也，爲湖南衆水之匯。巴陵居其東，華容及澧州之安鄉二縣居其北，常德府之龍陽縣居其西南，沅江縣居其南，長沙府之湘陰縣居其東南。夏秋水漲，周圍八百餘里。其沿邊則有青草湖、翁湖、赤沙湖、黃驛湖、安南湖、大通湖，並合爲洞庭。水落，衆湖俱涸，則退爲洲汊溝港。青草湖在縣西南，湘水所匯，爲洞庭之南涘，接長沙府湘陰縣界，亦名巴邱湖。青草湖與洞庭連，亦曰重湖。

臨湘縣：蒓湖在縣東五里，接流白泥湖水，東流入連家湖。連家湖在縣東十里，接流蒓湖水，東入冶湖，下通清江口入大江。楊圻湖在縣東二十里，有南港流入焉。冶湖在縣東三十里，即冶浦口流入大江。涓田湖在縣東四十里，其西南有小魚湖在縣東四十五里，陳家湖在縣東五十里合流，東北爲沅潭，會楠木港，又東北入黃蓋湖。白泥湖在縣南五里，夏秋水泛，上接雲谿港，下流入莼湖。港頭湖在縣南十五里，西北流入白泥湖。松楊湖在縣南二十五里，上通雲谿，下連象骨港。黃蓋湖在縣東北九十里，分屬湖北嘉魚、蒲圻二縣，由石頭清江口入江。楓橋湖在縣西南二十里，其西爲魯家湖，亦名蓮湖；雙牛湖在縣西南二十五里，皆在象骨港之東北入江。西湖在縣西北一里。

華容縣：紫港湖在縣西。黃湖在縣東三里，東合趙家湖。城西湖在縣西一里，又田家湖在縣西十里，御池湖在縣西，蔡田湖在縣西二十五里。又有蘇家湖、鄧家湖由長灘至黃洋渡，凡六十七里，漭蕩無涯。青湖在縣南四里，接縣港與赤沙湖合流入江。長灘湖在縣南二十里，褚塘湖在縣南二十五里，赤沙湖在縣南，亦謂之赤亭湖。赤沙湖在洞庭湖西，夏秋水泛，與洞庭爲一，涸時惟見赤沙。《舊記》云：“洞庭南連青草，西亘赤沙，七八百里，又謂之三湖。”下津湖在縣北三十里。又延湖在縣東南三十里，漸城湖在縣東四十里，大荆湖在縣東北九十里，合團湖諸水入江。狼跋湖在縣西南六十里，流通澧州。

安鄉縣：景港水又謂之景口，經杜家灘入西湖。白沙湖在縣西北八里，安津湖在縣西北三十里，一名蹋西湖，環徑五十里，南接濤湖、菱谿湖。

平江縣：無湖。

常德府

武陵縣：東湖在城內。盤塘湖在縣東二十里，笠湖在縣東七十里。柳葉湖在縣北。鷹湖在縣東北六十里，漸水所經，相近有土橋湖。青草湖在東北七十里，相近有衝天湖、寺場湖，又五十里有馬頸湖。白馬湖在縣西北。

龍陽縣：太滄湖在縣東十五里，古名白查湖。太白湖在縣東八十里，西南會天心湖，東北通洞庭湖，李白游此，故名。陡門湖在縣西十五里，一名陡明湖，又相近有潭明湖。安樂湖在縣南八十里，東北會天心湖入大江。龍池湖在縣南九十里，接安樂湖東連天心湖。山湖在縣北七里。蠡湖在縣東南三十里，一名赤沙湖，一名赤鼻湖，范蠡游此，故名。天心湖在縣東南六十里，接沅江縣界，東連洞庭湖。洞庭湖在縣東北，湖方八九百里，龍陽、沅江所屬，特西南一隅耳。

沅江縣：鶴湖在縣東三十里。上瓊湖在縣西，又西二里有下瓊湖。石谿湖在縣南半里，又三十里有龍池湖。白泥湖在縣南四里，水漲通益陽河。桂花湖在縣南十里，又二十里有鶴湖，又四十里有柘潭湖，又五里有苦竹湖。又黃花、小白湖在縣北十里。千子湖在縣西南二十五里。天心湖在縣西北四十里，龍陽、沅江二縣受資水會於此，入洞庭湖。

桃源縣：無湖。

辰州府

沅陵縣、瀘谿縣、辰谿縣、溆浦縣：俱無湖。

永順府

永順縣：聚龍湖在縣東南四十里。

保靖縣、龍山縣、桑植縣：無湖。

沅州府

芷江縣、黔陽縣、麻陽縣：俱無湖。

乾州廳：無湖。

鳳凰廳：無湖。

永綏廳：無湖。

晃州廳：無湖。

郴州

郴州：北湖在州西五里，仰天湖在州南六十里。

永興縣、宜章縣、興寧縣、桂陽縣、桂東縣：無湖。

靖州府

會同縣：清陂湖在縣南五里。

靖州、綏寧縣、通道縣：無湖。

澧州

安鄉縣：安南湖在縣南二里。馬田湖在縣北三十里，永寧邨相近有珠璣湖。麻溢湖在縣北四十里，文田邨相近有大滋、北伯、黃容等湖。黃驛湖在縣東南十五里，相近有大溶、風嵐、庸田、三即、鴨踏、江西、魚流、大乘、馮占、魏地諸湖，俱在縣東南。大通湖在縣東南百二十里，接常德府沅江縣界，亦洞庭之一隅也。銅盆湖在縣西六十里。大鯨湖在縣西北二十里，又西有小鯨湖。

澧州、石門縣、慈利縣、安福縣、永定縣：無湖。

桂陽州

桂陽州：屯湖在州南三里。

臨武縣、藍山縣、嘉禾縣：無湖。

雲夢澤

《湖北舊通志》：《安陸縣水利考略》：溳水遶安陸縣城西，東流入雲夢澤，由漢水入江。

應城程拳、時大中《甲乙存稿·雲夢考》：諸家說雲夢詳矣，輾轉附會，訖無定在。至於割全楚之強半以予一澤，或且離雲與夢而二之，何其誣也！按《左傳·定四年》"楚子涉睢，濟江，入於雲中"，不言夢。《宣四年》，邔[①]夫人棄子文於夢中。楚子以鄭伯田江南之夢，宋玉《招魂》與王趨夢，皆不言雲，猶荊楚本一國，言荊則楚在，言楚則荊在，非有二也。孔穎達據《左氏》解《禹貢》，遂曰："此澤亦得單

---

① "邔"同"鄅"。

稱雲，單稱夢。"王氏曰："雲之地土見而已，夢之地則非特土見。"
蔡氏曰："雲夢之澤，地勢有高卑，故水落有先後。"羅氏泌曰："雲
夢，楚之二澤也。江北爲雲，江南爲夢，夢高而雲下。"沈邱曰："雲
即今玉沙、監利、景陵等縣，夢即今公安、石首、建寧等縣。"凡皆不
知雲中、夢中之爲省文，故附會《禹貢》至此。攷《禹貢》"雲土夢作
乂"，《漢書》作"雲夢土"。雲土夢爲文自唐始。沈括《筆談》謂唐太
宗得古本《尚書》乃"雲土夢作乂"，詔改從古本。當以《漢書》所見
爲定。胡氏渭據長沙卑溼，辨夢高雲下之非。新喻晏氏力主其説，皆知
雲夢之不得析而爲二，而卒不聞確指爲何地者，則泥於司馬相如之言以
附會《周禮》，而未嘗據全楚之形勢攷之也。《周禮・職方》："荆州藪
澤曰雲夢。"《相如傳》："楚有七澤，小者爲雲夢，方八九百里。南有
平原廣澤，緣以大江。"解者，泥於澤之一言，遂群以水當之，求所爲
八九百里者而不得也，則又通舉楚地之濱水者以實之。裴駰云："孫叔
敖激沮水作此澤。"《漢書・地理志》云，南郡華容縣"雲夢澤在南"，
荆州府編縣有雲夢宮。又江夏郡西陵縣有雲夢宮。郭璞云："江夏、安
陸有雲夢，枝江亦有之。華容又有巴邱湖，俗云即古雲夢澤。"張楫
云："在華容者指此。"杜預曰："枝江縣、安陸縣皆有雲夢，蓋跨川
互隰，兼包勢廣。"《水經注》："夏水東徑監利縣南，縣土卑下，澤
多陂陀〔池〕[①]，西南自州陵東界徑於雲杜、沌陽，爲雲夢之藪。"朱
子曰："江陵之下、岳州之上是雲夢。"又曰："江陵之下連岳州是雲
夢。"金氏履祥曰："楚之藪澤不一，後人既以雲夢兼稱，故所在藪澤
皆爲雲夢。"《地理今釋》直云："東抵蘄州，西抵枝江，京山以南，青
草以北，皆爲古之雲夢。"據此則全楚之地不稱雲夢者三之一爾。故
《正義》謂："雲夢一澤，而每處有名，凡皆泥《相如傳》，求所謂八九
百里之澤，以附會《周禮》而爲之説也。"夫相如，賦家者流，辭務恢
張，本不可據以爲信。且云雲夢於七澤爲小，小者尚復八九百里，則餘

---

① 王先謙《合校水經注》"陂陀"作"陂池"。

六澤皆各千餘里，而後名爲大，通七澤計之，當復方七八千里，以區區之楚，而濱八千里之澤，此說之必不可通者也。

余攷雲夢之稱，於楚其別有三：曰土，曰澤，曰藪。侈言之則曰跨江南北，而其實則一，今德安郡之雲夢是也。《水經注》："雲杜縣東北有雲夢城。"雲杜今京山，接德安境。《元和志》："雲夢在安陸縣南五十里。"《通攷》"雲夢澤在安陸郡"，於安陸郡下則曰"郡城臨溳水"，皆指今雲夢縣。《地理今釋》謂《地理志》江夏郡西陵縣指今黃州府蘄州、黃岡、麻城等處。攷蘄、黃無雲夢宮，而德安於漢故隸江夏雲夢縣，本漢西陵地，班固所見自當兼華容編縣言之者，則泥於澤之爲文也。今雲夢有楚王城，《縣志》云"吳兵入郢，楚王奔郧時所築"，是即《定四年》所謂"濟江，入於雲中"者。又縣境有於菟鄉令尹子文廟，是即《宣四年》"邧夫人棄子文於夢中"者。德安郡本古邧子國，邧與雲音相同，故應山有雲公城。而《通攷》亦曰："春秋邧子之國，雲夢之澤在焉。"蓋通全楚之形勢攷之，惟德安最近北，隨、應、孝昌皆接壤陳、汝。《禹貢》敘荆州水道，自南而北，由衡陽、九江，沱潛迄於雲夢即終之逾洛至河，雲夢於河洛漸近故也。過此則地勢漸高，界在楚豫，無復水患，故曰"土作乂"，舉荆州盡處言之也。周起西北，由北視南，土地污衍，自雲夢始，故《職方》"澤藪曰雲夢"。從荆州起處言之也。《荆州府志》曰"雲夢縣南皆大澤"，雲夢澤自此始。而《相如傳》所謂"南有平原廣澤，緣以大江"者，蓋自雲夢縣南推之。若岳州華容等處，當曰"北緣大江"，不得云南，即以《相如傳》証之，而一切附會之説皆破矣。是故，雲夢非有二也。以其爲水所經也，則曰澤；水退而草見，則曰藪；可田可樹，則曰土，其別三者而已。他如雲夢之宮，雲夢之臺，雲夢之浦，率皆因事寓言，不必實指爲何地。蓋楚人因雲夢屢見於《經》，而邧子之國又楚先王所嘗避地而遊處，故文章之士隨在樂爲稱引。若真每處有名者，而其實則一，《元和志》所云安陸縣南五十里之雲夢是已。